环境、健康与空气负离子

林金明　宋冠群　林玲　赵利霞　等 编著

化学工业出版社

·北京·

内容简介

空气负氧离子浓度的高低与人们的健康息息相关，尤其在生态破坏、环境污染日益严重的今天，人们更加需要负氧离子来提高生活质量，促进身体健康。《环境、健康与空气负离子》在原《环境、健康与负氧离子》基础上编写而成，内容包括：绪论，氧的种类与氧化学，负氧离子发生的基本原理及其相关的化学反应过程，森林资源与负氧离子，负氧离子与健康，负离子对室内空气污染物净化和降解作用，环境负氧离子资源与绿色经济，空气负离子应用实例，负氧离子发生器及其应用，空气负离子检测技术及其相关的测定方法，不同形态空气负离子质谱甄别技术，基于功能材料的空气负离子发生方法与应用，等。

《环境、健康与空气负离子》可供负氧离子研究、开发人员，生态旅游开发人员，大气环境监测人员阅读参考。

图书在版编目（CIP）数据

环境、健康与空气负离子/林金明等编著. —北京：
化学工业出版社，2021.10
ISBN 978-7-122-39751-5

Ⅰ.①环… Ⅱ.①林… Ⅲ.①空气-阴离子-关系-健康-研究 Ⅳ.①O646.1②R161

中国版本图书馆 CIP 数据核字（2021）第 167552 号

责任编辑：杜进祥　马泽林		文字编辑：黄福芝　陈小滔
责任校对：宋　夏		装帧设计：韩　飞

出版发行：化学工业出版社（北京市东城区青年湖南街 13 号　邮政编码 100011）
印　　装：大厂聚鑫印刷有限责任公司
710mm×1000mm　1/16　印张 15¼　字数 255 千字
2022 年 1 月北京第 1 版第 1 次印刷

购书咨询：010-64518888　　　　　　　售后服务：010-64518899
网　　址：http://www.cip.com.cn
凡购买本书，如有缺损质量问题，本社销售中心负责调换。

定　价：69.00 元

前 言

　　空气是指地球大气层中的混合气体，是人类每天都呼吸着的"生命气体"，主要由氮气和氧气组成，对人类的生存和生产有重要影响。众所周知，空气中的氧气（O_2），是生命运动过程中不可缺少的一种气体，一旦人们处于缺氧或者供氧不足的环境下，就会感到憋气甚至死亡。所以，自从 18 世纪 70 年代初，英国人 Joseph Priestley 发现氧，200 多年来，人们对氧的研究不断深入。1969 年 McCord 与 Fridovich 两人发现，在生化反应过程中 O_2 获得一个电子还原生成超氧负离子自由基（$\cdot O_2^-$），进而经过红细胞的分离精制后获得 O_2^-（负氧离子）的清除灭活酶，并将其命名为超氧化物歧化酶（Superoxide dismultase，SOD）。这一发现激发了大批的科学研究者致力于 O_2^- 的生成过程、反应活性、毒性、生理和病理等各方面的研究，去探索解明 SOD 在生理学上的意义。同时由 O_2^- 衍生出来的过氧化氢（H_2O_2）、羟自由基（$\cdot OH$）、激发态氧（一重态氧或称单线态氧，$^1O_2$）也受到了人们的重视。近 20 多年来，活性氧在人体内的作用受到人们极大的关注，研究人员发表了大量有关活性氧，特别是超氧自由基和羟自由基与机体细胞的许多功能活动以及各种疾病，如癌、动脉硬化、糖尿病、心脑血栓、缺氧再灌注综合征、感染以及衰老效应等相关的研究论文和著作，引起人们对活性氧的普遍兴趣，从而激发了人们更深入地去研究活性氧的各种特性，开发各种相关的抗氧化、抗衰老物质，其在医学和分子生物学领域已成为一项引起广泛重视的研究课题。

　　负氧离子，作为氧的活性物种之一，早在 100 多年前国外就有学者开展这一内容的研究。大量的研究结果表明，空气中负氧离子浓度的高低与人们的健康息息相关，尤其在生态破坏、环境污染日益严重的今天，人们更加需要负氧离子来提高生活质量，促进身体健康。空气中负氧离子浓度在 20 个/cm^3 以下时，人就会感到倦怠、头昏脑涨；当空气中的负氧离子数在 1000～10000 个/cm³ 之间时，人就会感到心平气和、平静安定；当空气中的负氧离子数在 10000 个/cm³ 以上时，人就会感到神清气爽、舒适惬意；而当空气中的负氧离子数高达 10 万个/cm³ 以上时，就能起到镇静、止喘、消除疲劳、调节神经等防病治病效果。所以负氧离子也被称为"空气维生素"，有人甚至认为负氧离子与长寿有关，称它为"长寿素"。负氧离子含量的高低和分布已经成为生态环境的重要指标之一，它对于开发生态旅游具有重要的指导意义。带有负氧离子发生功能的家用电器，有利于改善室内空气质量，逐渐受到消费者的青睐。研究负氧离子，开发与负氧离子相关的环境资源、电器产品对于提高人们的生活质量具有重要的意义。

本书作者长期从事活性氧及其相关化合物的化学发光研究，"活性自由基的化学发光研究及其分析测定法的建立"项目 2001 年度获得国家杰出青年科学基金（批准号：20125514）的资助，保证了研究内容能够系统、全面地开展。部分理论研究成果已经成功地应用于海洋有机污染物的监测、大气颗粒物中有毒化学物质监测以及环境污染物降解机理研究。近年来，由于国内外对负氧离子的需求不断增多，作者组织的团队进一步对负氧离子的发生机理和检测技术进行了系统的研究，发现目前采用普通负离子检测器所检测到的负氧离子实际上是以负氧离子为主的多种其他负离子的气体混合物。在空气中，由于存在大量的水分子，因此形成的空气负离子容易与水结合形成水合空气负离子（Hydrated negative air ions，HNAIs），其是一种比较典型的空气负离子。小离子与水分子结合后形成的离子团簇，因其较大的体积且电荷受到水分子保护不易转移等特点，具有较长的存活周期。主要原因是在分子碰撞过程中，分子体量越大，在遇到其他分子撞击时所损失的能量就越小，从而使空气负离子的存活时间延长。因此在本书的修改过程中，我们根据科研成果的实际情况，把原来的书名《环境、健康与负氧离子》改为《环境、健康与空气负离子》，并对书中的部分章节做了调整和修改。同时，为了使读者能够继续适应负氧离子这个概念和空气负离子中大部分是负氧离子的事实，在本书的大部分章节继续保留负氧离子概念，相信读者在阅读和参考过程中能够理解。

全书对原来的《环境、健康与负氧离子》中的一些章节进行了删减、整合和补充，保留了原来的第 1 章（宋冠群）、第 2 章（刘美林）和第 3 章（程祥磊），原书中的第 4 章、第 8 章和第 9 章整合成新的第 4 章（李海芳、刘美林、李敏），原书中的第 6 章和第 7 章合并成为新的第 5 章（赵利霞），原书的第 5 章做了较大的调整并成为新版的第 6 章（曾湖烈、林海锋、宋冠群），原书的第 10 章、第 11 章和第 12 章整合成新的第 7 章（刘敏、王栩、宋冠群），原书的第 13 章、第 14 章和第 15 章内容保留不变并分别改成新的第 8 章（程祥磊）、第 9 章（王栩）和第 10 章（彭振磊）。新增加了由李宇、林海锋和林玲撰写的第 11 章，张定坤、林海锋和林玲撰写的第 12 章。林金明、宋冠群和林玲对全书的内容进行了调整、补充和修改，形成了共由 12 章组成的新版《环境、健康与空气负离子》。本书紧密围绕环境、健康与空气负离子之间的关系，所有章节内容均由林金明教授统一确定、组织和安排，宋冠群博士、林玲博士、赵利霞博士负责本书的前期调研和文献整理。

本项课题早期得到国家杰出青年科学基金（批准号：20125514）以及江西省资溪县人民政府的资助，资溪县下属的各部、局、办对本项课题的实施给予了极大的支持和帮助，在此表示衷心的感谢。同时也感谢化学工业出版社编辑对本书一些内容和写法提出了宝贵的建议。

最后，诚挚感谢本书中所有被引用论文的作者，他们的原创性研究是构成本书的主要内容，也是推动我国负氧离子研究与应用发展的原动力。但是，由于空气负离子组分复杂并且存在时间短，目前还没有有效的表征设备对其进行准确的定性表征。限于笔者研究和理解的不足，书中难免出现错误和不妥之处，望读者和被引用论文作者见谅。

编著者
2021 年 8 月于北京

目 录

第5章 负氧离子与健康　76

● 第8章 空气负离子应用实例　　　　139

第1章

绪　论

第一节　引　言

　　18 世纪，物理学家库仑通过实验发现，绝缘的金属导体所带的电荷会在大气中消失。物理学家伦琴和贝克勒尔研究发现，电解质溶液中的气体带有正极性或负极性的电荷微粒，这些带电微粒的存在，使气体具有导电的性能。物理学家艾斯特尔、盖特勒和威尔逊也用大气导电性的理论对库仑的实验结果作出解释。这种空气中的导电微粒，被物理学家法拉第称为"离子"，"空气离子"因而得名。

　　经历 100 多年后，J. Thomson 第一个以公式方法表达离子的特性，同时建立了正、负离子的模型，接着 Elseer 和 Geieel 两人证明了离子的存在，即带有正、负电荷的粒子，其粒径略大于分子的直径。1905 年 Langerin 在大气中发现了第二种离子，称为 Langerin 离子或大直径带电粒子，又称为重离子。到 1909 年 A. Pouer 发现了第三种离子即中等直径的离子，称之为中离子。到20 世纪 30 年代德国 Dessauer 开创了大气正、负离子生物效应的研究。他首先使用了电晕离子发生器，从此形成了关于负离子生物效应的第一次研究高潮，有数以百计的论文、研究和实验报告，证明了负离子对人体有明显的有益作用，而正离子则相反，特别对人的血压和新陈代谢有明显的破坏作用。这些研究由于发生第二次世界大战而终止。美国加州大学的 Albeter Pani Kragan 教授和他的研究小组开创了离子生物效应的微观研究与实验，把对空气负离子的研究推向了第二次开发与使用的高潮。Kragan 教授做了大量的动植物和人体

1

试验，从人体的内分泌和机体内部循环及各种酶的生成反应等方面去论证负离子是如何影响人体和动植物的，是如何产生各种生物效应的。世界各国许多研究者也在他们各自研究的基础上，进行了以上的试验，认为负氧离子有明显的生物效应。目前国外已开发出不少新型负离子发生器以供实验研究和在空调房间与医疗卫生领域中使用。

从 1889 年德国科学家埃尔斯特和格特尔发现了空气负离子的存在，德国物理学家菲利浦·莱昂纳德博士第一个在学术上证明负离子对人体的功效，到 1902 年阿沙马斯等肯定了空气离子存在的生物意义，1903 年俄罗斯学者发表了用空气负离子治疗疾病的论文，再到 1932 年美国 RCA 公司汉姆逊发明了世界上第一台医用空气负离子发生器，半个世纪以来，空气负离子研究在欧、美、日各国已经历了很长的发展、应用阶段。我国自 1978 年由伊朗的沙哈瓦特博士引进一台电子仪器——生物滤器（Biological filter），即我国负离子发生器的前身，至今空气负离子的研究已经历了 80 年代初、90 年代初两个发展高潮。进入 21 世纪以来，负离子的应用在我国得到空前的发展，一批与负氧离子或者负离子技术相关的企业应运而生，理论研究与技术开发也获得迅速发展。笔者研究团队开展了空气负离子的质谱检测方法研究，过程中发现空气负离子对去除室内环境污染物具有一定的效果[1,2]。现代生物医学进展、动物试验研究结果、环境意识的深化及空气离子测试仪器的完善，推动着空气负离子作用机理的研究、空气负离子发生器的生产和应用。在医疗上负氧离子已成为一种辅助医疗手段，在旅游生态环境评价中空气负离子浓度被列为衡量空气质量的一个重要参数。对于要建立一个舒适的环境来说，空气负离子存在的效应已带给人们一个新的认识[3]。

第二节　空气负离子

空气、阳光、食物和水是人类生存所必不可少的。而我们都知道，目前城市的大气污染较严重，为了呼吸新鲜空气，我们越走越远。当我们来到野外、森林、海边，会觉得非常舒服，精神也抖擞起来，这一切归功于空气负离子的存在。

什么是"空气负离子"呢？众所周知，空气是由多种气体组成的一种混合物，其中主要成分是氮、氧、水蒸气和二氧化碳等。在正常状态下，气体分子及原子内的正负电荷相等，呈现中性，但在宇宙射线、太阳光线、电磁波、岩石和土壤产生的射线、海浪、瀑布以及各种气象活动等所产生的能量的作用下，气体分子中某些原子的外层电子会离开轨道，成为自由电子，呈负电极性，而失去一些电子的原子呈正电极性，这个过程称为"空气的电离"。那部分被分离出来的自由电子又会与空气中其他中性分子结合，使得到多余电子的气体分子呈负电极性，称为"空气负离子"（这个过程称为空气的离子化）。

研究发现，空气中正离子多为矿物离子、氮离子等，负离子主要有羟负离子（水合羟基负离子）$H_3O_2^-(H_2O)_n$、氢氧根负离子 $OH^-(H_2O)_n$、负氧离子 $O_2^-(H_2O)_n$。空气中的正、负离子，按其迁移率的大小，可分为大、中、小离子。对人有益的是小离子，也称为轻离子，其有良好的生物活性，在空气中的离子迁移率大于 $0.14cm^2/(V \cdot s)$，是具有相当于一个电子电荷的带电微粒，只有小离子或小离子团才能进入生物体。在自然界中这些离子（正、负）的自然浓度介于几百个/cm^3 至几千个/cm^3 之间，一般为 $700\sim4000$ 个/cm^3，它主要取决于地球表面的自然情况、高度及测量的地点和条件。负离子在不同的环境下"寿命"不等，在洁净空气中的寿命有几分钟，在灰尘多的地方仅几秒钟。自然界在不断地形成和产生新的负离子，但空气中负离子的浓度不会无限增多，因为离子在产生的同时伴随着离子消失的过程。主要是因为：①异性电荷相吸，正负离子通过静电作用相互吸引而中和；②负离子与空气中的尘粒、烟雾、粉尘的表面附着在一起形成重离子而沉降；③负离子被各种换气系统排出；④离子被抑制，空气中的负离子浓度经常维持在一定水平，浓度饱和到一定程度其产生会被抑制。因此空气中正、负离子的浓度不断变化，保持某一动态平衡。人体只有取得正负离子平衡，才能保持健康。有益于身体健康的负、正离子比例在 3:1 或 4:1。负离子对人的健康、寿命及生态的重大影响，已为国内外医学界专家通过临床实践所验证。当代科学揭开了奥秘：生物体的每一个细胞就是一个微电池，细胞膜内外有 $50\sim90mV$ 的电位差，如果"细胞电池"得不到充分的电荷补充，机体的电过程就难于继续维持，因而影响到机体的正常活动，产生老化和早衰。

负离子空气是对人体健康非常有益的一种物质。当人们通过呼吸将负离子空气送进肺泡时，能刺激神经系统产生良好效应，经血液循环把所带电荷送到全身组织细胞中，能改善心肌功能，增强心肌营养和细胞代谢，减轻疲劳，使人精力充沛，提高免疫能力，促进健康长寿。负离子还能活化脑内激素 β-内啡肽，安定自律神经，控制交感神经，防止神经衰弱，改善睡眠效果，以及提高免疫力。

在野外、山村、森林、海滨、瀑布或雷雨过后，一般会感到神清气爽、心情愉悦，这不仅是由于野外污染少，更重要的是因为空气中含有大量的负离子。空气中所含有的负离子的多少是衡量空气清新程度的标志之一，根据世界卫生组织确认，空气中的负离子数量在 $1000 \sim 1500$ 个/cm^3 时，被认为是清新的空气[4]。

第三节　负氧离子的概念

由于空气中各种气体元素的电子亲和力即"俘获"电子的能力强弱不同，它们俘获电离的自由电子的难易程度也就不同。氮的电子亲和力大大低于氧和二氧化碳，而氧是在低层大气中含量最丰富的元素之一，约占 20%，二氧化碳仅占 0.03%，因此空气电离产生的自由电子大部分被氧分子获取，形成负氧离子 $[O_2^-(H_2O)_n]$，其过程可表示为：

$$O_2 + e^- \longrightarrow O_2^- \tag{1-1}$$

$$O_2^- + nH_2O \longrightarrow O_2^-(H_2O)_n \tag{1-2}$$

e^- 为自由电子。空气中的氧分子在阳光中的紫外线、闪电等外界因素作用下，便会生成负氧离子。而且，海上的浪花、花园中的喷泉、繁茂的森林，甚至家中淋浴室的莲蓬头等亦能促进空气的电离而产生负氧离子。在大自然中宇宙射线、辐射、紫外线以及瀑布河流的水流喷射和雨天的雷电作用，会使空气中的分子电离出正离子与负离子，由于二氧化碳负离子在空气负离子中的比例比较低，所以，空气负离子一般指空气中存在的负氧离子。

负氧离子与我们所知道的臭氧有什么区别呢？臭氧又名重氧、超氧或强氧，国内现在很多人叫它活性氧[5]。它是从英文"OZONE"翻译而来的，其化学符号为 O_3。由于分子结构中含有一个极其活泼的氧原子，因而具有极强的氧化性。在气体中，臭氧的氧化能力仅次于氟，杀菌力为氯的 600 倍以上。臭氧具有淡淡的草腥味，在常温下会逐渐分解为氧气（O_2），其性质比氧气活泼，密度为一般空气的 1.7 倍。臭氧是由空气中的氧经放电作用所产生的，通常以稀薄之状混合于空气中，能在短时间内将空气中的浮游细菌等有害微生物杀死，并能中和、分解有毒气体，消除恶臭。然而过多的臭氧会加速细胞老化，因为它会改变细胞膜的电位，使细胞膜不带电。健康的细胞膜要带有负电，人体经由皮肤、黏膜、肺吸收负氧离子，就会恢复细胞膜的电位，使细胞膜恢复原来的活力。空气中负氧离子的多少受地理条件、土壤类型、太阳辐射、空气湿度、风向风速、植被、水流等综合影响。据测定，喧哗城市里的负氧离子仅有 $100\sim200$ 个/cm^3，城市室内更少，仅有 $40\sim50$ 个/cm^3。工矿区内，由于空气污染严重，仅存 10 个/cm^3 左右。而在海岸、山泉、瀑布地带，尤其是茂密的森林中，空气中负氧离子可达 10 万个/cm^3 以上，其规律性为：夏季多于冬季，晴天多于阴天，上午多于下午，室外多于室内，绿化带周围的负氧离子浓度较高，海滨、高山、森林、瀑布、喷泉周围的负氧离子浓度最高。

第四节　负氧离子的产生机理以及产生负氧离子的方法

空气中负离子的浓度与空气分子处于电离和激发的状态有很大的关系[6]。所谓电离，就是大气中形成带正电荷或负电荷粒子的过程；所谓激发，就是原子从外界吸取一定的能量，使原子的价电子跃迁到较高能级的过程。电子获得外界一定动能与空气原子碰撞，是造成空气原子激发和电离的重要条件。在正常状态下，气体的原子处于最低能级，这时电子在离核最近的轨道上运动，原子处于最稳定状态，呈中性。当空气受宇宙射线、紫外线、放射性射线、强电场或光的照射时，空气分子能够从这些外来的因素中吸取一定的能量而激发或电离。

电子对原子的碰撞分为两种。一种是完全弹性碰撞，即粒子部分地交换能量而它们的动能总和保持不变。这时，空气原子内部的状态也是不变的。在这种状态下，空气中的氧分子（O_2）就不会变为负氧离子。另一种是非弹性碰撞，非弹性碰撞又分为两种情况。一种非弹性碰撞是原子吸收电子的能量，只引起原子的激发，碰撞电子附在中性原子的外层，如果这个中性原子是氧原子，它就会变成我们所需要的负氧离子[7]。另一种非弹性碰撞是原子吸收碰撞电子的能量而电离，除了原始碰撞电子，还有正离子及电离电子，这时电子不会附在原子上，形不成负离子。显然，只有激发原子，才能使电子附在原子上产生负离子。

空气中负氧离子的产生途径有自然和人为两种。

一、自然产生途径

（1）放射性物质的作用：地球的岩石圈表面存在各种放射性物质，这些放射性物质会通过能量大的或穿透力强的射线使空气离子化。

（2）宇宙射线的照射作用：宇宙射线的照射可使空气离子化，但它的作用在距地球表面几公里处比较明显。

（3）紫外线辐射及光电效应：短波紫外线能直接使空气离子化，臭氧的形成就是在小于 2000Å（$1\text{Å}=10^{-10}\text{m}$）的紫外线辐射下氧分离的结果，但如遇光电敏感物质（包括金属、水、冰、植物等），即使不是短波紫外线，也可以通过光电效应如雷电等使这些物质放出电子，与空气中的气体分子结合形成负离子。

（4）水、空气能量电离作用：空气气压或水压形成的势能和动能，作用于空气或水中的水分子，使其发生破裂并裂解成正负离子，通常在瀑布、喷泉、海滨或者风沙等环境中形成。

（5）材料自身静电场作用：由物质结构的特殊性导致其天生带有静电，产生静电场，当其与空气中水分子接触时，电离其中的水分子而形成负离子。

二、人为产生途径

（1）紫外线照射法：石英汞灯产生的紫外线可以电离空气，其电子通过光电效应在附近的金属或灰尘粒子上产生，由附着形式产生了负离子。这种紫外线同时还产生臭氧。

（2）热离子发射法：当金属等某些材料被加热至一定温度时会发射出电子，发射的电子数由热离子发射特性和温度决定。这些被发射出的电子通过对氧和小灰尘粒子的附着产生离子。用这种方法产生的负离子大多数是大的带电离子，只有小部分是对人的生理起活化作用的小离子。

（3）放射性物质辐射法：放射性物质可用来产生空气负离子。其中放射 α粒子的放射性同位素是最有效的离子发生器，如钋 210 的一个 α 粒子，可以产生约 150000 个离子对，它可以把氮和氧的电子排除出来。在所得的离子中，负氧离子占绝对优势。

（4）电荷分离法：当细微的灰尘粒子被吹经空气管道时，便会发生电荷分离现象。进入空气管道的灰尘粒子与管壁接触，失掉电子，电子附着到其他粒子上便形成了空气负离子。

（5）电晕放电法：是指在两个电极间加有较高的电位差，其中一个电极是直径很小的尖针，环绕该针状电极的高电场会产生大量的正、负离子，如果尖针状电极是负极，正离子则很快被吸收，负离子被排斥到相反的电极，产生了电晕放电的空气负离子[8]。目前市场上流行的负离子发生器大多数是采用电晕法产生负离子的。其负离子发射电极主要分为闭合式与开放式两大类。①闭合式电极为双极性的，一般负极采用针尖状的，正极采用圆环形的。采用闭合式电极的发生器，负离子浓度一般不高，扩展性能差，而臭氧浓度较高。②开放式电极一般多采用针状的负极，而周围物体、大地等对于负极来说具有很高的正电位，就相当于发生器的正极。开放式电极的电场对环境有一定影响，其放电电压为 3kV 至 10kV，产生的空气负离子浓度，以 30cm 距离测定，一般可达 10^6 个/cm^3，浓度高的可达 10^7 个/cm^3。采用开放式电极的发生器，负离子浓度一般较高，扩散性能较好，臭氧浓度一般较低。发生器的电极有单个、双个、数个等不同数目。

（6）利用高压水的喷射作用：从喷嘴向空气中喷出一股微细水流，它在散裂开时，形成空气负离子。我国已研制成功强力负离子喷泉，一个直径 2mm 的喷口中就能发射出 100 万亿个以上的负离子，在数万平方米地面的上空形成负电性气候环境。这种设备通常安装在城市广场、公园、宾馆酒店、疗养院和楼堂亭阁的喷水池上，以及现代化的音乐喷泉水池上，微型的可装在庭院别墅，形成负离子疗养区。

第五节　负氧离子的作用

负氧离子是一种带负电荷的空气微粒，它像食物中的维生素一样，对人的生命活动有着很重要的影响，所以有人称其为"空气维生素"，有人甚至认为负氧离子与长寿有关，称它为"长寿素"。在自然界中，大气离子虽然看不见摸不着，但人们却可以感受到负氧离子的存在。自然界中的空气正、负氧离子是在紫外线、宇宙射线、放射性物质、雷电、风暴、瀑布、海浪冲击下产生的，既不断产生，又不断消失，保持某一动态平衡状态。同时，因地面对于大气电离层形成的静电场，地面为负极，结果空气中负氧离子受地面排斥，正离子则受地面吸引，所以，在一般情况下，地表面正离子多于负离子，正、负离子浓度比值常大于 1，浓度各为 400～700 个/cm^3。山林、树冠、叶端的尖端放电及在雷电、瀑布、海浪的冲击下，形成较高浓度的小空气负离子，使空气清新，使人心旷神怡。而人烟稠密的大都市、工业污染地区、密闭的空调间，所产生的污染物及含污染物的液体、固体和各种生物体与空气形成的气溶胶，使大量的小空气负离子结合成大离子而沉降、失去活性，从而使小空气负离子浓度降低，并出现正、负离子很不平衡的状态，而令人感到不适，甚至头昏、头痛、恶心、呕吐、情绪不安、呼吸困难、工作效率下降，以至引起一些症状不明的病变。表1-1列出空气正负离子对人体健康的影响。

表1-1　空气正负离子对人体健康的影响

生理指标	负离子的作用	正离子的作用	生理指标	负离子的作用	正离子的作用
一般反应	镇静、催眠、镇痛、镇咳、止痒、增进食欲等	刺激、失眠、头重、头痛、寒热、烦躁等	血糖	减少	增加
血压	降低	升高	血小板	减少	增加
脉搏	减慢	加速	尿量	增多	减少
呼吸	减慢	加速	疲劳后恢复	快	慢
血 pH 值	增高	降低	支气管纤毛运动	增强	减弱

同样，负氧离子浓度的高低与人们的健康息息相关[9]，人们时刻需要负氧离子，尤其在污染日益严重的今天。据环境学家研究，空气中负氧离子浓度在 20 个/cm³ 以下时，人就会感到倦怠、头昏脑涨；当负氧离子浓度在 1000～10000 个/cm³ 之间时，人就会感到心平气和、平静安定；当负氧离子浓度在 10000 个/cm³ 以上时，人就会感到神清气爽、舒适惬意；而当空气中的负氧离子数高达 10 万个/cm³ 以上时，就能起到镇静、止喘、消除疲劳、调节神经等防病治病效果。负氧离子含量与健康的关系如表1-2所示。

表1-2　负氧离子含量与健康的关系[10]

地域	含量/(个/cm³)	关系程度
森林、瀑布区	100000～500000	具有自然痊愈力
高山、海边	50000～100000	杀菌作用，减少疾病传染
郊区、田野	5000～50000	增强人体免疫力，有抗菌力
都市公园	1000～2000	维持健康基本需要
街道绿化区	100～200	诱发生理障碍边缘
都市住宅封闭区	40～50	诱发生理障碍，引起头痛、失眠、神经衰弱、倦怠、呼吸道疾病、过敏性疾病
市内冷暖空气空调房	0～25	引发"空调病"症状

据专家观察研究认为，负氧离子主要有以下作用。

（1）对神经系统的影响。负氧离子可降低血液中 5-羟色胺（5-HT）含量，增强神经抑制过程，可使大脑皮层功能及脑力活动加强，精神振奋，工作效率提高，能使睡眠质量得到改善，促进人体新陈代谢。负氧离子还可使脑组织的氧化过程力度加强，使脑组织获得更多的氧。

（2）对心血管系统的影响。据学者观察，负氧离子有明显扩张血管的作用，可解除动脉血管痉挛，降低血压，增强心肌功能，并具有明显的镇痛作用。负氧离子对于改善心脏功能和改善心肌营养也大有好处，有利于高血压和心脑血管病人的病情恢复。

（3）对血液系统的影响。研究证实，负氧离子有使血流变慢、延长凝血时间的作用，能使血液中含氧量增加，有利于血氧输送、吸收和利用。

（4）负氧离子对呼吸系统的影响最明显。这是因为负氧离子是通过呼吸道进入人体的，它可以提高人的肺活量。有人曾经试验，在玻璃面罩中吸入负氧离子 30 分钟，可使肺部吸收氧气量增加 2%，而排出二氧化碳量可增加 14.5%，故负氧离子有改善和增强肺功能的作用。

（5）负氧离子能灭菌、除尘，对空气的消毒和净化有一定作用。负氧离子具有较高的活性，有很强的氧化还原作用，能破坏细菌的细胞膜或细胞原生质活性酶的活性，从而达到抗菌杀菌的目的。科学研究发现，负氧离子能与细菌、灰尘、烟雾等带正电的微粒相结合，并聚成球落到地面，从而起到杀菌和消除异味（香烟烟雾、装修材料中释放的有害气体所产生的异味等）的作用。当室内空气中负氧离子的浓度达到 2 万个/cm^3 时，空气中的飘尘量会减少 98% 以上。飘尘直径越小，越易受负氧离子作用而被沉淀，所以在含有高浓度负氧离子的空气中，直径在 1 微米以下的微尘、细菌、病毒等几乎不存在。因此可以说，负氧离子的多少是衡量空气是否清新的重要标准之一。根据世界卫生组织的规定，当空气中负氧离子的浓度不低于 1000～1500 个/cm^3 时，这样的空气被视为清新空气。

（6）负氧离子能增强人体免疫力，提高机体的解毒能力，使激素的不平衡正常化，并能够消除人体内因组胺过多引起的不良反应，避免过敏性反应及"花粉症"的发生。

（7）室内人员的呼吸、走动扬起的灰尘及化纤衣服的吸附作用均可使空气中的负氧离子浓度降低。各种金属管道也可吸附大量的负氧离子。造成室内负氧离子减少的另一个重要原因是空调系统的使用，空气在通过空调机的风道时与管壁的碰撞，可使负氧离子被吸附或复合而损失掉。久而久之，就会导致室内空气质量恶化，人在这样的环境中逗留一段时间会产生烦闷、头痛、乏力、眩晕、易患感冒、注意力分散、容易疲劳等不良反应。要防止室内负氧离子的减少，可以加强室内的通风换气，但效果不明显；也可以采用负氧离子发生器，则可在短时间内增加空气中的负氧离子含量，维护室内人群的健康。

为什么负氧离子有保健功能呢？含有负氧离子的空气被人体呼吸后，进入人体循环，可调节人体植物性神经、改善心肺功能、加强呼吸深度，促进人体新陈代谢，有利于人体健康。长期使用，可明显改善呼吸系统、循环系统等多项机能，使人精神焕发、精力充沛、记忆力增强、反应速度提高、耐疲劳度提高，稳定神经系统，改善睡眠；又因其带负电荷，呈弱碱性，可中和肌酸，消除疲劳；还可中和人工环境中过多的正离子，使室内空气恢复自然状态，防治空调病。

第六节　负氧离子的应用

鉴于负氧离子的作用如此之大，而当今社会的发展越来越趋城市化，生活和工业生产的废气排放也越来越多，致使空气污染日益严重，国内外将负氧离子广泛应用于医疗保健和生产、生活中。有些国家还建立起了负氧离子康复医院和负氧离子保健公园。具体应用如下。

一、负氧离子显示器

据了解，长时间使用电脑的人易出现视力下降、头痛、神经衰弱、消化系统功能紊乱、抵抗力下降等症状。主要诱因之一就是电脑在工作过程中产生大量的正离子污染，减少空气中的负离子。因为除了液晶显示器外，一般显示器都使用阴极射线管，显像管释放出有害的正离子，使许多人患上了显示器综合征，这对常用电脑的人是一种很普遍的、令人头痛的疾病。因此，清除显示器附近的正离子污染有效的方法之一是提高空气中负氧离子的含量。

全球首台能净化空气、促进用户健康的负氧离子显示器已经由 TCL 显示器事业部研制成功并投入市场，这是负离子发生技术首次应用于显示器产品。采用负离子自主专利技术的 TCL MF709 显示器内部特别设计了 12V 负离子发生器供电电路，功耗低，并且负离子发生功能与显示画面可以互相独立工作。

使用者在使用显示器的时候，即可以打开负离子发生器的开关，使显示器附近产生相当数量的负氧离子，保护身体健康。

二、负氧离子应用于果蔬保鲜

近年来，全国各地不断有用臭氧和负氧离子进行果蔬保鲜实例的报道[11]。臭氧及负氧离子常温果蔬保鲜法，是使库房内空气臭氧化，利用臭氧的强氧化特性杀灭果蔬表面、窑内及贮藏器具上的细菌、真菌及病毒，氧化分解果蔬在贮藏期释放出的乙烯、乙醇等有害气体；利用负氧离子强穿透力进入果蔬体内抑制呼吸，起到延缓果蔬后熟，延长贮存期及货架期的作用。利用负氧离子保鲜可以避免在冷藏和空调贮藏中常常发生的一些生理性病害如褐变、组织中毒等；此外还具有降解果蔬表面的有机氯、有机磷等农药残留，以及清除库内异味、臭味和灭鼠驱鼠的优点。负氧离子在完成氧化反应后剩余的部分自行还原成氧气，不会留下任何有毒的残留物，这是该方法最大的优点。

三、负氧离子纤维和功能纺织品[12]

负氧离子纤维、功能纺织品的加工方法主要可分为两类：一类是应用具有产生负氧离子的添加剂制成纤维，另一类是通过织物的后整理来使纺织品具有产生负氧离子的功能。负氧离子发生纤维材料的不断开发，大大拓宽了负氧离子纺织品的应用领域。所开发的负氧离子面料具有与肌肤接触柔软、耐水洗性好、负氧离子发生效果明显等优点，被广泛用于服装、家居和医疗等。添加了磁性、适量的放射线和红外线放射物质的负氧离子床上用品，其产生的负氧离子及红外线能促进人体血液循环，帮助睡眠，更增强了产品的保健效果。据报道，在人体穿着了加入负氧离子发生材料制成的内衣时，只要一活动，纤维之间摩擦就会产生大量有益于人体健康的负氧离子，有益于增强人体健康。与此同时，身体散发的水分在与这种纤维接触时还能产生微弱的电流，经由末梢神经传递给人体中枢系统，进而可促进人体血液循环，产生有益的生理反应，有所谓"特殊医生"的作用。这种由负氧离子发生材料制成的内衣，还具有保温性好、透气性强的特点，还具有防虫性。

电气石就是这样一种可以永久释放负氧离子的材料，是以含硼为特征的铝、钠、铁、锂环状结构的硅酸盐矿物质，从半导体的角度看，体系中应存在大量的电子受体，电子/空穴的复合概率应相对较低，稳定产生负氧离子就要容易些。电气石能够自发地产生负氧离子，穿着经过电气石微粒整理后的服装，可在人体周围形成负氧离子的聚集。且电气石是永久性释放负氧离子的天然矿物材料，与人工获得负氧离子的方法相比，电气石释放负氧离子不需要特殊的外加能量提供装置，不产生臭氧和活性氧，制成的服装或者装饰用纺织品，可以改善周围大环境和人体小环境的空气质量，是理想的绿色环境友好材料。由于电气石的热电性，将改性电气石微粒添加到化纤中，制成各种负氧离子纺织品，在穿着过程中与人体水分子及周围空气中的水分子发生电解作用，产生负氧离子，与空气中带正电荷的有害混合物中和，使人感到舒服，同时也可与人体分泌物、身体上的寄生物及有害细菌结合，起到杀菌、除臭的功效。

四、负氧离子与卫生保健

（1）通过国内外运动心理学、运动医学等方面专家的实验研究，证明了负氧离子加音乐调节法在迅速消除运动员疲劳、缓解或止住临场疼痛、促进睡眠、稳定情绪、临场较快集中精力、抗外界声音干扰等方面均有明显的作用[13]。如果负氧离子加音乐调节运动得当，没有任何副作用，是缓解运动疲劳的有效方法。

（2）据报道，负氧离子可以治疗由水痘带状疱疹病毒感染引起的带状疱疹[14]。负氧离子喷雾疗法通过负氧离子细胞内充电、细胞内供氧及神经调节机制、体液调节机制，提高单核巨噬系统及白细胞吞噬能力，抑菌杀菌，促进炎症消退。具有起效快、疗程短、疗效显著、操作简单的优点。

（3）医学家把负氧离子引进了病房。当室内空气中的负氧离子与正离子的比例被控制在 9：1 的时候，其对气喘、烧伤、溃疡以及其他外伤的治疗有促进作用；可使室内细菌减少，有预防新生儿感染的作用；同时，对过敏性鼻炎、萎缩性胃炎、神经性皮炎、关节痛等病症也有积极的治疗作用。

（4）应用负氧离子加果酸霜面部按摩治疗黄褐斑是将先进的科学技术与传统医学相结合，具有良好的治疗效果[15]。由于水雾以超声波的动量喷出，在自然常温下能充分渗透皮肤毛细孔，打开皮肤障壁层和软化角质层，达到补充皮肤水分、促进血液循环、促进营养素吸收的目的，并能使皮肤加速新陈代谢，防止衰老，达到清洁和滋润深层肌肤的作用。

（5）以人造空气负氧离子提高环境中负氧离子浓度，维持其适当的正负离子平衡，而改善空气环境质量，日益受到人们关注。负氧离子发生器的生产厂家的数量，近年来增长很快。20 世纪 80 年代产品多是简单的负氧离子发生器，近年来的产品开发已着眼于对空气具有清新、除臭、杀菌及保鲜、改善环境与治疗疾病的功能。

（6）负氧离子能消除在室内装修时使用的混凝土、石膏板、大理石、花岗石、涂料、黏合剂等建材释放出来的有害气体，如苯、甲苯、甲醛、酮、氡等；日常生活中剩菜剩饭酸臭味、吸烟所产生的尼古丁等对人身有害的气体；办公室里的复印机在工作中产生的大量二甲基亚硝胺，电脑、激光打印机等现代办公设备，在工作中产生的大量有机废气及电磁波。

（7）随着城市生活节奏的加快，健身锻炼已成为生活中不可缺少的一部分，而将负氧离子用于健身课堂中，效果更佳。在课程进行中根据健身教室中的人数不同，室内的负氧离子含量和湿度含量达到不同比例，让人感觉仿佛置身瀑布下或森林深处，呼吸着新鲜、甘甜的空气，头脑无比清醒，全身完全放松，有效缓解紧张工作带来的焦躁、紧张、失眠等症状。

第七节　负氧离子与生态旅游

一、空气负离子浓度观测

空气负离子浓度是指单位体积空气中的负离子数目，其单位为个/cm^3。空气离子测量仪，主要用于测量空气本底值和各种空气离子发生器所产生的各种正、负极性的中、小离子。基本原理是采用电容式空气离子收集器收集空气离子携带的电荷，通过测量这些电荷形成的电流和取样空气流量换算出离子浓度。一般认为，每个空气离子只带 1 个单位的电荷。正、负空气离子随取样气流进入收集器后，在收集板与极化板之间的极化电场作用下，按不同极性分别向收集板和极化板偏转。收集板上收集到的电荷通过微电流计落地，形成一股电流 I；极化板上的电荷通过极化电源落地中和。改变极化电压的极性可以改变收集板收集到的离子的极性，从而改变所测量离子的极性。单位体积空气离子数目（即离子浓度）的计算公式是：

$$N = I/(qva) \tag{1-3}$$

式中，N 为每单位体积空气中离子数目，个/cm^3；I 为微电流计读数，A；q 为基本电荷电量，1.6×10^{-19}C；v 为取样空气流速，cm/s；a 为收集板有效截面积，cm^2。

二、自然环境中的负氧离子

在大气环境中，空气分子浓度为 2.7×10^{19} 个/cm^3，其中小离子浓度仅为 $10^2\sim10^3$ 个/cm^3，但它们却以自身微小的粒子、正或负的电荷、高生物活性影响着大气环境的质量，以至整个地球生态平衡。根据文献资料报告，20 世纪初期，地球大气中正负离子的比例为 1∶1.2，而现代地球大气中正负离子的比例为 1.2∶1。仅仅相隔一个世纪，地球大气中正负离子平衡状态发生了逆转性变化，现在我们的生存环境已经被浓厚的正离子围住。我们必须在现代社会活动中遏制和预防正离子的产生，采取积极有效的措施增加大气环境中的负离子比例，使我们人类赖以生存的环境条件得到改善。

大气环境中空气离子浓度受地球环境的物理特性、气候、季节、时间变化及大气中污染物变化所影响。空气离子的浓度、极性、大小是评价环境质量、环境污染程度、天气好坏以及对人类带来哪些影响的重要标尺。由于各种自然条件和居住环境中激发空气电离的能量不同，大气温度、湿度与气压的不断变化，在各种环境中空气负离子的数值有很大的差异。例如，有资料报道，正负离子的检测数值如表 1-3 所示。

表 1-3　不同地点正负离子浓度对比

测定场所	负离子/(个/cm^3)	正离子/(个/cm^3)
落雷时的窗边	3000 以上	
瀑布(距离 10m 的位置)[①]	2800	
木屋房间[①]	2100	1400
森林	2000	1000
公园(有风日)	1000	500
繁忙的交通道路[①]	1800	2700
高级公寓房间[①]	1500	2200
工业区[①]	500	2000
自然通风的办公室	380	
大城市内小河边	270	120
游戏中心	30	40
KTV 包房	5	5
封闭的办公室	0	500

① 为晴天、相对湿度 40%～60% 的气候条件。

根据我国部分省市气象部门各自公布的数据，目前对空气负离子浓度的等级评价标准有表 1-4 和表 1-5 两种方法。

表 1-4　负离子浓度与空气质量的对应标准（一）

负离子浓度/(个/cm³)	等级	空气清新程度
＞2000	一级	非常清新
1500～2000	二级	清新
1000～1500	三级	较清新
500～1000	四级	一般
≤500	五级	不清新

表 1-5　负离子浓度与空气质量的对应标准（二）

负离子浓度/(个/cm³)	等级	和健康的关系
≤600	1 级	不利
600～900	2 级	正常
900～1200	3 级	较有利
1200～1500	4 级	有利
1500～1800	5 级	相当有利
1800～2100	6 级	很有利
≥2100	7 级	极有利

三、负氧离子与生态旅游的关系

由以上数据可以看出，负氧离子含量高的地区主要集中在森林、海滨、高山、瀑布、公园以及绿化带等环境优雅的旅游景区。例如，福建省和江西省交界处的龙虎山景区负氧离子含量平均 1.4 万个/cm³ 以上，是正常值的 15 倍，最高值达 35 万个/cm³，居全国各著名旅游景区前列，可谓"天然氧吧"。在其间漫步休息，不仅心情舒畅，其还有调节人体神经系统和促进血液循环以及新陈代谢作用，同时对心脏病、高血压等疾病也有一定疗效。另外，经生态环境专家测试[16]，黄山风景区负氧离子含量是城市的十几倍，山溪流泉所产生的负氧离子浓度长时间稳定在 20000 个/cm³ 以上，温泉景区、松谷景区负氧离子浓度则在 50000～70000 个/cm³，如"人字瀑"附近瞬时负氧离子可达206800 个/cm³。景区的生态环境每天可吸收二氧化碳 1540 万公斤，二氧化硫 70 万公斤，粉尘 5000 吨，可以减少空气中 80% 的悬浮粒子。游黄山可以增强人的体质，促进身心健康。当前人们大多通过负氧离子浓度指数预报选择浓度较高的地方进行"空气浴"，接受负氧离子的洗礼。一些森林覆盖率高的地区利用自己的"空气品牌"开发旅游事业，带动当地经济的迅速发展。"生态旅游"就应运而生了。

目前，有关人士预测，以走向保护区、亲近大自然为主题的"生态旅游热"将在全球兴起。生态旅游是一种正在迅速发展的新兴旅游形式。保护开发好生态环境，走可持续发展旅游之路，是当前旅游界的一个热门话题，建设山川秀美的生态环境是现代人所追求的理想境地。

什么是生态旅游？原意是指对环境负责的、不干扰自然区域的旅游，其目的是享受自然、观赏自然和促进自然保护，并通过生态旅游使旅游区的居民在社会经济发展方面获益。生态旅游是一种以吸收自然和文化知识为取向的具有专门目的的特种旅游。它具有环境保护与经济发展的双重性、社会文明与进步的高品位性、人与自然和谐的原汁原味性等基本特征。"生态旅游"一词由世界自然保护联盟（IUCN）生态旅游特别顾问 H. Ceballos Lascurain 于 1983 年首先提出，它的含义不仅是指所有观览自然景物的旅行，而且强调被观览的景物不应受到损失。世界银行环境部和生态旅游学会给生态旅游下的定义是："有目的地前往自然地区去了解环境的文化和自然历史，它不会破坏自然，而且它会使当地社区从保护自然资源中得到经济收益。"日本自然保护协会（NACS-J）对生态旅游的定义是："提供爱护环境的设施和环境教育，使旅游参加者得以理解、鉴赏自然地域，从而为地域自然及文化的保护，为地域经济做出贡献。"生态旅游作为一种新的旅游形态，已经成为国际上近年新兴的热点旅游项目。以认识自然，欣赏自然，保护自然，不破坏其生态平衡为基础的生态旅游具有观光、度假、休养、科学考察、探险和科普教育等多重功能，其以自然生态景观和人文生态景观为消费客体。旅游者置身于自然、真实、完美的情景中，可以陶冶性情、净化心灵。

我国幅员辽阔，地处寒温热多种气候带，自然地理环境复杂，森林、草原、名山、沙漠、戈壁、海洋、江河、湖泊等自然景观风貌各色各样，具有发展生态旅游的良好条件：一是拥有巨大的客源市场，且随着人们生态意识的觉醒，对生态旅游的需求将不断增长；二是拥有丰富的生态旅游资源，截至2019 年 10 月，我国有各类自然保护地 1.18 万处，国家级森林公园 897 处、地质公园 270 处，以及众多的风景名胜区和城市公园，它们集中了我国自然生态系统和自然景观中最精华的部分，是生态旅游的理想场所。

　　空气清新度是评价生态旅游区优劣的重要因素。现代科学证明：自然环境中的负氧离子浓度达到 4000 个/cm³ 时，有益人们健康长寿。空气中的负氧离子浓度是旅游度假区规划中衡量空气质量好坏的重要参数，用负氧离子浓度参数来衡量旅游度假区空气质量好坏，已成为"旅游生态环境"这门新兴的边缘科学的一项新技术。对于旅游区负氧离子含量是这样规定的：①当负氧离子浓度均值为 1000～1500 个/cm³ 时，该旅游度假区达到清新空气的标准；②当负氧离子浓度均值为 4000 个/cm³ 时，该旅游度假区空气质量达到良好标准；③当负氧离子浓度均值为 10000～15000 个/cm³ 时，该旅游度假区达到国际旅游度假区一级标准，当负氧离子达到该标准时，有益人们健康长寿。负氧离子是重要的森林旅游资源，森林以其特有的生态系统成为产生负氧离子的良好环境，并且森林中较高的负氧离子水平已为多项研究所证实。人们已经认识到森林中的负氧离子是一种无形的重要森林旅游资源，到林区进行生态旅游已经成为人们的首选。森林不仅是风景宜人的旅游胜地，还是人们疗养健身最理想的地方。据科学研究和测试表明，森林具有吸碳吐氧、阻风滞尘、衰减噪声、净化水体、调节气温等多种生态功能，环境质量一流。特别是森林中的空气，负氧离子浓度较高，森林植物又能产生一种具有芳香气味的精气，叫植物精气（又称"芬多精"），可以杀灭有害细菌和病毒，具有防治高血压、冠心病、神经官能症、哮喘、气管炎等多种疾病的功效。目前，不少国家已在森林中开设森林健康医院，开展"森林浴""森林山地疗法"等医疗保健活动。做森林浴，必须深入森林、自然保护区、森林公园以及有树林的山野中。为最有效地摄取森林内的负氧离子和多种芬多精，最好选择人烟稀少的成片森林。一般而言，森林愈深，有益于人体的各种物质浓度愈高，自森林边缘至少深入一百米以上才能享受到真正新鲜的空气和浓度稳定的芬多精。漫步森林内的人们，自然神经受到刺激，安定心情，静思养神，全身沐浴森林的精气和香气，可使头脑清醒，洗净都市尘嚣，身心舒畅，充满活力。

　　生态旅游立足于旅游业的可持续发展，是新世纪旅游业发展的方向。生态旅游是人与自然协调发展的必然产物。人类经历了逃离自然、征服自然的过程后，兴起生态旅游是人类追求人与自然协调发展的必然趋势。生态旅游正是一种在回归和享受大自然的过程中，学习和接受生态环境科学教育，并承担保护生态环境义务的旅游活动。随着人们生活水平、文化素养的提高以及科技进步，生态旅游的内涵将不断扩大，社会生态旅游将更加受到人们的重视。

第八节 展望

负氧离子作为空气中的"维生素",就像人体所必需的各种维生素和微量元素一样,在人类生存环境中必不可少。负氧离子被人体吸收后,能改善大脑皮层的功能状态,起到调节神经中枢的兴奋性、促进新陈代谢的作用,对高血压、气喘、流感、失眠、神经官能症等疾病有一定的辅助治疗作用。另外,人们之所以在森林、海边、雷雨后感觉空气特别新鲜,精神特别振奋,也是由于负氧离子含量高。在世界污染日益严重、人类健康受到威胁的今天,空气质量的改善日益受到人们的重视,其中负氧离子含量也逐渐成为人们关心的重要指标。

因此应合理开发负氧离子产品并应用到人们的生活中去,使负氧离子最大限度地为人类健康服务。生态旅游事业的兴起,不仅可以带动区域经济的发展,同时使旅游者置身于自然、欣赏自然、保护自然,在森林中沐浴负氧离子的"洗礼",使人们形成良好的心境,精神焕发,给人以抚慰心灵的柔和与宁静。

参考文献

[1] Zhang C Y, Wu Z N, Li Z H, et al. Inhibition effect of negative air ions on adsorption between volatile organic compounds and environmental particulate matter [J] . Langmuir, 2020, 36 (18): 5078-5083.

[2] Lin L, Li Y, Khan M, et al. Real-time characterization of negative air ions-induced decomposition of indoor organic contaminants by mass spectrometry [J] . Chemical Communication, 2018, 54 (76): 10687-10690.

[3] 王薇, 余庄. 中国城市环境中空气负离子研究进展 [J] . 生态环境学报, 2013, 22 (4): 705-711.

[4] 陈欢, 章家恩. 空气负离子浓度分布的影响因素研究综述 [J] . 生态科学, 2010, 29 (2): 181-185.

[5] Zhang D K, Zheng Y Z, Dou X N, et al. Heterogeneous chemiluminescence from gas-solid phase interactions of ozone with alcohols, phenols and saccharides [J] . Langmuir, 2017, 33 (15): 3666-3671.

[6] Guo H Y, Chen J, Wang L F, et al. A highly efficient triboelectric negative air ion genera-

tor [J]. Nature Sustainability, 2021, 4: 147-153.

[7] Zhang C Y, Wu Z N, Wang C, et al. Hydrated negative air ions generated by air-water collision with TiO_2 photocatalytic materials [J]. RSC Advances, 2020, 10 (71): 43420-43424.

[8] Zhang D K, Zheng Y Z, Dou X N, et al. Gas-phase chemiluminescence of reactive negative ions evolved through corona discharge in air and O_2 atmospheres [J]. RSC Advance, 2017, 7 (26): 15926-15930.

[9] Jiang S Y, Ma A, Ramachandran S. Negative air ions and their effects on human health and air quality improvement [J]. International Jounal of Molecular Science, 2018, 19: 2966.

[10] 黄向华, 王健, 曾宏达, 等. 城市空气负离子浓度时空分布及其影响因素综述 [J]. 应用生态学报, 2013, 24 (6): 1761-1768.

[11] Tyagi K A, Malika A, Gottardi D, et al. Essential oil vapour and negative air ions: A novel tool for food preservation [J]. Trends in Food Science & Technology, 2012, 26 (2): 99-113.

[12] 王晓慧, 马利霞, 杜涛. 纯棉针织品新功能性整理工艺探讨 [J]. 四川纺织工艺, 2004 (2): 52-54.

[13] 陈晓光, 许亮, 李莹. 负氧离子加音乐调节在体育锻炼中消除运动疲劳的研究 [J]. 平原大学学报, 2003, 20: 87-88.

[14] 毛秀娟. 负氧离子喷雾疗法在带状疱疹治疗中的护理 [J]. 护理与康复, 2004, 3: 32.

[15] 黄丽. 负氧离子喷雾加果酸霜面部按摩治疗黄褐斑 [J]. 今日科技, 2000 (9): 35.

[16] 马志福. 空气负氧离子浓度参数在旅游度假区规划中的重要作用 [J]. 科学中国人, 2003 (3): 48-49.

第 2 章

氧的种类与氧化学

第一节 引　言

氧气在我们的生活中无处不在，它是生命之本，有氧气，才有活力。它的起源可以追溯到远古时代，专家们分析一些地球上最古老的岩石[1]，发现了早期大气层中氧气及臭氧演化的地质记录，氧的存在促进了生命的演化与发展。

氧气的出现，大约在 2×10^9 年之前，它是地壳中最普通的元素（53.8%），占大气的 21%。在海平面大气压为 101.3kPa（760mmHg），氧分压占 21.2kPa（159mmHg）。由于包括氧气在内的一些元素的光化学合成，地球上才出现简单生物。

氧气可以溶于海洋、湖泊和河流的水中，水表面氧气含量和大气保持平衡。氧气在活细胞中的溶解度主要取决于氧气与细胞接触的程度和细胞对氧气消耗的快慢。在疏水生物膜中，氧气的浓度也是很高的，这是细胞膜容易引起损伤的重要原因[2]。当氧气浓度高于大气正常浓度时，就会对人、动植物和一切需氧生物产生氧损伤，不少原始生物正是因为不能防护氧气损伤而被灭绝[3]。

在潜水艇和人造卫星上，用高氧浓度的空气供给作业人员，常常会引起急性神经中毒，发生痉挛。当氧气浓度达到 50% 时，就会慢慢损伤肺。将人暴露于一个大气压的纯氧中 6 小时，便会引起胸痛、咳嗽和喉痛，然后导致肺泡损伤、水肿、肺内皮细胞死亡，这些损伤是无法恢复的。最近临床试验发现，即使认为是安全的氧浓度，对肺也具有损伤作用[4]。

地球上除厌氧生物外，人类以及所有动物和需氧生物都离不开氧气。氧气参与新陈代谢、线粒体的呼吸和氧化磷酸化，产生能量三磷酸腺苷（ATP），它几乎是一切生命活动的基础物质之一。但是，氧气在参与生命活动的同时也产生氧自由基，引起细胞损伤，导致疾病产生，氧气是一切氧自由基的来源和引起氧自由基损伤的物质基础。活性氧是指机体内由氧形成，含氧而且性质活泼的下列一些物质的总称：最主要的有两种含氧的自由基，即超氧自由基负离子和羟自由基；一种激发态的氧分子，即单线态氧分子；以及一种过氧化物，即过氧化氢。近年来，愈来愈多的研究资料表明，这些活性氧与机体细胞的许多功能活动和疾病（如：分裂、聚集、吞噬、免疫、炎症、感染、贫血、衰老、肿瘤、中毒、解毒、脑血栓、循环休克以及缺血再灌注综合征）等密切相关，因此已成为一项广泛引起各方面重视的课题。本章就这些氧的种类和氧化学，特别是负氧离子的性质和反应原理作一介绍。

第二节　氧的种类

氧的种类主要有：氧分子（O_2）、臭氧（O_3）、超氧自由基负离子（$\cdot O_2^-$）、过氧化氢（H_2O_2）、羟自由基（$HO\cdot$）和单线态氧（$^1O_2$）等。

一、氧分子（O_2）

氧分子在室温下是气体，它的离解能为 $492kJ \cdot mol^{-1}$。氧分子广泛存在于大气中，以体积计，大气中含氧约 20.95%。以质量计，岩石圈含氧约 47%，海洋含氧约 89%。将岩石圈、水圈中所含的氧相加，按质量计接近 50%。氧的原子半径小，在决定元素的化学性质上起着重要的作用[5]。

普通氧中除含有丰富的氧^{16}O 同位素外，约含 $0.2\%^{18}O$ 和 0.04% ^{17}O（皆以体积计）。这种同位素被用作非放射性示踪物。氧分子是顺磁性的。在 298K，氧在水中的溶解度系数是 0.029。

氧气是一切生物赖以生存的条件。动物的每个细胞为了呼吸都需要吸进氧气，没有氧气，动物就不能进行各种正常的生命活动。氧气也是人类赖以生存的气体，人们一旦处于缺氧或者供氧不足的环境下，就会感到憋气甚至死亡。所以，自从 18 世纪 70 年代初英国人 Joseph Priestley 发现氧以来，200 多年来，氧一直被人们认为是一种对人体百益而无一害的气体。那么，地球大气中的氧气来自何处呢？据科技公众网报道，对应于大气中存在的氧气，应当有相当数量的光合有机物质被埋藏在地壳中。事实上，地下矿物燃料的储量并不足以与大气中的氧气量相平衡。但是，地壳中有另外许多有机物质，它们以散布在页岩和石灰石中的粒子形式存在。被还原的碳主要存在于页岩内的有机物质中，若以地下埋藏的碳量为衡量标准，大气中的氧气就太少了，有些氧消失在氧化其他物质的过程中。显然，对应于空气及地球氧化物中的氧含量，地壳中的有机物质太多了，多出的有机物质肯定来自厌氧菌的作用，它们把二氧化碳变成了有机物质，这样的过程并不产生自由氧。氧气也可由太阳紫外辐射对水分子的分解作用而产生。不过，只有在一种情况下，水分解出的自由氧才会聚集起来，那就是同时从水中分解出的氢逃逸至太空，从大气中永远消失。否则，氢和氧就会重新结合成为水。然而，与生物活动所产生的氧气相比，通过这种方式产生的氧气实在是微不足道[6]。

地球上的人和动物时刻都在吸收氧气，呼出二氧化碳。利用石油和煤作为能源的工厂和运输工具，更是吞吃氧气、排放二氧化碳的大户。如此看来，长此以往地球的氧气会用完吗？

实际上这是不可能的，因为我们只看到了消耗氧气、排出二氧化碳的一个方面，而忽视了产生氧、消耗二氧化碳的另一个方面。

浩瀚的森林、草原中的各种植物在阳光照射下，发生"光合作用"，吸收空气中的二氧化碳，同时放出氧气。这个被人类称为"光合作用"的过程永不停歇。据计算，三棵大树每天所吸收的二氧化碳，约等于一个人每天所吐出的二氧化碳。每年全世界的绿色植物，从空气中大约要吸收几百亿吨的二氧化碳。

二、臭氧（O_3）

大气中的臭氧是阳光中的紫外线作用于氧分子，氧分子分解成氧原子，氧原子和氧分子结合形成的。臭氧大部分存在于平流层 10～50km 高度，其最大密度在 20km 高度左右。臭氧的总含量还不到地球大气分子数的百万分之一，如果把大气中的臭氧集中在海平面的高度，它只有大约 3mm 的厚度。

臭氧是大气中唯一能滤除太阳光中有害波长的物质，最具杀伤力的紫外辐射约 90% 会被臭氧层吸收，臭氧吸收这些电磁波，并把它转化成热和化学能量。臭氧层被比喻成地球的保护膜，隐形的屏障形成"地球的气息"，功能上，好像是我们地球的天然滤光镜。

臭氧层是大气中臭氧相对集中的层面，一般是指 $10\sim50km$ 高度之间的大气层，因受太阳紫外线的光化作用，其臭氧含量的百分率比较高，尤其是在 $20\sim25km$ 的高度处。由于太阳辐射的紫外线和大气中氧气、氧原子的含量有随大气高度增减而变化的规律，在平流层内便形成了臭氧的聚集区。大气中的臭氧除了具有随高度分布的规律外，而且还随纬度和季节的不同以及昼夜交替而变化。在臭氧层里，其实臭氧的浓度是很稀的，即使在浓度最大处，所含臭氧量也不过大约 $10\mu g\cdot ml^{-1}$。大气中的臭氧的含量虽然很少，但是它在地球环境中所起的作用却非常重要。第一，它是地球生物的保护伞。因为臭氧层阻挡了太阳辐射中的大部分紫外线，使地面生物免受紫外线的伤害，而少量穿透大气层到达地面的紫外线对人类和生物则是有益的。第二，它是引起气候变化的重要因素。臭氧对太阳紫外线辐射的吸收是平流层的主要热源，平流层臭氧浓度及其随高度的分布直接影响平流层的温度结构，从而对大气环流和地球气候的形成起着重要作用，因此，平流层臭氧浓度的变化是大气的重要扰动因子。

英国南极考察科学家于 1985 年报道发现南极上空的臭氧空洞。每年的 8 月下旬至 9 月下旬，在 20km 高度的南极大陆上空，臭氧总量开始减少，10 月初出现最大空洞，面积达 2000 多万 km^2，覆盖整个南极大陆及南美的南端，11 月份臭氧才重新增加，空洞消失。其实，所谓臭氧空洞，并不是说整个臭氧层消失了，只不过是大气中的臭氧含量减小到一定程度而已。

由于臭氧的特殊性质，并易受各种因素的影响，所以臭氧层是十分脆弱的。卫星观测资料表明，自 20 世纪 70 年代以来，全球臭氧总量明显减少，从 1979 年至 1990 年，全球臭氧总量大致下降了 3%。南极附近臭氧量减少尤为严重，低于全球臭氧平均值 30%～40%，出现了"南极臭氧洞"。自 1985 年发现"臭氧洞"以来到 1987 年它变得既宽又深，1988 年虽然有所缓解，但 1989 年以后到 90 年代的前几年里，每年南半球春季都出现很强的"臭氧洞"，1994 年到 1996 年"南极臭氧洞"还在扩大。最近从安装在俄罗斯和美国卫星上的探测器发回的数据获悉，"南极臭氧洞"面积已达 2400 万 km^2，最薄处只有 100 多布森单位（100 多布森，相当于 1mm 厚度）。以上情况表明，臭氧层这个地球生命的保护伞，正在遭到严重的破坏，研究其原因和机制并提出切实可行的保护措施，已成为全世界共同面临的重大问题。

关于臭氧层变化及破坏的原因，一般认为，太阳活动引起的太阳辐射强度变化,大气运动引起的大气温度场和压力场的变化以及与臭氧生成有关的化学成分的移动、输送都将对臭氧的光化学平衡产生影响,从而影响臭氧的浓度和分布。而化学反应物的引入,则将直接地参与反应而对臭氧浓度产生更大的影响。人类活动的影响,主要表现为对消耗臭氧层物质的生产、消费和排放方面。在自然状态下,大气层中的臭氧是处于动态平衡状态的,当大气层中没有其他化学物质存在时,臭氧的形成和破坏速度几乎是相同的。然而大气中有一些气体,例如亚硝酸、甲基氧、甲烷、四氯化碳,以及同时含有氯与氟(或溴)的化学物质,它们能长期滞留在大气层中,并最终从对流层进入平流层,在紫外线辐射下,形成含氟、氯、氮、氢、溴的活性基因,剧烈地与臭氧起反应而破坏臭氧。这类物质进入平流层的量虽然很少,但因起催化剂作用,自身消耗甚少,而对臭氧的破坏作用十分严重,导致臭氧平衡的打破,浓度下降,这就是目前臭氧问题的症结所在。大气中的臭氧可以与许多物质起反应而被消耗和破坏。在所有与臭氧起反应的物质中,最简单而又最活泼的是含碳、氢、氯和氮几种元素的化学物质,如氧化亚氮(N_2O)、水蒸气(H_2O)、四氯化碳(CCl_4)、甲烷(CH_4)和现在最受重视的氯氟烃等。这些物质在低层大气层正常情况下是稳定存在的,但在平流层受紫外线照射活化后,就变成了臭氧消耗物质。这种反应消耗掉平流层中的臭氧,打破了臭氧的平衡,导致地面紫外线辐射的增加,从而给地球生态和人类带来一系列问题[7]。

臭氧被消耗的表现形式主要有以下几种。

(1)氯氟烃与臭氧层。氯氟烃与臭氧层是一类化学性质稳定的人工源物质,在大气对流层中不易分解,寿命可长达几十年甚至上百年。但它进入平流层后,受到强烈的紫外线照射,就会分解产生氯游离基($Cl\cdot$),$Cl\cdot$与O_3作用生成氧化氯游离基($ClO\cdot$)和O_2,消耗掉臭氧,进而氧化氯游离基再与臭氧分子作用生成氯游离基,如此,$Cl\cdot$不断产生,又不断与O_3作用,使一个氟里昂(CFC)分子可以消耗掉成千上万个臭氧分子。其主要反应式如下(以$CFCl_3$为例):

$$CFCl_3 \longrightarrow \cdot CFCl_2 + Cl\cdot \tag{2-1}$$

$$Cl\cdot + O_3 \longrightarrow ClO\cdot + O_2 \tag{2-2}$$

$$ClO\cdot + O_3 \longrightarrow Cl\cdot + 2O_2 \tag{2-3}$$

作为臭氧层破坏元凶而被人们高度重视的氟里昂,有5种物质为"特定氟里昂",它们主要用作制冷剂、发泡剂、清洗剂等。其产品一直在增加,直到知道利用CFC作气溶胶的潜在危险后才开始减少,通过实施控制措施，特定氟里昂的生产量由 1986 年的 113 万吨减少为 1991 年的 68 万吨，减少了 40%，2010 年，我国新产品全面禁止应用氟利昂。

（2）溴与臭氧层。世界气象组织认为，溴比氯对整个平流层中臭氧的催化破坏作用可能更大。南极地区臭氧的减少至少有 2% 是溴的作用所致。有人指出，在对极地臭氧的破坏中，BrO 与 ClO 反应可能起重要作用：

$$BrO + ClO \longrightarrow Cl \cdot + O_2 + Br \cdot \tag{2-4}$$

$$Br \cdot + O_3 \longrightarrow BrO + O_2 \tag{2-5}$$

$$Cl \cdot + O_3 \longrightarrow ClO + O_2 \tag{2-6}$$

整个反应使 O_3 转变为 O_2。对极地平流层的 BrO 和 ClO 的观察结果支持这种观点，并由此认为南极地区臭氧破坏的 20%～30% 是由溴引起的，而且认为，溴对北半球臭氧的破坏可能更加严重。所以溴化物的量虽少，作用却不可低估。

（3）氮氧化物与臭氧层。氮氧化物系列中的氧化亚氮（N_2O），化学性质稳定，至今还不清楚它对生物的直接影响，因而还未列为大气污染物。但是，N_2O 同氯氟烃一样能破坏平流层臭氧，同二氧化碳一样，也是一种温室气体，并且其单个分子的温室效应能力是 CO_2 分子的 100 倍。

关于南极臭氧洞的形成和发展，人们曾认为主要是由于 CFC 单个因素的破坏，但是，用 CFC 的光化学反应不可能解释臭氧洞；在南极地区的大规模大气物理和化学综合观测以及相应的化学动力学理论和实验研究，较好地回答了为什么主要在北半球中纬度地区排放的 CFC 对南极地区臭氧的破坏最大这一问题。在南极地区，每年 4 月至 10 月盛行很强的南极环极涡旋，它经常把冷气团阻塞在南极达几个星期，使南极平流层极冷（-84℃以下），因而形成了平流层冰晶云。实验证明，在这种特定的条件下，破坏臭氧的两个过程：

$$Cl + O_3 \longrightarrow ClO + O_2 \tag{2-7}$$

$$ClO + O \longrightarrow Cl + O_2 \tag{2-8}$$

将因氯原子的活性大大增加而变得更为有效，这就使南极春天平流层臭氧浓度大幅度下降。在北极地区，虽然也存在环极涡旋，但其强度较弱，且持续时间较短，不能有效地阻止极地气团与中纬度气团的交换，再加上气体交换造成的臭氧向极区输送便使北极臭氧洞不像南极明显。

臭氧层的破坏对各方面都有严重的影响，主要表现在以下几个方面。

（1）臭氧层破坏对人类健康的影响。由于臭氧层的破坏，太阳紫外线中以往极少能到达地面的短波紫外线也将增加，使得皮肤病和白内障患者数量增加。据统计，臭氧层减少 1％可使有害波长为 280～320nm 的紫外线增加 2％，其结果是皮肤病的发病率将提高 2％至 4％。现在，距南极洲较近的居民已饱尝臭氧层空洞带来的痛苦，如居住在智利南端的海伦娜岬角的居民，只要走出家门，就一定要在衣服遮不住的皮肤表面涂上防晒油，再戴上太阳镜，否则半小时后皮肤就被晒成鲜艳的粉红色，并伴有瘙痒病。

（2）臭氧层破坏对生物的影响。虽然植物已发展了对抗 UV-8 高水平的保护性机制，但实验研究表明，它们抵御波长为 280～320nm 范围内紫外线的应变能力差异甚大。迄今为止，已对 200 多种不同的植物进行了波长为 280～320nm 的紫外线敏感性试验，发现其中的三分之二产生了反应。敏感的物种如棉花、豌豆、大豆、甜瓜和卷心菜，都出现生长缓慢，甚至有些花粉不能萌发，故它能损伤植物激素和叶绿素，从而使光合作用降低。

（3）臭氧层破坏对全球气候的影响。平流层中臭氧对气候调节具有两种相反的效应：如果平流层中臭氧浓度降低，在这里吸收掉的紫外线辐射就会相应减少，平流层自身会变冷，这样释放出的红外辐射就会减少，从而使地球变冷；另一方面，因辐射到地面的紫外线辐射量增加，会使地球增温变暖。如果整个平流层中臭氧浓度的减少是均匀的，则上述两种效应可以互相抵消，但是如果平流层的不同区域的臭氧层浓度降低不一致，两种效应就不会相互抵消。现在的状况是，平流层臭氧层减少呈不均匀趋势，这种变化的净效应如何，还有待科学研究进一步证实。

如何保护臭氧层，防止其继续受到破坏呢？自 20 世纪 70 年代提出臭氧层正在受到破坏的科学论点以来，联合国环境规划署意识到，保护臭氧层应作为全球环境问题，需要全球合作行动，并将此问题纳入议事日程，召开了多次国际会议，为制订全球性的保护公约和合作行动作了大量的工作。1977 年，通过了《关于臭氧层行动世界计划》，并成立"国际臭氧层协调委员会"。1985年和 1987 年分别签署了《保护臭氧层维也纳公约》和《消耗臭氧层物质的蒙特利尔议定书》。议定书最初的控制时间表是分阶段地减少特定氟利昂的生产和消费量，到 20 世纪末减至 1986 年水平的一半。但是，如果预测大气中包括破坏臭氧物质（有机氯化合物）、全氯等物质浓度今后的动态变化，则可知即使氟利昂的排放减半，破坏臭氧层的物质依然会持续增加，它们对臭氧层的威胁也会不断增加。因而，为了控制这种趋势，使大气臭氧层的状态恢复到臭氧空洞出现之前的状态，必须全面禁止破坏臭氧层物质的使用。因此 1990 年 6月在伦敦召开的蒙特利尔议定书缔约国会议上，对原议定书进行了大幅度强化控制的修改，提出到 2000 年要全面禁止特定氟利昂的使用。同时将四氯甲烷和三氯乙烷增列为新的破坏臭氧层物质，提出这些物质也要在 2000 年至 2005 年之间全面禁止使用[8]。

另一方面，由于分子内部含有氢的同类物质（HCF）在对流层中的寿命比较短，只有很少部分能够到达平流层，所以作为"替代氟利昂"进行替代品开发。这些物质对于臭氧层仍有一定的破坏作用，同样需要限制其向大气中的排放，部分替代品于 1996 年开始冻结或者阶段性削减生产，直至未来完全取消。鉴于全球对环境保护的日益重视，1995 年在维也纳公约签署的十周年之际，150 多个国家签署了维也纳臭氧层国际公约，将发达国家全面停止使用 CFC 提前到 2000 年，发展中国家则在 2016 年冻结使用，2040 年淘汰。我国积极参与了国际保护臭氧层合作，并制订了《中国逐步淘汰消耗臭氧层物质国家方案》。2007 年 7 月 1 日前，除原料和必要用途之外，我国已淘汰其他所有氟利昂、哈龙的生产和使用，并在 2007 年 9 月 1 日以后禁止销售含这些物质的家用电器产品。因此目前市场上的冰箱、冰柜等都已不含"氟"。发胶、摩丝、杀虫剂等原本含有氟利昂的产品现也大多采用它的替代品[9]。以上海为例，根据《上海市加速淘汰消耗臭氧层物质工作实施方案（2008～2010年）》，2010 年 1 月 1 日前，上海市将淘汰四氯化碳和甲基氯仿的生产和使用，在 2015 年 1 月前，淘汰甲基溴的生产和使用，在 2030 年前淘汰含氢氯氟烃的生产和使用[10]。

三、超氧自由基负离子（$\cdot O_2^-$）

超氧自由基负离子（$\cdot O_2^-$）不仅具有重要的生物功能，并且与多种疾病有密切关系，可以经过一系列反应生成其他氧自由基，因此具有特别重要的意义。它可以接受一个 H^+ 形成共轭酸，也可以再分解为超氧自由基负离子和 H^+，并在水溶液中保持平衡。

$$\cdot O_2^- + H^+ \longrightarrow HOO \cdot \tag{2-9}$$

改变溶液的 pH 值，便可以改变 $\cdot O_2^-$ 和 HOO· 的浓度。在 pH＝3.8 时，$\cdot O_2^-$/HOO· 约为 1/10，pH＝5.8 时，约为 10/1，pH＝6.5 时，约为 100/1。人的体液生理 pH 在 6.5～7.5 之间，因此，在生理条件下，体内生成的主要是超氧自由基负离子，只有少量转化为 HOO·。就是这少量的 HOO· 可能使 $\cdot O_2^-$ 跨越细胞膜和引起脂质过氧化。HOO· 和 $\cdot O_2^-$ 的性质差别很大，

$\cdot O_2^-$ 带有负电荷，是亲水性的，不能穿透细胞膜，在很多场合是还原剂；而 $HOO\cdot$ 不带电荷，是疏水性的，可以穿透细胞膜，并在膜的疏水区聚积，而且其氧化性远远大于 $\cdot O_2^-$，这就为细胞膜的脂质过氧化造就了充分条件。

超氧自由基负离子在水溶液中的存活时间约为 1 秒，在脂溶性介质中的存活时间约为 1 小时。和其他活性氧相比，超氧自由基负离子不很活泼，因此曾经有人认为超氧自由基负离子的毒性可能不大。其实，正是由于它寿命较长，可以从其生成位置扩散到较远的距离，达到靶位置，从这种意义上讲，超氧自由基负离子具有更大的危险性。另外，由于它是生物体中第一个生成的氧自由基，又是所有氧自由基的前身，可以转化为其他氧自由基，因此具有非常重要的意义。

$\cdot O_2^-$ 的产生主要通过非酶反应和酶反应两种形式。

（1）非酶反应

在需氧的生物体内到处存在着 O_2。如果在 O_2 参与的非酶反应中 O_2 能从还原剂接受一个电子，就可以转变为 $\cdot O_2^-$。这类非酶反应在生物体内是存在的，现简述如下。

① 在 O_2 的存在下，有些生物分子氧化时可产生 $\cdot O_2^-$。这些生物分子包括甘油醛、还原型核黄素、黄素单核苷酸与黄素腺嘌呤二核苷酸、肾上腺素、四氢喋呤和半胱氨酸、谷胱甘肽等巯基化合物。

② 在人体内，铁与蛋白质结合成血红素蛋白、肌红蛋白、铁蛋白等化合物。非蛋白质结合的铁是极少的，如在脑脊液中仅含有 (2.2 ± 1.3) $\mu mol/L$。在离体实验中已证明 Fe^{2+} 可逐渐被空气中的 O_2 氧化为 Fe^{3+}，同时 O_2 转变为 $\cdot O_2^-$。

③ 在非酶反应中以氧合血红蛋白转变为高铁血红蛋白时产生的 $\cdot O_2^-$ 最值得重视。因为每日人体中红细胞的氧合血红蛋白约有百分之三转变为高铁血红蛋白，表明循环途径可有相当量的 $\cdot O_2^-$ 产生。

$$蛋白质\text{-}血红素\text{-}Fe^{2+}\text{-}O_2 \longrightarrow \cdot O_2^- + 蛋白质\text{-}血红素\text{-}Fe^{3+} \qquad (2\text{-}10)$$

在铜离子与 NO_2^- 存在下，上述反应可加速。居住在 NO_3^- 污染的水源地区的人，尤其是婴儿饮用了 NO_3^- 污染的水时，肠中细菌可将 NO_3^- 还原为 NO_2^-，从而促使高铁血红蛋白与 $\cdot O_2^-$ 的产生。必须指出的是红细胞中尚存在高铁血红蛋白还原酶，可以将高铁血红蛋白还原为血红蛋白，因此在正常生理情况下，红细胞中不会含有高铁血红蛋白。

（2）酶反应

在黄嘌呤氧化酶的催化下，黄嘌呤可通过将单电子或双电子给予氧的方式氧化为尿酸。据 Fridovich 的报道，在 pH 值 7.8 的实验条件下通过黄嘌呤氧化酶的催化，在黄嘌呤氧化为尿酸的过程中约有六分之五的电子转移属于双电子反应，其他电子转移为单电子反应。他还指出，单电子反应与双电子反应的比值并不是固定的，而是随着 pH 值、氧气的分压和黄嘌呤浓度的变化而改变。其次是脂溶性药物（DH）经肝脏微粒体药酶 NADPH-P$_{450}$ 氧化成羟基代谢物以加大极性，便于从小便和胆汁排出，此时常伴有 $\cdot O_2^-$ 的产生。

$\cdot O_2^-$ 的检测方法主要有两种。

① 电子顺磁共振波谱分析。采用电子顺磁共振波谱分析技术检测 $\cdot O_2^-$，仅能在低温条件下进行。

② 酶学分析。酶学分析技术可应用于检测 $\cdot O_2^-$，如使 $\cdot O_2^-$ 与乳化氧化物酶结合成复合物 III 后活性下降，或使 $\cdot O_2^-$ 与乳酸脱氢酶中 NADH 结合后活性受到影响，从而检测出 $\cdot O_2^-$。这些方法的专一性虽较化学法高，但灵敏度低。利用超氧化物负离子自由基可与细胞色素 C、肾上腺素、氮蓝四唑等发生氧化还原反应，能使之发生颜色改变的原理，进行比色测定。但其他氧化剂、还原剂亦可使之发生相似的反应。故测定时要加入辣根过氧化物酶 HRP，以确定其变化是否确实与 $\cdot O_2^-$ 有关，并可根据辣根过氧化物酶 HRP 对其变色反应的抑制程度求出 $\cdot O_2^-$ 的产量。

四、过氧化氢（H$_2$O$_2$）

过氧化氢，俗名双氧水，分子量 34.016，不属于自由基，性质活泼，氧化能力强，而且可转变为自由基。外观为无色透明液体，对皮肤有一定的侵蚀作用，产生灼烧感和针刺般疼痛。双氧水是一种强氧化剂，当遇到重金属、碱等杂质时，则发生剧烈分解，并放出大量的热，与可燃物接触可产生氧化自燃。

过氧化氢是氧气二电子还原产物，具有较强的氧化性。但在较强的氧化剂存在时，也具有一定还原性。可以直接氧化一些酶的巯基，使酶失去活性。甘油醛-3-磷酸脱氢酶就是以这种方式失活的，菠菜叶绿体的果糖二磷酸酶也是以这种方式失活的。过氧化氢还可以非酶氧化丙酮酸，也可以参与以下反应[11]：

$$H_2O_2 + Fe^{2+} \longrightarrow Fe^{3+} + \cdot OH + OH^- \tag{2-11}$$

$$H_2O_2 \longrightarrow 2 \cdot OH \tag{2-12}$$

$$2H_2O_2 \longrightarrow 2H_2O + O_2 \tag{2-13}$$

$$2H_2O_2 \longrightarrow 2H_2O + {}^1O_2 \tag{2-14}$$

$$H_2O_2 + \cdot O_2^- \longrightarrow H_2O + \cdot OH + O_2 \tag{2-15}$$

过氧化氢可以穿透大部分细胞膜，这是超氧自由基负离子不能相比的。这就增加了过氧化氢的细胞毒性，当它穿越细胞膜后就可以与细胞内铁反应产生羟基自由基。

过氧化氢在体内的重要来源可能是超氧自由基负离子的歧化反应。O_2 获得两个电子就可成为 O_2^{2-}，在 H^+ 的存在下可转变为 H_2O_2，但事实上 O_2 难于同时接受一对电子。虽然通过 $\cdot O_2^-$ 或 $HOO \cdot$ 的自动歧化反应可以产生 H_2O_2，但是在 pH 为 7.4 的生理条件下，主要还是 $\cdot O_2^-$。$\cdot O_2^-$ 的歧化反应速度是较低的，因此在生物体内，通过非酶反应产生的 H_2O_2 是很少的。在生物体内，H_2O_2 的产生是通过酶促反应产生的，能产生 H_2O_2 的酶促反应比较多，如黄嘌呤氧化为尿酸、D-氨基酸氧化为酮酸、D-葡萄糖氧化为葡萄糖内酯、胺类化合物氧化为醛类以及 $\cdot O_2^-$ 的歧化反应。在这些酶促反应中，除了 SOD 催化 $\cdot O_2^-$ 歧化为 H_2O_2。线粒体与内质网产生的 $\cdot O_2^-$ 是 H_2O_2 产生的主要来源。其 H_2O_2 产量约占氧耗量的 1.7%。

过氧化氢是一种重要的化工产品，具有漂白、氧化、消毒、杀菌等多种功效，起效后无任何副产物，无需特殊处理，广泛应用于纺织、造纸、化工、电子、轻工、污水处理等工业。但是过氧化氢对人体有下列危害：①过氧化氢可导致人体遗传物质 DNA 损伤及基因突变，与各种病变的发生关系密切，长期食用危险性巨大；②过氧化氢可导致老鼠及家兔等动物患癌，从而可能对人类具有致癌的危险性，此外过氧化氢可能加速人体的衰老进程；③过氧化氢与老年性痴呆，尤其是早老性痴呆的发生或发展关系密切；④过氧化氢与老年帕金森病、脑中风、动脉硬化及糖尿病肾病和糖尿病性神经病变的发展密切相关；⑤作为强氧化剂通过耗损体内抗氧化物质，使机体抗氧化能力低下，抵抗力下降，进一步造成各种疾病；⑥过氧化氢可能导致或加重白内障等眼部疾病；⑦通过呼吸道进入可导致肺损伤；⑧多次接触可导致人体毛发，包括头发变白，皮肤变黄等；⑨食入可刺激胃肠黏膜导致胃肠道损伤及胃肠道疾病，小分子过氧化氢经口摄入后很容易进入体内组织和细胞，可进入自由基反应链，造成与自由基相关的许多疾病。

水溶液中的 H_2O_2，可采用碘滴定法、分光光度法、化学发光、荧光法等测定方法检测。例如 H_2O_2 对 240nm 波长的摩尔消光系数为 $43.6L \cdot mol^{-1} \cdot cm^{-1}$，据此就可以测定 H_2O_2。而且还可以利用过氧化氢酶对 H_2O_2 作用的专一性，易加入适量过氧化氢酶，以鉴别 240nm 处的光吸收是否为 H_2O_2 所致。

五、羟自由基（HO·）

羟自由基是氧的自由基中活性最强的一种，也是大部分氧自由基研究的焦点。羟自由基是已知的最强的氧化剂，它比高锰酸钾和重铬酸钾的氧化性还强，是氧气的三电子还原产物，反应性极强，寿命极短，在水溶液中仅为 10^{-6} 秒，在很多缓冲溶液中，只要一产生，就会和缓冲溶液反应。它几乎可以和所有细胞成分发生反应，对机体危害极大。但是由于它的作用半径小，仅能和它的邻近分子反应。气相中，过氧化氢被宇宙射线或阳光光解产生羟自由基，大气化学中后一过程与有机污染物密切相关，羟自由基与有机分子的气相反应已被详细地综述在水溶液中，连续或脉冲辐解产生羟自由基。羟自由基的化学性质非常活泼，寿命极短，在生物体内，产生的部位经常为其起作用的部位。机体辐射损伤主要系由组织细胞内水分经辐射分解产生羟自由基，它使细胞内靶分子氧化成靶分子自由基，并继续与邻近靶分子发生连锁反应，造成辐射损伤或杀伤癌细胞。

羟自由基可以发生抽氢、加和及电子转移等三类反应[12]。抽氢反应中最典型的反应是羟自由基从乙醇抽氢生成乙醇自由基和水。

$$CH_3-CH_2-OH + \cdot OH \longrightarrow \underset{\underset{CH_3}{|}}{\cdot CH-OH} + H_2O \qquad (2-16)$$

在有氧存在时可以生成超氧自由基。羟自由基还可以参与磷脂抽氢，引起一系列反应，导致细胞膜损伤，从 DNA 脱氧核糖上抽氢，生成各种产物，引起细胞突变。

羟自由基和芳香环反应，就是采用加成反应的方式进行的。同样也可以和 DNA 和 RNA 的嘌呤和嘧啶的碱基反应，羟自由基加成到嘌呤和嘧啶的碱基上生成嘌呤和嘧啶自由基。在氧气存在的情况下，进一步反应生成胸腺嘧啶自由基，羟自由基就是以这种方式损伤 DNA 碱基和糖的，甚至引起键断裂。若细胞无法修复这些严重的损伤，则会引起细胞的突变和死亡。

羟自由基参与的电子转移反应可发生在无机和有机物上。

$$Cl^- + \cdot OH \longrightarrow \cdot Cl + OH^- \tag{2-17}$$

也可以从超氧自由基负离子得到一个电子变为 OH^-，并使超氧自由基负离子变为单线态氧。

$$\cdot O_2^- + \cdot OH \longrightarrow OH^- + {}^1O_2 \tag{2-18}$$

有多种途径可以产生羟自由基，常用的有以下几种[13]。

（1）Fenton 型 Haber-Weiss 反应是产生 HO· 的方法之一。已有不少实验证据指出，生物体内 HO· 的产生也可能通过类似反应，其理由是该反应中的 Fe^{3+}、$\cdot O_2^-$ 与 H_2O_2 都能在生物体内存在或经常产生，即使没有 Fe^{3+} 与 $\cdot O_2^-$，只要有 Cu^+ 代替 Fe^{3+} 与 $\cdot O_2^-$ 反应中产生的 Fe^{2+}，也可与 H_2O_2 反应产生 HO·，甚至某些还原剂如抗坏血酸也可起到类似作用。

$$Fe^{2+} + H_2O_2 \longrightarrow Fe^{3+} + \cdot OH + OH^- \tag{2-19}$$

$$H_2O_2 + Fe^{3+} \longrightarrow Fe^{2+} + HOO \cdot + H^+ \tag{2-20}$$

$$\cdot OH + Fe^{2+} \longrightarrow Fe^{3+} + OH^- \tag{2-21}$$

$$HOO \cdot + Fe^{2+} \longrightarrow Fe^{3+} + H \cdot + \cdot O_2^- \tag{2-22}$$

$$\cdot OH + H_2O_2 \longrightarrow HOO \cdot + H_2O \tag{2-23}$$

$$\cdot O_2^- + H_2O_2 \longrightarrow O_2 + OH^- + \cdot OH \tag{2-24}$$

另外，当有络合物存在时，上述反应又会发生变化，有些络合物能够加速 Fenton 反应，有些则起到抑制作用。在体内，铁离子的作用就更复杂了。

（2）某些药物在体内代谢中可能产生 HO·，如 6-羟基多巴胺、6-氨基多巴胺、5-羟基巴比妥酸、四氧嘧啶进入生物体内，可产生 HO·。

（3）通过臭氧产生羟自由基。臭氧是光化学污染的重要成分，也是进攻生物分子的强氧化剂，它可以氧化蛋白质的胱氨酸和组胺酸，氧化不饱和脂肪酸导致脂质过氧化。这些反应可能都是通过羟自由基起作用的，因为在臭氧水溶液中，特别是在碱性条件下，可以很快生成羟自由基。

$$O_3 + H_2O \longrightarrow 2 \cdot OH + O_2 \tag{2-25}$$

羟自由基的检测方法如下。

（1）自旋捕捉法：HO· 在水中的寿命极短，除放射化学领域外，一般不易用电子顺磁共振法检出。不过采用自旋捕捉技术可以间接测出 HO· 的存在。有一些类似 HO· 高度化学活性自由基可以与亚硝基化合物（R—N $=$ O）或氮氧化物（R—N$^+$—O$^-$）反应产生长寿命的自由基。DMPO（5,5-dimethyl-1-prrroline-N-oxide）属氮氧化类化合物。它和 HO・或・O_2^- 均可产生稳定的加合物。虽然其产物不同，但・O_2^- 与 DMPO 的加合物可以分解为 HO・和另一种 DMPO 的加合物。

在这种情况下，加入乙醇可以区分 HO・与・O_2^-。因为乙醇可以清除 HO・，使 DMPO 不能直接与 HO・反应，即不能生成 DMPO-OH，但是乙醇与 HO・反应产生羟乙基自由基（・$\overset{|}{\underset{CH_3}{CHOH}}$）还可与 DMPO 反应生成另一种加合物，其电子顺磁共振波谱与 DMPO 加合物完全不同。

（2）清除剂：采用添加 HO・清除剂的方法，观察 HO・的效应是否降低或消除。如果加入过氧化氢酶与 SOD，由于清除了 H_2O_2 与・O_2^-，可减少或消除 HO・的产生，从而使 HO・效应大为降低。按照同理，加入铁离子结合剂，使铁离子不能在 Fenton 型 Haber-Weiss 反应中发挥作用，从而使 HO・效应降低或消除。常用的铁离子结合剂为二乙烯-三胺-五乙酸、向菲绕啉、脱铁敏，其中以脱铁敏对离子的专一性最强。

六、单线态氧（$^1O_2$）

氧是偶电分子，分子中存在一个 σ 键和两个三电子 π 键。O_2 可呈现两种状态，即单线态，又称为激发态，以 $^1O_2$ 表示；另一种为三线，又称为基态，以 $^3O_2$ 表示，$^3O_2$ 可吸收能量变为激发态。近几十年来，人们对单线态氧产生的兴趣越来越浓厚，因为它参与了许多化学、生物化学、生物医学现象。

单线态氧（$^1O_2$）也是很活泼的活性氧之一，它由三线态氧（$^3O_2$）被激发产生。$^1O_2$ 极易氧化还原生成・O_2 自由基发挥损害作用。$^1O_2$ 本身也具有很大损害作用，光敏染料产生的 $^1O_2$ 可引起小脑颗粒细胞的线粒体损伤和 DNA 链断裂、抑制肌酸激酶的活性，导致神经细胞的能量代谢障碍和死亡。某些老年性的动物失调可能与此有关。适量自由基对抗局部感染等具有一定作用，但过量自由基则对不饱和脂肪酸、蛋白质分子、核酸分子、细胞外可溶性成分以及细胞膜等具有十分有害的破坏性作用。机体内从一开始就时刻在产生着自由基，但同时又有有效的自由基清除系统，维持体内自由基的正常水平，但是，随着年龄的增长，这种平衡会发生改变。

单线态氧同其他物质的反应主要通过两种方式进行，一是同其他分子的结合反应，二是将它的能量转移给其他分子，自己回到基态，称为猝灭。在这些反应中，有些生成内过氧化物，有些生成氢过氧化物和二氧烷。

在实验室中，产生单线态氧的方法很多，常用的有以下几种。

（1）化学反应产生：过氧化氢与某些离子反应，包括与次氯酸盐、钼酸盐反应，可以产生单线态氧 $^1O_2$，这已经被多种单线态氧的检测手段证明。另外，在某些氧化还原反应的中间过程也产生单线态氧。

（2）生物机体内产生：机体粒细胞或巨噬细胞吞噬破坏异物时，可由溶酶体内 H_2O_2 经髓过氧化物酶（MPO）分解形成 $^1O_2$，以氧化破坏异物。也常由新生的 $\cdot O_2^-$ 与 H_2O_2 作用，或者被 H^+ 歧化还原产生。此外光敏物质（S）如血卟啉等可被光激发而处于三线态（S*），当其恢复基态时，可将能量传递给 O_2，形成 $^1O_2$。在一定条件下 O_2 也可直接获能形成 $^1O_2$。

（3）光敏反应：光敏反应法可产生单线态氧，光敏反应有两种方式，一种方式称为Ⅰ型，即光致光敏剂激发，激发的光敏剂直接造成生物体内其他分子损伤或发生反应。通常用于产生单线态氧的光敏剂有染料曙红Y、甲苯胺蓝、玫瑰红和亚甲蓝等。核黄素及其衍生物黄素单核苷酸还原酶（FMN）和黄素腺嘌呤二核苷酸（FAD），叶绿素a和叶绿素b，视黄素和各种嘌呤也能在光照时产生单线态氧。血卟啉衍生物（HPD）是治疗肿瘤的一种光敏剂，光照射可以被HPD敏化杀伤肿瘤，这对那些可以照射的皮肤癌和肺癌是一种有效的治疗方法。实验研究表明，光照HPD可以产生单线态氧和羟自由基[14]。另一种方式称为Ⅱ型，即经光激发的光敏剂使 O_2 激发成为 $^1O_2$。

单线态氧的检测方法主要有以下几种。

（1）$^1O_2$ 的清除剂检测：常用的清除剂有叠氮化钠、DABCO、二苯基异苯并呋喃、组氨酸、色氨酸、蛋氨酸、β胡萝卜素、胆固醇、NADPH等，但这些清除剂也可清除 $HO\cdot$，所以专一性不强。应该指出的是，$^1O_2$ 与胆固醇或色氨酸的反应产物和 $HO\cdot$ 与它们的反应产物不同，通过产物的鉴定，可以初步区别 $^1O_2$ 与 $HO\cdot$ 孰起作用。

（2）D_2O 与 H_2O 中化学反应性的相对比较：$^1O_2$ 在 D_2O 中的寿命比在 H_2O 中长 10～15 倍，因此在 D_2O 中 $^1O_2$ 的化学反应性增强。如果光敏反应中产生 $^1O_2$，则其化学反应速度在 D_2O 中一定比在 H_2O 中增大，否则就不受影响，据此可以检测 $^1O_2$。

（3）化学发光法：单个 $^1O_2$ 从单线态转变为基态 O_2 可发出单线态氧的特征光，1268nm处属近红外范围，用液态氮冷却的锗二极管或装有单色器的光电倍增管可以检测。

（4）自旋捕捉法：用 9,10-二苯蒽（DPA）作为捕捉剂与单线态氧反应生成 9,10-二苯蒽的内氧化物（$DPAO_2$），然后用高效液相色谱法分离 DPA 和 $DPAO_2$，再用质谱检测，从而判定有无单线态氧生成。

第三节　氧　化　学

氧和氧的各种自由基在生命体内以及自然界都起了很重要的作用，由此可见，研究关于氧的化学，即氧化学非常有意义。下面我们就氧化学来作一简单介绍。

化学的基本前提是由分子组成的所有物质，物质的物理和化学性质都与分子紧密相关，一种物质变成另一种物质是分子间互相作用形成另一种分子的结果。一个分子由一个或两个以上的原子通过价电子轨道重叠（共价键，化学键）以相对固定的形式构成。

在 19 世纪，化学家主要把眼光集中在活性有机体产生的分子的多样性上，这些分子的共同点是都存在四价键的碳原子，由此，合成了许多新分子，大大丰富了化学的内容。显然，这种以碳为基础的化学对科学和社会都是很有用的。虽然在生物体系（活体有机体，特别是需氧菌体系）中的大部分分子都包含氧、碳和氢原子（比如蛋白质、核酸、碳水化合物、液体、激素和维生素），但是人们还是把氧看作化学中相当重要的原子——它是分子特性的决定因素。这样，化学家们把氧看成最重要的元素就是理所当然的事情了。

而氧在化学中起着核心作用，在我们生活的现代地球环境里，氧元素的原子丰度（同其他化学元素相比较的相对数量）排在第五位，仅次于氢（H）、氦（He）、碳（C）和氮（N）。在海水和地壳里，氧是最多的元素。以质量计算，氧占海水的 85.8%（主要以水的形式存在，还有溶解在水里的氧和各种化合物中的氧），占地壳的 48.6%（存在于各种氧化物中）。

氧是生物组织的最大组成成分。99% 以上的生物组织，都是由氧（62%）、碳（20%）、氢（10%）、氮（3%）、钙 2.5%、磷（1.14%）和氯、硫、钾、钠 10 种元素组成的。

在人体的物质组成成分当中，氧元素的分量最多。正常人体包含有 26 种化学元素，其中人体含氧 65%、碳 18%、氢 10%、氮 3%、钙 1.5%、磷

1％、钾 0.35％、硫 0.25％、钠 0.15％、氯 0.15％、镁 0.05％，以及极为少量的人体必需的铁、锰、铅、铜、砷、锌、钴、硅、硒、碘、钾、铝、氟等微量元素。

在空气里面，氧的含量仅次于氮：以质量计算占 23.1％，以体积计算占 20.93％。除惰性气体外，氧原子能与所有元素的原子经由共价键作用形成多原子分子，包括氢（H）、非金属、金属和过渡金属。可见，它的作用非同小可。我们从最常见的水和氧气为例来说明。

一、水

水分子是最重要的含有氧的分子，也是氧化学的基础。它的热稳定性很高，222kcal·mol^{-1}（1cal＝4.186J）的能量才能使它分解产生氧原子。水分子的另外一个重要的特性是分子间通过氢键作用可以形成水分子团。同时，水是生命的源泉，在人体内水约占人体重的三分之二，是构成人体最主要的材料。人体的各种生理功能都要在水的参与下才能完成或实现。但是仅仅从这个层面来认识水还是不够的，随着生命科学的发展，现在已经证明水对于生命来讲不仅仅是个"载体"和"工具"，水本身就是生命大分子的一个组成部分。没有水，生命大分子的构象就不能建立，体现生命现象的功能就不能实现。就如没有筋骨架就造不起高楼大厦一样，水是具有活性的蛋白质和核酸的一个组成部分，水对生命的影响要比我们原先所想的深远得多。

水分子的结构似乎很简单但性质非常奇特，众所周知水分子由一个氧原子和二个氢原子组成。氧原子与氢原子之间的键长为 0.96Å，其键角为 105°，所以水分子的电荷中心不重叠，其偶极矩为 1.84 德拜（Debye），是强极性分子。在范德华力（Van der waals）作用下水分子有相互吸引成团状的趋势。但更重要的是水分子中的氧原子电负性较强，使得氢原子的质子"裸露"，这样一个水分子就可以通过氢键的形式与多达 4 个水分子相连，形成笼状结构。氢键的长度约 1.80Å，其离解能为 110cal/mol。氢键的键能不大不小，很容易连接或断裂，所以水分子团的结构总处于不断变化之中。水分子还能通过氢键与水中的各种无机离子和有机大分子中的离子基团相互作用形成更为复杂的功能性结构，这对生命体来说是有重大意义的。例如在极小的由 58 个氨基酸残基组成的牛胰蛋白酶抑止剂（BPTI）上就紧密地结合着数千个水分子。在 DNA（脱氧核糖核酸）和 RNA（核糖核酸）中水的含量达 25％～50％甚至更多。水分子几乎可以和 DNA 双螺旋结构中的任何部位相互作用。现已证明遗传基因也只有在水环境中才能表达。结构与功能的关系一直是蛋白质研究的核心问题，蛋白质卷曲与折叠形成的三维构象是在水的参与下建立的，一旦脱水蛋白质就会发生变性，丧失原有的功能，而蛋白质功能正是生命的表现形式。在分子生物中水分子以氢键与生物大分子结合生成高度有序的"结合水"，其性质与普通水相比发生了很大的变化。如沸点上升，黏滞度增大，介电常数从 81 下降至 2.2 等。结合水的冰点下降了，即使温度低于 0℃ 也不会结冰。我们常常可以看到被冻结在冰块中的金鱼由于体内的水没有结冰，所以一旦解冻，仍能若无其事地游动。不仅结合水包围着生物大分子，而且不同的生物大分子之间也是通过结合水相联系的。水与生命结合得如此紧密，但在以往的分子生物的研究中，我们往往忽视水的存在和水的作用，或者把水看作是一种当然的存在，由于研究的困难而干脆避而不谈。

水的性质与功能是与水本身的结构以及水与其他物质相互作用形成的水合物有关。水的性质和功能可以通过某些参数或指标反映出来，如水温、密度、硬度、比热容、表面张力、电导率、热导率、介电常数、pH 值、氧化还原电位值（ORP）、溶解氧、渗透压、溶解度等等。由于这些参数比较灵敏，易于检测，所以这些参数的变化可以看作水功能性变化的标记。这些参数的变化对生物生理方面的影响是各不相同的，有些影响是立竿见影的，有些是潜移默化的，但决不是无足轻重、毫无意义的。

二、氧分子

（1）化学历史。1774 年，Joseph Priestley 首次报道了氧分子，他发现绿色植物能够产生氧分子。1777 年，Antoine L. Lavoisier 进一步验证氧分子是空气的组成之一，基于它能与其他元素反应产生含氧酸，把它命名为"氧气"。他也发现，氧气是燃料燃烧的助燃剂，也是生物呼吸的必需元素。在 18 世纪后期，Priestley，Scheele 和 Lavoisier 确定了地球上大气中氧气的含量为 21%（体积分数），它是需氧生命体不可或缺的元素，但浓度太高时对植物有毒，它也是有机分子燃烧必需的氧化剂。

（2）氧分子的生物合成及其循环。氧所担任的基本角色，是构成生命分子的基石。任何生命物质中有四分之一的原子是氧。绿色植物利用水的光合作用吸收二氧化碳，产生氧气，光合作用的基本反应，可以用下式表示：

$$CO_2 + H_2O + 光能 \longrightarrow CH_2O + O_2 \tag{2-26}$$

不过从这个方程式，不能立即看出哪一个反应物是糖类中氧原子的来源，哪一个是游离氧原子的来源。1941 年，柏克来加州大学的 Samuel Ruben 和 Martin D. Kamen 利用重氧同位素（O^{18}）作追踪剂，证明氧分子是从水分解而来，而二氧化碳是所合成的有机分子中的碳和氧的来源。

光合作用的基本产物，在植物细胞内经过无数次的转变，最后到了食草性动物的体内。在各个过程中的转变，以有机分子的原子组成和储蓄能量的改变为主，这些转变，使得产生的碳化合物比原来的糖类更具还原性，或更具氧化性。这种由糖类到碳化合物的氧化还原反应，为生物体内进行的能量供求作用所必需。凡是还原性较强的分子，其每个碳原子所结合的氢原子较多，而氧原子较少；凡是氧化性较强的分子，其每个碳原子所结合的氢原子较少而氧原子较多。被还原的化合物燃烧所放出的能量，大于被氧化的化合物燃烧所放出的能量。举例来说，我们最熟悉的乙醇（C_2H_6O）分子的还原程度就大于糖类分子，丙酮酸（Pyruvic acid，$C_3H_4O_3$）分子的氧化程度也大于糖类分子。

有机分子因其所含氢原子数与氧原子数的相对差异，下列几个主要反应足以表现其性质的不同：①去氢反应；②加水然后去氢；③直接加氧。在②和③两个反应中，有机物自水或氧分子中引入更多的氧原子。有机分子分解时，其中的氧原子即释放出，同时生成二氧化碳和水。分子的生物氧化作用，可写成光合作用的逆式：

$$CH_2O + O_2 \longrightarrow CO_2 + H_2O + 能 \tag{2-27}$$

有机分子中的氧原子，出现在二氧化碳分子中，氧分子则成为氢原子的接受者。

因此，氧原子的三种非生物性来源是二氧化碳、水和氧分子。在生物氧化的过程中，分子氧所担任的动力角色，是作为电子槽或受氢者。因为有机物分子的生物氧化主要是去氢过程：酶从底物中移出氢原子而传给携氢者。如果这些携氢者已呈饱和状态，便不会发生更进一步的氧化作用，除非有其他受氢者存在。

在无氧的发酵过程中，有机物分子便是受氢者。因此，所谓发酵就是某些有机物被氧化时，其他有机物同时被还原的共同结果。利用酵母使葡萄糖发酵时，部分糖分子被氧化为二氧化碳，部分被还原为乙醇，就是很好的例子。

在有氧呼吸时，氧是受氢者，产物是水。被移出的氢原子传给氧，要经过一系列的催化剂和辅助因子。主要的辅助因子是被称为细胞色素的含铁色素分子。细胞色素有很多种，根据其电子亲和力的不同加以区别。在高等生物的细胞中，此氧化系统的酶与电子携带者存在于线粒体内。这些小胞器可视为高效能的低温灯。有机分子在此与氧燃烧，所放出的能量，主要蓄存于三磷酸腺苷（ATP）分子的高能键中。

分子状态的氧，也能与有机化合物及其他还原物质自然起作用，这就是氧在某种浓度以上时便会有毒性效应的原因。巴斯德（Louis Pasteur）曾发现有些对氧非常敏感的生物，例如厌氧菌，所能忍受的氧密度，不能超过大气氧密度的 1%。最近又发现，高等生物的细胞内含有一种名为过氧体的胞器，其主要功能可能是保护细胞免于受氧的侵害。过氧体中所含的酵素，在催化各种代谢物的氧化过程中，可使氧分子直接还原。过氧化氢就是此种氧化作用的产物之一。

溶解在水中的氧，能通过细胞的内外膜而扩散，已足以供应单细胞及小形多细胞生物的需要。已分化的多细胞生物则需要更有效的供氧方法，以供给各组织及各细胞的需要。所有高等生物，基本上都需依赖线粒体内的需氧氧化所产生的能量，维持其生命活动。他们已具有非常精密的生理系统，以确保其各组织获得充足的氧。这种一度可以致死的气体，现在已是高等生物片刻不能缺少的了。高等生物有两种基本构造与这种机能有关，一种是特殊的可与氧结合的化学物携带者，能增加体液的含氧量；另一种是可提供较大表面的细微结构，以增加气体交换的速率。携氧者必须具备一些特殊性质，就血红素和肌红素而言，肺叶中的血红素，在高氧压下会很快的吸收氧气而达到近饱和状态。但血液由肺叶流到氧压较低的组织中时，血红素就将大部分与其结合的氧释放出。为了这种氧压的改变，氧键随时可断可接，这是携氧者不可缺少的生化性质。

（3）O_2，独一无二的自然产物：生物和化学的革命性变革。

正如岩石和化石的记载，地球的历史，也可以从先进世界的组成分子和生物化学的特征上反映出来。当游离氧在大气中出现以后，分化的多细胞生物才开始演化。原生动物的细胞，经由呼吸作用，在有氧的情况下分解燃料而获得能量。此燃料最先由光合作用所合成。如果不是氧化性代谢作用能够放出大量的能量，更高等的动物生命形式，将不可能出现。游离氧不但维持生命，其本身也自生命而来。现在大气中的氧，大部分是原核生物产生，主要是蓝藻。其中一部分转变为臭氧，将到达地面的辐射线中的部分高能光波滤出、减少。氧也与地壳内的其他元素化合，再加上若干其他的变化，因此在生物界、大气界、水体界以及陆界之间，才会密切地进行交互作用。

在化学王国中，氧分子是唯一一种由两个未成对电子组成的物质。可以产生变价的过渡金属参与氧化物的氧化过程，形成氧化态，在有机分子中也存在类似的情况。

近年来，对生物界中氧的循环以及氧的含量影响最显著的因素，就是人类本身。人类除了像其他行动正常的动物一样需吸入氧而呼出二氧化碳之外，还因大量燃料燃烧及其大量绿地变为公路、建筑物等，因而使氧的含量降低，二氧化碳的含量增加。此外，人类所从事的大规模毫无计划的破坏，例如，原油的污染，农药的喷洒等，都对浮游植物有不良的影响。地球表面的水域，被一薄层石油所覆盖，导致反射力增加，温度降低，加上其他难以预见的因素，以致影响到植物的生长。在中纬度地区，由于生长季节的缩短以及绿地的减少，陆生植物的生长，也受到很大限制（通常此种现象可因低纬度地区雨量的增加而获得补偿，可是因为水面的石油使水的蒸发量减少，雨量也随之减少）。为了减低此种不良后果，人类曾导引淡水，以期增加那些干燥及半干燥地带植物的生长及其光合作用。但是这类包括开发地下水在内的行为，往往导致水流向海洋的速率大于其因蒸散而降回地面的速率。

我们必须正视这些问题。当大气中的氧比现在减少百分之几时，可能不会有任何不良后果，而二氧化碳的略微增加有助于植物的生长，亦可使得氧量增加。但是二氧化碳的进一步增加可能导致严重的温室效应，使气温升高，因此海平面升高。这些有害因素在个别看来似乎无关紧要，但是其累积的效应，却是不堪想象的。这些我们现在所面临的严重问题，似乎尚未引起人们的普遍重视。假如我们想确保生物界的延续永久，并且希望循环作用的正常进行，我们必须慎重地处理，明辨利害，以保证生态系的生存为前提。

参考文献

[1] Farquhar J, Bao H, Thiemens M. Atmospheric influence of earth's earliest sulfur cycle [J]. Science, 2000, 289 (5480): 756-758.

[2] Balentine J D. Pathology of oxygen toxicity [M]. New York: Academic Press, 1982.

[3] Gilbert D L. Oxygen and living processed: an inter-disciplinary approach [M]. New York: Springer, 1987.

[4] Deneke S M, Fanburg B L. Normobaric oxygen toxicity of the lung [J]. New Engl J Med, 1980, 303 (2): 76-86.

[5] 赵保路. 氧自由基和天然抗氧化剂 [M]. 北京: 科学出版社, 1999: 1-20.

［6］　杨思植，郭友琳.普通环境学［M］.西安：陕西师范大学出版社，1985.

［7］　吴沈春.环境与健康［M］.北京：人民卫生出版社，1982.

［8］　G. M. 马斯特斯.环境科学技术导论［M］.北京：科学出版社，1982.

［9］　靳睿杰，王淑娟，付翠轻，等.关于提高臭氧层保护履约能力的思考［J］.现代农业研究，
2021，27（1）：142-143.

［10］　孙家仁，郭梅，卢清.宏观视角思考中国对流层臭氧污染形势与防控路径［J］.世界环境，
2020，186（5）：19-23.

［11］　Oshino N, Jamieson D, Chance B. The properties of hydrogen peroxide production under
hyperoxic and hypoxic conditions of perfused rat liver［J］. The Biochemical Journal,
1975, 146（1）: 53-65.

［12］　Boyce N W, Holdsworth S R. Hydroxyl radical mediation of immune renal injury by desferri-
oxamine［J］. Kidney International, 1986, 30: 813-817.

［13］　Ekstrom G, Cronholm T, Ingelman-Sundberg M. Hydroxyl radical production and ethanol
oxidation by liver microsomes isolated from ethanol-treated rat［J］. The Biochemical Jour-
nal, 1986, 233: 755-781.

［14］　Kanofsky J R. Singlet oxygen production in superoxide ion-halocarbon systems［J］. Jour-
nal of the American Chemical Society, 1986, 108: 2977-2981.

第3章
负氧离子发生的基本原理
及其相关化学反应过程

第一节　引　言

空气是由氧、氮、水蒸气、二氧化碳等多种气体组成的气体混合物，其中氧约占 21%，氮约占 78%。除此之外，还有少数成分存在，如氩（Ar）、氦（He）、氖（Ne）、氪（Ke）、氙（Xe）、臭氧（O_3）、一氧化氮（NO）、二氧化氮（NO_2）、负离子等。这些少数成分，虽然在空气中所占比例极小，但对人体健康却起着不可忽视的作用。空气负离子对人体健康十分有益，被称为"空气维生素"：空气中的负离子多为氧离子和水合羟基离子，空气中的小负氧离子，具有良好的生物活性，它通过呼吸系统进入人体，调节中枢神经的兴奋状态、改善肺的换气功能、改善血液循环、促进新陈代谢，使人精神振奋、提高工作效率。除此之外，空气负离子还有镇静、降压、止汗、利尿、催眠、增加食欲和提高免疫机能的作用。

负离子在不同的环境下存在的"寿命"不等。在洁净空气中，负离子的寿命有几分钟，而在灰尘多的环境中仅有几秒钟。在特定的环境下，小的空气离子在不断产生，又不断衰减，并且维持在一定的浓度范围内，正、负离子数量的比例亦维持平衡。

20世纪初期，地球大气中正、负离子的比例为 1∶1.2，而现代地球大气中正、负离子的比例为 1.2∶1。一个世纪以来，地球大气的正负离子平衡状态发生了显著的变化，使得人类生存环境被浓厚的正离子所围住。我们必须在现代社会活动中遏制和预防正离子的发生量，采取积极有效的措施增加大气环境中的负离子的比例，使人类赖以生存的环境条件得以改善。

在正常情况下，气体分子不带电（显中性），但在射线、受热及强电场的作用下，空气中的气体分子会失去一些电子，即所谓空气电离，这些失去的电子称为自由电子，它又会与其他中性分子相结合，而得到电子的气体分子带负电，称为空气负离子。负氧离子，非常简单地说，就是捕获了一个电子的氧分子。最近科研人员发现并证明，负氧离子的形成和消失与环境的大气压、光照程度、空气湿度、温度日较差、风速、雾气等多种气象因素有直接关系。

目前，学术界对负氧离子的意义正深入研究探讨中。但是，对负氧离子产生的基本原理及其相关的化学反应原理尚无相关的综合性报道。本章将简要介绍天然负氧离子和人工发生负氧离子的基本原理和化学反应过程。

第二节　负氧离子的产生及其物理性质

在自然界中，宇宙射线、阳光紫外线、土壤中的铀和钍等放射性元素放出的射线，以及雷雨闪电等的作用，不断地使空气分子电离而放出电子。释放出的电子迅速与空气中的中性原子结合而形成负离子，而失去电子的原子则形成正离子。此外，由于 Lenard 效应，即在空气中的水滴分裂时，水滴带正电荷，周围空气中的分子带正电荷。空气中异性电荷的离子由于静电吸引中和，又可逆变成中性气体分子。

空气离子按体积大小可分为轻、中、重离子三种。一部分正、负空气离子将周围 $10 \sim 15$ 个中性气体分子吸附在一起形成轻离子。轻离子的直径为 10^{-7}cm，在电场中运动较快，其迁移率为 $1 \sim 2$cm^2/(V·s)。中、重离子多是灰尘、烟雾和小水滴等微粒失去或获得电子所产生，或是一部分轻离子与空气中的灰尘、烟雾等结合而形成的。重离子的直径约为 10^{-5}cm，在电场中运动较慢，仅为 0.0005cm^2/(V·s)。中离子的大小及活动性介于轻、重离子之间，通常用"N^+"和"N^-"分别表示正、负重离子，以"n^+"和"n^-"分别表示正、负轻离子。空气离子的带电量为 4.8×10^{-10} 静电单位。

空气离子的含量通常以 1cm^3 空气中离子的个数来标定。由于空气离子荷电的极性不同，对人体的生理影响也不同，所以在实际应用上还必须分别测定正、负离子的浓度。以下式表示正、负离子之比：

$$N^+/N^- \text{ 或 } n^+/n^- = q \text{（单极系数）}$$

通常在大气低层（接近地面）空气中含有离子 500～3000 个/cm^3，其中，正离子多于负离子，轻离子单极系数（n^+/n^-）平均为 1.2，重离子（N^+/N^-）平均为 1.1。空气中离子的数量和单极系数可因各种条件而发生变化。例如，Deleanu 测定室外较清洁空气中正、负轻离子浓度，$n^+=651\pm187$，$n^-=566\pm139$，$q=1.15$。在关闭的室内，即使每人空间为 75～100m^3 时，轻离子浓度仍显著下降，而且单极系数升高，$n^+=91\pm36$，$n^-=70\pm25$，$q=1.30$。在瀑布、喷泉、激流和海滨等地区，空气离子浓度较高，而且单极系数较小；而在影剧院等人多且通风不良的公共场所，空气离子浓度显著降低，而且单极系数升高。

第三节　负氧离子产生的微观碰撞机理

在正常状态下，组成分子的各原子的电子在离原子核最近的轨道上做不规则的运动，此时原子处于最稳定的状态，气体的原子处于最低能级，这时电子在离核最近的轨道上运动，原子处于最稳定状态，呈现中性。当空气受到外来能量的激发碰撞，如宇宙射线、紫外线、放射性射线、强电场或光的照射时，空气分子能够被外来能量激发而电离，导致处于外层的电子脱离原子核，形成自由电子。

为了激发原子，电子所必需的能量称为激发能，激发能量可用激发电位 U_0 来表示，使一个常态原子电离所需的最小能量称为电离能。电子获得外界因素给予的一定动能与空气分子和原子碰撞，是造成空气分子激发和电离的重要条件。但并非所有的能量都能使空气分子或原子激发或电离，较低的能量如普通电热器加热，只能加速空气分子运动，气温升高，而不能使空气电离或激发。

电子对原子的碰撞分为两种[1]。一种是完全弹性碰撞，即粒子部分地交换能量而它们的动能总和保持不变。这时，空气原子内部的状态也是不变的，如图 3-1。在这种状态下，空气中的氧分子 O_2，就不会变为负氧离子。

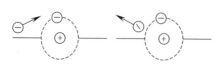

图 3-1　弹性碰撞

另一种是非弹性碰撞，非弹性碰撞又分为两种情况，一种非弹性碰撞是原子吸收电子的能量，只引起原子的激发，碰撞电子附在中性原子的外层，如果中性原子是氧原子，它就会变成我们所需要的空气负氧离子，如图 3-2。另一种非弹性碰撞是原子吸收碰撞电子的能量而电离，除了原始碰撞电子，还出现了正离子及电离电子，如图 3-3。这时电子不会附在原子上，形不成负离子。

图 3-2　非弹性碰撞，形成负离子　　　　　图 3-3　非弹性碰撞造成分裂

显然，只有激发原子，才能使电子附在原子上产生负离子。所以，要增加负离子的浓度，实际上是靠负离子发生器电极所产生的电压，使电子动能达到一定的值，以保证原子激发而不被电离来实现的。

从表 3-1 可以看出，运动电子在电场中电离某一元素的电位 U_1，都比激发它的电位 U_0 大。这说明电子激发中性氧分子，使之变为负氧离子所需要的电压，要比使它电离的电压小。前者是增加空气中负氧离子浓度的条件，而后者不能增加空气中负氧离子的浓度。所以，要提高空气中负离子的浓度，只能对负离子发生器加适当电压。盲目增加电压不仅不能增加负离子浓度，而且会随着电离产生一些有害气体对人体带来不良影响。

表 3-1　激发电位与电离电位

气体	激发电位 U_0/V	电离电位 U_1/V
H_2	11.10	15.4
He	20.86	24.5
Ne	16.62	21.5
Ar	11.56	15.7

第四节　负氧离子的发生及其相关化学反应过程

一、天然负氧离子的发生

在自然条件下，氧分子捕获电子是非常不易的，它需要有自由电子的产生。自然界中小的空气离子在宇宙外来射线、地球物质的放射线照射，雷电、风暴、瀑布、海浪的冲击，植物的光合作用，以及花卉开放，海洋中的藻类的光合作用等过程中不断产生。空气的正、负离子，按其迁移率大小可分为大、中、小离子。离子迁移率大于 $0.4cm^2/(V \cdot s)$ 为小离子，小于 $0.04cm^2/(V \cdot s)$ 为大离子，介于两者之间则为中离子。接近分子大小的荷电原子团或分子团，都属于小的空气离子。这些小的空气离子具有高的运动速度，在大气中互相碰撞，又不断聚集，形成大离子或中离子。

只有小离子，或称之为小离子团才能进入生物体。而其中的小负氧离子，或称之为小负氧离子团，则有良好的生物活性。在大气环境中，空气分子浓度为 $2.7×10^{19}$ 个/cm³，其中小离子浓度仅为 $10^2 \sim 10^3$ 个/cm³，但它们却以自身微小的粒子、正或负的电荷、高生物活性影响着大气环境的质量，以至整个地球生态平衡。在自然界中，大气离子虽然看不见摸不着，但人们却可以感受到负氧离子的存在。雷电过后，因为电击在空气中产生了大量的负氧离子，野外的空气会格外清新；在海洋中除了雷电，海浪频繁的涌动也会产生大量的负氧离子，被海风带到海边，海边空气会令人心旷神怡。相反，大气中过多的正离子会引起失眠、头疼、心烦、血压升高等反应。例如在狂风飞沙之日，在人群密集、空气污浊的场所，空气正离子数量骤增，会给人以心烦意乱、头疼疲乏之感。自然界负氧离子的主要来源有以下几种。

（1）放射性物质的作用。在地球表面和大气中，存在着某些放射性物质，如铀、钍等物质以及它们的蜕变物质，不断发射出 α、β、γ 等射线，造成低层大气分子电离，这种电离作用在地面附近的几百米高度以内比较强，随着高度增加，地球上放射性物质造成的空气电离作用很快减弱，有时，由于大气对流作用，会把一部分放射性物质带到 $4 \sim 5km$ 的高空，大气中核试验等过程也会加强中低层大气电离。例如，在土壤中存在的放射性物质（几乎在地球全部土壤中都存在微量的铀及其裂解产物）镭、钍、锕等元素，会通过能量大的 α 射线使空气离子化。一个 α 质点能在 1cm 的路程中产生 50000 个离子。另外，土壤中的放射性物质也可通过此穿透力强的 γ 射线使空气离子化。

（2）宇宙射线的照射作用。由于宇宙射线的辐射作用，空气分子发生电离反应，部分或全部被电离成电子和离子，但它的作用只有在离地面几公里以上才较显著。在高层大气中，来自太阳辐射中的 X 射线、紫外辐射以及来自其他星体的高能宇宙射线可以使空气分子发生电离，这是形成电离层的主要原因。由于大气层很稠密，这些射线往往在大气上层就被吸收了，其中，有些宇宙射线粒子具有极大能量，不仅能使空气电离，而且会产生具有较大能量的次生粒子，这些次生粒子又能使其他空气分子电离，形成"雪崩效应"，这种电离过程可以达到中下层大气。

（3）紫外线辐射及光电效应。短波紫外线能直接使空气离子化，臭氧的形成就是在小于 2000Å 的紫外线辐射下氧分离的结果。但如遇到光电敏感物质（包括金属、水、冰、植物等），即使不是短波紫外线也可通过光电效应使这些物质放出电子，与空气中的气体分子结合形成负离子。

（4）勒纳尔效应（瀑布效应）。在水滴的剪切作用下或衬里的摩擦运动下，空气也能离子化。通常在瀑布、喷泉附近或者海边，或者风沙时，发现空气中的负离子或正离子大量增加，这就是电荷的分离结果。

总之，自然界从各种来源不断产生粒子，其产生率约 $5 \sim 10$ 对离子/$(\text{cm}^3 \cdot \text{s})$ 范围里。但空气中离子不会无限地增多，这是因为粒子在产生的同时伴随着自行消失的过程，其主要因为：

① 离子互相结合，呈现不同电性的正、负离子相互吸引，结合成中性分子；

② 离子被吸附，离子与固体活页体表面相接触时被吸附而变成中性分子；

③ 离子被抑制。

不过空气中的负氧离子，在短暂过程中，由于各方面的作用，会不断出现，也会不断沉降、消失。并在一定范围内，保持一定的量。

（5）尖端放电。通常情况下空气是不导电的，但是如果电场特别强，空气分子中的正负电荷受到方向相反的强电场力，有可能被"撕"开，这个现象叫做空气的电离。由于电离后的空气中有了可以自由移动的电荷，空气就可以导电了。

由于同种电荷相互排斥，导体上的静电荷总是分布在表面上，而且一般说来分布是不均匀的，导体尖端的电荷特别密集，所以尖端附近空气中的电场特别强，使得空气中残存的少量离子加速运动。这些高速运动的离子撞击空气分子，使更多的分子电离。这时空气成为导体，于是产生了尖端放电现象，同时产生了负离子。

（6）火花放电。当高压带电体与导体靠得很近时，强大的电场会使它们之间的空气瞬间电离，电荷通过电离的空气形成电流，电流特别大，产生大量的热，使空气发声发光，产生电火花，这种放电现象叫火花放电。

火花放电在生活中常会遇到。干燥的冬天，身穿毛衣和化纤衣服，长时间走路之后，由于摩擦，身体上会积累静电荷。

（7）雷电。在云层里，云是由许多微小的水滴组成的，离子吸附在水滴上，成为球电荷。由于水滴的质量大，行动笨拙，即使是直径只有几个微米的水滴，也是气体离子的一个沉重包袱。所以云里的电荷移动缓慢，不易达到电平衡。在大气电场影响下，正负电荷在云的上下层分别积累。常常是正电荷聚集在云的上层，负电荷聚集在云的下层。

当带电的云离地面较近时，云和地形成一个巨大的电容器。云和地各是电容器的一个极，云和地之间的大气就是电介质。雷雨时，两极之间的电压差别很大，能达每米几万伏。

当电场强度超过空气的介电强度时，就会把空气击穿，进行放电。放电时，带电粒子撞击空气分子，使空气分子电离。在云和地之间形成一条由电子、离子组成的电的通路。

（8）仙人掌、令箭荷花、仙人指、量天尺、昙花等植物能增加负氧离子。森林的树木、枝叶尖端放电及绿色植物光合作用形成的光电效应使空气电离，产生空气负离子。当室内有电视机或电脑启动的时候，负氧离子会迅速减少。而这些植物的肉质茎上的气孔白天关闭，夜间打开，在吸收二氧化碳的同时，放出氧气，使室内空气中的负离子浓度增加。

二、植物光合作用的机理

几乎可以说一切生命活动所需的能量来源于太阳能（光能）。绿色植物是主要的能量转换者，因为它们均含有叶绿体（Chloroplast）这一完成能量转换的细胞器，它能利用光能同化二氧化碳和水，合成糖，同时产生氧。所以绿色植物的光合作用是地球上有机体生存、繁殖和发展的根本源泉。

$$6CO_2 + 12H_2O \xrightarrow[\text{叶绿体}]{\text{光}} C_6H_{12}O_6 + 6H_2O + 6O_2 \tag{3-1}$$

光合作用是能量及物质的转化过程。首先光能转化成电能，经电子传递产生 ATP 和 NADPH 形式的不稳定化学能，最终转化成稳定的化学能储存在糖类化合物中。光合作用分为光反应（Light reaction）和暗反应（Dark reaction），前者需要光，涉及水的光解和光合磷酸化；后者不需要光，涉及 CO_2 的固定。分为 C3 和 C4 两类。

（1）光合色素。类囊体中含两类色素：叶绿素（见图 3-4）和橙黄色的类胡萝卜素，通常叶绿素和类胡萝卜素的比例约为 3:1，叶绿素 a 与叶绿素 b 也约为 3:1，全部叶绿素和几乎所有的类胡萝卜素都包埋在类囊体膜中，与蛋白质以非共价键结合，一条肽链上可以结合若干色素分子，各色素分子间的距离和取向固定，有利于能量传递。

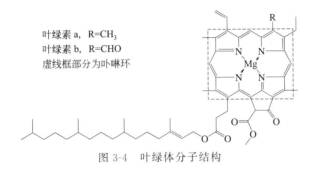

叶绿素 a，R=CH₃
叶绿素 b，R=CHO
虚线框部分为卟啉环

图 3-4　叶绿体分子结构

（2）光系统Ⅱ（PSⅡ）。吸收高峰为波长 680nm 处，又称 P680。至少包括 12 条多肽链。位于基粒与基质非接触区域的类囊体膜上。包括一个集光复合体（Light-harvesting complex Ⅱ，LHC Ⅱ）、一个反应中心和一个含锰原子的放氧复合体（Oxygen evolving complex）。D1 和 D2 为两条核心肽链，结合中心色素 P680、去镁叶绿素（Pheophytin）及质体醌（Plastoquinone）。

（3）光反应。P680 接受能量后，由基态变为激发态（P680*），然后将电子传递给去镁叶绿素（原初电子受体），P680* 带正电荷，从原初电子供体 Z（反应中心 D1 蛋白上的一个酪氨酸侧链）得到电子而还原；Z⁺ 再从放氧复合体上获取电子；氧化态的放氧复合体从水中获取电子，使水光解。

$$2H_2O \longrightarrow O_2 + 4H^+ + 4e^- \tag{3-2}$$

产生的氧气经过气孔释放到空气的过程中，氧气 O_2 与产生的电子结合生成负氧离子：

$$O_2 + e^- \longrightarrow O_2^- \tag{3-3}$$

以上这些都属于天然产生负氧离子的方法，外界催离素使大气成分（O_2、N_2、CO_2、SO_2、H_2O 等）中含有的电子 e^- 放出，放出的 e^- 与 CO_2、H_2O 反应：

$$n\,H_2O + e^- + O_2 \longrightarrow O_2^-(H_2O)_n \tag{3-4}$$

$$2H_2O_2 + CO_2 + e^- \longrightarrow CO_4^-(H_2O)_2 \tag{3-5}$$

从而产生负氧离子。

通过以上的讲解，我们就不难理解，为什么雷雨过后，人们会感到空气特别新鲜，在旷野、山林、海滨、瀑布等风景区，人们会感到心旷神怡。

三、人工产生负氧离子的方式

对于生活在都市中的人们来说，要想坐在家里也可尽情地吸收"空气维生素"，就需要借助人工产生负离子，负离子可以由一系列过程产生，如辐射吸附、分解吸附、三体吸附碰撞、形成负离子对、电荷转移等。影响负离子产生的因素，总的来说有三个方面：

（1）决定电场空间分布的电极结构的几何参数；

（2）决定电场瞬时变化的电气参数；

（3）决定气体状态的气象因素，主要是指气体。

目前，存在多种人工产生负离子的方式，如高频电场、紫外线、放射线、水压撞击和高压静电场、电气石、光触媒等，均可以达到获得空气负离子的目的。

四、高压放电产生负氧离子机理

负氧离子发生器利用脉冲、振荡电器将低电压升至直流负高压，再利用碳毛刷尖端直流高压产生高电晕，高速地放出大量的电子（e^-），而电子并无法长久存在于空气中（存在的电子寿命只有 ns 级），立刻会被空气中的氧分子（O_2）捕捉，形成负氧离子（见图 3-5）。它的工作原理与自然现象"打雷闪电"产生负氧离子时相一致。

五、压电晶体法产生负氧离子的机理

市场上出售的负氧离子发生器大都采用的是上述原理。除此之外，较为先进的产生负氧离子的方法还有"压电晶体法"。

"压电晶体法"是利用无机压电晶体材料具有永久电极的特性，运用高科技手段将其加工成纳米超细粉末，通过自动电离空气获得负氧离子，不仅不需耗费任何人为的能源，而且可以长期发挥功效，也不会形成二次污染，属于真正意义上的、国际领先的绿色环保科技。

（1）普通压电晶体法作用原理。某种物质接受一定的压力产生的放电现象被称为压电原理，这种压力不是人工，也不是人为造成的，而是一种自然力作用。"负氧离子光触媒"正是利用这种压电特性，在常温下只要获得微弱的能量（如空气的流动、温度的升降、微弱的摩擦力或者压力等），就能够释放微

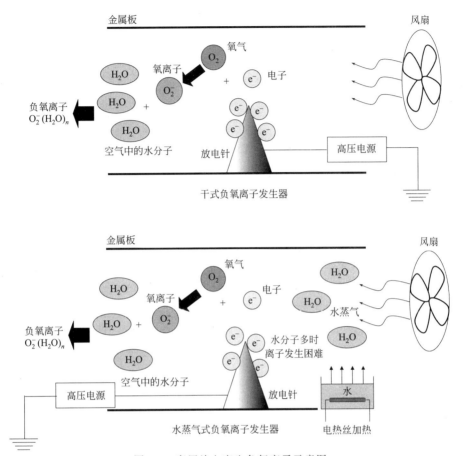

图 3-5　高压放电产生负氧离子示意图

弱但高压的分子级电量，以极快的速度分解空气中的水分子得到大量的负离子[$10000 \sim 15000$ 个/($cm^3 \cdot s$)]，被称为"天然负离子发生器"。

（2）无源负氧离子发生材料的发生机理。UNIS 是 "Unpowered Negative Ion Supplier" 的英文缩写，即无源负离子发生材料。它无需目前主要依赖的能源，如电、声、光等能量的激发即可持久发挥释放负离子的作用。UNIS 材料中含有本身晶体结构不对称物质，他们在涂料中被分离后形成独立的静电场。水分子（H_2O）一旦接触后，在电场的作用下会被电离成带有正电的氢离子（H^+）和带有负电的羟基，即氢氧根离子（OH^-）。而氢离子（H^+）马上与该材料释放出的电子（e^-）相结合而成为氢气分子（H_2）释放到空气中。剩下的氢氧根离子（OH^-）与周围的水分子结合成为水合羟基离子

（$H_3O_2^-$ 或 $H_2O \cdot OH^-$），即为带负电荷的碱性羟基负离子。

六、天然矿物材料产生负氧离子的机理

利用电气石或其他负离子矿物材料的天然能量激发空气电离产生负离子。这种方法不需要外加的机械、热量或电能，是一种最经济实用的无源负离子发生器。

根据大地测量学和地球物理学国际联盟大气联合委员会采用的理论，空气负离子（即负氧离子）的分子式是 $O_2^-(H_2O)_n$、$OH(H_2O)_n$ 或 $CO_4^-(H_2O)_n$。

下面我们以电气石为例来讲解产生负氧离子的机理[2]。电气石永久释放负离子的机理目前有几种解释。其中之一归因于电气石对水的电解作用。在一定的外部能量波动状态下，如体温、阳光等作用，电气石结晶粉末两端具有永久正、负极性，与普通的水、空气中的水分子或皮肤表面的水分子接触后，就能够产生瞬间放电电离效应，将水分子电解为 H^+ 和 OH^-，H^+ 与电气石释放出的电子结合而被中和成氢气分子，而 OH^- 与其他水分子结合，可连续生成羟基负离子 HO^-，这就是电气石能够永久、持续发射"负离子"的主要机理。经过这一过程的水，无论是碱性水还是酸性水，都会由于 H^+ 的减少而呈有益于人体的弱碱性。具体反应过程如下[3]：

$$H_2O \longrightarrow H^+ + OH^- \tag{3-6}$$

$$2H^+ + 2e^- \longrightarrow H_2 \tag{3-7}$$

氢氧根离子与水分子结合形成空气负离子：

$$OH^- + nH_2O \longrightarrow OH^-(H_2O)_n \tag{3-8}$$

根据这种理论，电气石释放负离子的浓度与其自发极化效应强弱有关，必要条件是空气中的水分。

由于电气石具有压电性和热电效应，因此在温度、压力变化的情况下，能引起电气石晶体的电势差，使周围的空气发生电离，被击中的电子附着于邻近的水和氧分子上，并使其转化为空气负离子，即负氧离子。产生的负氧离子在空气中移动，将负电荷输送给细菌、灰尘、烟雾微粒以及水滴等，电荷与这些微粒相结合，从而达到净化空气的目的。

另一种理论认为：电气石，是一种成分与结构极为复杂的天然矿石，它沿C轴两个结晶端具有天然的正、负极性，具有压电性和热释电性（焦电性）。电气石的电场特性，就像磁铁矿矿石一样也是天然的，电气石的电场强弱可用电极化强度来评价，电极化强度越大，产生负离子的能力就越强。

电气石的天然电场对空气中的水分子产生微弱电解作用的方程式为：

$$4H_2O + 2e^- \longrightarrow 2H_3O_2^- + H_2 \uparrow \qquad (3-9)$$

$H_3O_2^-$（$H_2O \cdot OH^-$）即所谓的"羟基"负离子。

负离子电解水的过程示意图如图3-6所示。

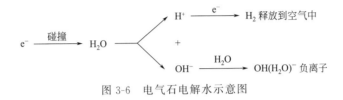

图3-6　电气石电解水示意图

七、负氧离子激励剂产生负氧离子及相关机理

利用光线或紫外线照射光触媒材料，或者利用天然矿物激励剂，激发能量使空气中的水分子电离，产生负离子。这种方法是前一种方法的延伸，可以达到更加理想的效果。

现在我们开始详细讲解光触媒产生负氧离子及相关机理，光触媒材料众多，包括 TiO_2、ZnO、SnO_2、ZrO_2 等氧化物及 CdS、ZnS 等硫化物。其中 TiO_2（Titanium dioxide，二氧化钛）因氧化能力强、化学性安定、无毒等特性而受到广泛应用。二氧化钛是一种半导体，具有锐钛矿（Anatase）、金红石（Rutile）及板钛矿（Brookite）三种结晶结构，只有锐钛矿（Anatase）结构具有光触媒特性

光触媒在反应过程中，首先在二氧化钛表面上产生电子和空穴，接着空穴将附着于二氧化钛表面上的水氧化，将该水转变成为氢氧自由基；而电子将空气中的氧还原，使其变成负氧离子。氢氧自由基与负氧离子将二氧化钛表面上的有机化合物以氧化来加以分解。也就是说，光触媒的作用是由电子的还原能力和空穴的氧化能力来激发二氧化钛上的触媒作用。光触媒的催化反应机制见图3-7。

光触媒氧化与还原过程：

首先，二氧化钛在光的照射下产生电子和空穴：

$$TiO_2 + h\nu \longrightarrow e^- + h^+ \qquad (3-10)$$

所形成的空穴有强氧化能力，与附着在二氧化钛表面上的水发生氧化反应，生成氢氧自由基：

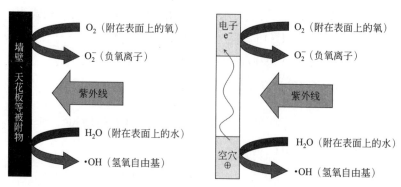

图 3-7　光触媒的催化反应机制图

$$h^+ + H_2O \longrightarrow \cdot OH + H^+ \tag{3-11}$$

氢氧自由基有很强的氧化能力，可以同有机化合物发生氧化反应。在有氧气的情况下，有机化合物中间体的原子团与氧气分子产生原子团连锁反应，最后氧气被消耗，有机化合物被分解，生成二氧化碳和水。

另一方面，电子则与附在表面的氧气起还原反应，产生负氧离子：

$$O_2 + e^- \longrightarrow O_2^- \tag{3-12}$$

负氧离子与前面还原反应的中间产物形成氧化物或者与过氧化氢结合成水。

八、人工勒纳尔效应（瀑布效应）

利用人工水流、瀑布、喷泉、波浪的撞击力使水分子电离，产生负离子。这种方法的工程规模很大，造价很高，只适合于园林工程和街市人造景观。

参考文献

[1]　张景昌.空气中负氧离子的形成及其浓度衰减的规律 [J].纺织基础科学学报，1994，7（4）：306-610.

[2]　刘强，陈衍夏，施亦东，等.电气石纳米材料在卫生保健纺织品领域的应用 [J].印染，2004，30（7）：16-19.

[3]　尚成杰.天然纤维织物负离子整理的研究 [C].第二届功能性纺织品及纳米技术应用研讨会论文集.北京：中国纺织工程学会，2002：21-23.

第4章
森林资源与负氧离子

第一节 引 言

空气中的负氧离子能够促进人体代谢，提高免疫力，调节机能平衡，令人心旷神怡，被称为"空气维生素"或"长寿素"。森林以其特有的森林小气候成为产生负氧离子的良好环境，其较高的负氧离子水平已为多项研究所证实。人们已经认识到，森林中高浓度的负氧离子是一种重要的森林旅游资源。空气中负氧离子含量的多少，已成为衡量生态环境优劣的重要标志之一。研究森林中负氧离子分布状况和森林资源结构与负氧离子的相关性，对合理开发负氧离子旅游资源，指导林分结构优化调整，营造生态效益更高的森林及建设城市绿化森林方面都具有重要的理论价值和现实意义。

虽然空气中负离子有许多种类，但因氧在空气中的高含量优势，特别是捕获自由电子的能力较强，空气中电离生成的负离子绝大部分都是负氧离子。医学研究证明，负氧离子含量的多少对人体作用最为明显，所以研究空气中负离子含量常以负氧离子含量为代表，并以 $1cm^3$ 空气中的离子数表示。当负氧离子浓度达到 1000 个/cm^3 以上时，对人体有保健作用；8000个/cm^3 以上可以达到治病的效果[1]。世界卫生组织规定：清新空气的负氧离子标准浓度为 1000~1500 个/cm^3。但是，在城市和工矿区，由于离子被粉尘、烟雾大量吸附，负氧离子浓度很低。如城市公园中负氧离子浓度为400~800 个/cm^3，街道绿化地带为 100~200 个/cm^3，办公室 100 个/cm^3，城市居室低至 40~50 个/cm^3[2]。相反，森林、瀑布和海滨的负氧离子浓度高达几万到几十万个/cm^3，远远大于城市空气中负氧离子含量。当森林覆盖率达到 35％～60％时，森林的负氧离子浓度比城市内可高出 80～1600 倍[3]。随着人们生活质量的提高和对负氧离子益于健康保健的新认识，"森林生态旅游""负离子呼吸区"和"森林浴"等旅游保健项目日益受到人们的青睐。

森林负氧离子作为一种新型的旅游保健资源，其产生机理、理化特性、浓度分布等对于大多数人来讲都缺乏了解或知之不多。森林资源结构直接影响空气中负氧离子的浓度和分布。森林资源是包括林地、林木及其空间范围内生长着的一切动物、植物、微生物和其生存及发挥作用的自然环境因素的总称。森林资源结构包括：土地利用结构（覆盖率）、水文结构、植物的林种结构、龄组结构和林分密度结构、动物群落和微生物群落等。因后两者对森林中负氧离子含量没有影响或影响很小，所以在本章对其不做讨论。有关研究表明，负氧离子浓度的分布及变化规律一般是有林地大于无林地，针叶林大于阔叶林，复层次林大于纯林，成熟林大于幼龄林和过熟林，溪涧和瀑布周围浓度最大，日间大于夜晚，夏季大于冬季。

第二节　森林中负离子产生机理

大气中的气体分子在电离的情况下会带上正电荷或负电荷，呈离子状态。森林大气中负氧离子产生的机理主要是：

（1）大气中的氧分子受太阳紫外线、宇宙射线、雷电、风暴及空气和山地岩石中放射性元素物质等因素诱导而发生电离，生成负氧离子。

（2）水的喷筒电效应（也叫 Lenard 效应）：森林中溪涧的跌失、瀑布的冲击等使水滴破碎，水分子裂解失去电子而成为正离子，而周围空气中的氧分子捕获这些电子而成为负氧离子。这种效应被称为喷筒电效应或瀑布效应[4]。水的流速越大，其喷筒电效应越强[5]。

（3）许多植物的茎、皮、叶等器官或组织分化成针状结构，这种曲率较小的针状结构，会发生"尖端放电"作用而诱导空气电离产生负氧离子；另外，一些树木和花草所分泌的萜烯类和芳香类物质能促使空气电离而产生丰富的负氧离子。

第三节 森林资源结构对负氧离子浓度的影响

森林资源结构与空气中负氧离子含量直接相关，受森林覆盖率、植物种类、植被类型、林分结构、水文、地质地貌和气象等综合因素的影响。

一、植物与负氧离子的相关性

据测定，空气中负氧离子与植物呈正相关。植物密集的地方，尤其是在花草茂盛的季节，常绿树下，负氧离子浓度较高。究其原因如下：①光合作用下，植物放出大量的氧气，使更多的中性氧结合空气中的自由电子变成负氧离子 $O_2 + e^- \longrightarrow O_2^-$；②植物本身具有吸附尘埃、杀菌的功能，使周围空气得到净化，有利于延长负氧离子寿命；③植物枝叶的"尖端放电"及树木所分泌出的一些脂肪类和芳香类化合物都能促使空气电离而产生更多的负氧离子。

（1）森林植被的光合作用。绿色植物依靠光合作用，吸收二氧化碳，释放出氧气。有关资料表明，每公顷阔叶林在生长季节每天可吸收 1000 公斤 CO_2 和产生 750 公斤 O_2[6]。这些氧气与大气中自由电子结合形成 O_2^-。植物光合作用所释放的 O_2 产量与光合速率、叶面积、生长老化过程等因素有关。

① 光合速率因素。依据光合作用的总反应式：

$$CO_2 + H_2O \xrightarrow{\text{光能／叶绿体}} CH_2O + O_2 \tag{4-1}$$

或

$$6CO_2 + 12H_2O \xrightarrow{\text{光能／叶绿体}} C_6H_{12}O_6 + 6H_2O + 6O_2 \tag{4-2}$$

植物的光合速率与以下两个因素有关。

内在因素的影响即植物种类影响。植物的光合能力差异很大[7]，如 C4 植物光合速率最高，达 $30\sim60(70)\,\mu mol \cdot m^{-2} \cdot s^{-1}$，地衣尚未分化出真正的叶片，叶状体光合速率在陆生植物中最低，只有 $0.12\sim2(5)\,\mu mol \cdot m^{-2} \cdot s^{-1}$，而落叶针叶乔木的光合速率为 $8\sim10\,\mu mol \cdot m^{-2} \cdot s^{-1}$。海拔 3250m 处的草本植物在温度 $13\sim28℃$ 时，光合速率在 $11\,\mu mol \cdot m^{-2} \cdot s^{-1}$ 左右，变化幅度很小[8]。总的来讲，速生树种光合作用速率大，如泡桐、桉、杨，而慢生树种光合作用速率一般要小一些。

外界环境的影响。包括日光照量，空气的温度、湿度、CO_2 含量及植物生长土壤中水分和养分含量等。光合作用是光化学反应，日照量越大，光合作用速率越快。但是，当光照增强到一定程度后，光合作用速率就不再增加。光合作用的暗反应是酶促反应，随着温度升高，酶促反应加快，光合成加快。但温度过高时会影响酶的活性，光合速率降低，一般植物的光合作用最适温度在25～30℃之间。因为二氧化碳是光合作用的原料，其浓度越高越有利于植物的光合作用。大气中二氧化碳含量是0.03%，如果二氧化碳浓度降低到0.005%，光合作用就不能正常进行。水既是光合作用的原料，又是体内各种化学反应的介质。同时，水分还能影响植物气孔的开闭，间接影响二氧化碳进入植物体。所以，水对光合作用有相当大的影响。另外，植物生长所需的矿物质和多种微量元素都靠从土壤中摄取。一些矿物质元素对光合作用有直接影响，如锌、铜，特别是锰等微量元素对光合作用非常重要。又如植物缺少"N"就影响蛋白质和核酸的合成，缺少"P"就会影响ATP的合成，缺少"Mg"就会影响叶绿素的合成，而这些物质又一步影响光合作用。

② 叶面积因素。要获得大量光合产物，除了光合速率外，还要有足够的叶面积。一般用叶面积指数（leaf area index，LAI）来表示，即：

$$LAI＝总叶面积/单位面积 \qquad (4\text{-}3)$$

LAI越大，则光合作用的光合产量越高；反之，光合产量越低。但是，光合作用随叶面积指数增加有一定的界线，超过此界线，光合作用不增加，甚至还会减少。不同树种的LAI不同。例如，油茶的LAI为5～6，光合产量最高；而毛竹的LAI为1，光合产量最低。具有相同LAI的植物，生长阶段不同，其光合作用也不同。因为叶面积指数不能体现叶的质量即叶绿素含量，所以不是LAI大的植物光合产量就一定比LAI小的高。在研究植物的光合作用时，各种因素要综合考虑。

③ 植物生长和老化期因素。生长期长短不一的植物，其光合产量也不同。常绿、落叶植物生长期的光合产量规律一般不同：常绿＞落叶，落叶早发叶＞晚发叶，环孔材形成层活动＞散孔材。速生丰产植物中，桉一年中几乎不停止生长，而落叶松北方放叶且生长期较长。叶子在老化过程中，叶绿素含量多少和酶的活性大小等都直接反映出叶是否能达到高的光合效能。叶萌发初期和落叶期光合作用较弱，中期强，如苦楝。所以，一般生长旺盛的成熟林增加负氧离子的作用要好于幼龄林和过熟林。中国科学院贡嘎山高山生态站对峨眉冷杉进行观测的结果表明，在7、8月生长盛期时，贡嘎山不同海拔高度分布峨眉冷杉针叶光合速率差异很小，而不同叶龄的叶片光合速率差别较大，在饱和光照条件下当年生叶的光合速率约为$1016\mu mol \cdot m^{-2} \cdot s^{-1}$，而5年叶龄的叶片的光合速率约为$511\mu mol \cdot m^{-2} \cdot s^{-1}$。不同树种生长高峰期不同。例如，

杉有两个高峰期（6 月、9 月），即抚育在 5 月和 7～8 月进行，竹笋出土到长成竹，45～60 天为高峰期，时间在 4～5 月份。

（2）针叶植物的"尖端放电"作用。植物的生长发育，可以看作是自然电场和生物电场相互作用的结果。正常情况下，空气正离子能促进光合作用，增加光合产物的积累。成熟的叶片接收正离子越多，光合部位的电位就越高，其光合强度就越高，对生长发育就越有利。但地上部分的生长点却不喜欢空气正离子，生长点接收大量的正离子后，有抑制生长的作用。因为正离子会中和植物体内的负电荷而消耗能量，而这些能量是生长部位吸收养分、水分的动力来源之一。负离子能促进植物对营养物质的吸收，有促进局部生长的作用，但对光合作用则不利。植物为了达到生长的目的，就靠自身发射负电荷，产生空气负离子来中和周围空气中的正离子，在植株个体之间，形成一个小范围的中和区，来保护其生长部位的生长。所以说，植物在接收空气离子的同时，本身也在不断地向外发射负离子。绿色针叶植物越多的地方，其周围大气的负离子浓度就越高。植物的这种电离现象早已被人们认识和利用（如森林浴、森林疗法等）。许多植物的茎、皮、叶等器官或组织分化成曲率较小的针状结构，利用这种针状放电自我保护法来维持其生长的需要。这对高山、干旱等植物来说尤为重要，因为在条件差的地方，植物本身生命活动较弱，生物电位较低，若大量正离子被植物吸收后，会消耗相当一部分能量而影响对地下养分、水分的吸收运输。因而会使生长受到抑制。

（3）林木的空气净化作用使负离子寿命延长。空气的清洁度与负离子寿命呈正相关。空气中的负离子浓度受下垫面的制约，在洁净空气中负离子的寿命可持续有几分钟，而在灰尘中只有几秒钟。原因是大气气溶胶吸附了小离子后，带上了正电荷或负电荷，成为大离子或重离子，其体积比小离子大成千上万倍，使得空气中负离子与正离子的碰撞概率大大增加，发生电荷中和而形成中性分子，或降至地面而消失，从而引起空气中负离子浓度降低。在森林中，树木接触空气的表面积大且粗糙不平，有的叶面还布满绒毛或黏液，有利于吸附空气中的粉尘。棕榈、枫香、泡桐、夹竹桃、樟树等树种吸附空气粉尘的效力特别显著。另外，林木对风速的减缓作用，使空气中大颗粒飘尘易于下沉到地面，也有效地净化了空气。森林中林木对空气的净化作用，有效地延长了负氧离子寿命，使其生长速率大于消亡速率，大大提高了其浓度。与之相反，城市中尤其是工业区上空粉尘量较大，负氧离子浓度为最低。

二、森林覆盖率对负氧离子浓度的影响

有资料表明,森林的负氧离子浓度比城市室内高达 80~1600 倍,森林覆盖率达到 35%~60% 时,空气负氧离子浓度最高,而在森林覆盖率低于 7% 的地方,负氧离子浓度仅为上述情况的 40%~50%[3]。

在森林的覆盖率与负氧离子的关系中,疏林地对负氧离子浓度的贡献最大。比较具有同类植被但疏密程度不同的森林中的负氧离子浓度,虽然密林冠层的负氧离子浓度一般要大于疏林,而疏林林下对负氧离子的贡献率最高,密林次之,孤立木小于疏林和密林。原因可能是森林冠层因直接吸收太阳辐射较多,光合作用较大,释放出的负氧离子浓度较高,疏林的冠层产生的负氧离子易于通过空气的乱流向下扩散,而密林冠层的负氧离子受冠层的阻挡向下扩散速度慢。所以,在林下密林中负氧离子含量低于疏林。

同为冠层,由于不同方位受阳光照射不同,光合作用强度存在差异,所以负氧离子浓度也略有不同,为阳面＞顶部＞阴面。另外,随着离树木冠层的水平距离和垂直距离的增大,负氧离子浓度会逐渐降低。以黄山松为例,在垂直方向上,负氧离子浓度自冠层向下递减,由 6.5m 高冠层的 3550 个/cm³ 减小到离地面 1.5m 高的 2740 个/cm³。高度每降低 1m,负氧离子浓度降低 162 个/cm³,在距黄山松林缘 10m 范围内,空负氧离子浓度均有随高度下降而降低的趋势;在水平方向上,无论是在冠层所处的高度还是在所测定的林下高度上,均有离树体越远负氧离子浓度越低的现象[9]。

三、森林中不同林分类型环境对负氧离子的影响

针叶林分与阔叶林分相比,由于针叶林分的叶尖具有"尖端放电"的作用,就年平均情况而言,针叶林分的负氧离子贡献率要大于阔叶林分。吴楚材等[10] 在春季对具有代表性的 18 个树种纯林分的空气离子水平进行平行观测,结果如表 4-1 所示。其中,针叶树种有杉木(*Cuninghamia lanceolata*)、马尾松(*Pinus massoniana*)和福建柏(*Fokienia hodginsii*)等;阔叶树种有枫香(*Liquidamber formosana*)、锥栗(*Castanea henryi*)、中国鹅掌楸(*Liriodendron Chinense*)和檫木(*Sassaf ras tsumu*)等。从表 4-1 可以看出,空气负离子浓度是针叶树种林分高于阔叶树种林分,针叶树种林分的负离子浓度平均为 1507 个/cm³,阔叶树林分为 1161 个/cm³。

表 4-1　不同树种纯林中空气离子水平观测值

科别	林分	林分状况			海拔/m	负离子数/(个/cm³)	正离子数/(个/cm³)	q	CI
		郁闭度	胸径/cm	树高/m					
红豆杉科	红豆杉	0.7	9	6	415	1719	1358	0.79	2.18
柏科	福建柏	0.9	11	7	370	1838	2032	1.11	1.66
金缕梅科	枫香	0.8	16	15	365	1240	1081	0.87	1.42
	阿丁枫	0.9	10	9	430	1026	823	0.80	1.28
杉科	杉木	0.6	11	8	380	1521	1251	0.82	1.85
	柳杉	0.9	20	14	625	988	960	0.97	1.02
	秃杉	0.8	10	8	430	1721	1034	0.60	2.86
	水杉	0.6	10	5	400	1358	1548	1.14	1.19
壳斗科	锥栗	0.7	24	19	450	956	440	0.46	2.08
木兰科	景裂白兰	0.9	8	5	430	945	833	0.88	1.07
	深山含笑	0.7	6	5	430	1391	1375	0.99	1.41
	中国鹅掌楸	0.6	10	9	430	1134	1004	0.89	1.28
	观光木	0.7	9	8	430	1334	1414	1.06	2.86
野茉莉科	白辛树	0.5	10	9	430	1225	927	0.76	1.62
樟科	沉水樟	0.7	9	4	430	1316	1071	0.81	1.62
	檫木	0.6	12	9	420	1040	980	0.94	1.10
罗汉松科	罗汉松	0.4	8	4	400	1402	1202	0.86	1.64
松科	马尾松	多点平均			400	1507	1501	1.00	1.51

注：q 为单极系数，q＝正离子数/负离子数；CI 为空气质量评价指数，CI＝（负离子数/1000）× (1/q)，当 $CI>1.0$ 时，空气为 A 级（最清洁）。

邵海荣等[11] 根据多年对北京北部和西北部山区的各种林地的空气离子状况测定，统计结果显示针叶树种林分年空气负离子平均浓度为 942 个/cm³，而阔叶树种林分年平均浓度为 774 个/cm³。但是，不同季节针、阔叶树种林分对负氧离子浓度的影响是不同的。夏季，阔叶树种林分的负氧离子浓度要高于针叶林分，阔叶林分中负氧离子浓度平均为 1136 个/cm³；秋季，针叶林分空气负离子浓度为 845 个/cm³，阔叶林分为 521 个/cm³，而针叶林为 1084 个/cm³；冬季，则针叶林分的负离子浓度高于阔叶林。针叶林分的年平均负离子浓度比阔叶林分高，我们认为主要原因为针叶树种是常绿树种和具有"尖端放电"作用，冬季其负离子浓度要明显高于落叶的阔叶林。另外，不同阔叶树种组成的林地负氧离子浓度也有较大差异，例如竹林下的负氧离子浓度最高，而栎林下的负氧离子浓度却较低。

四、群落结构复杂性与负氧离子浓度的相关性

根据调查，发现群落结构复杂的样点的负氧离子浓度比群落结构简单的样点的负氧离子浓度高。原因是多层次的群落结构提高了单位面积上绿色植物的密度，同时植物对空气的净化能力也相应增强了。比如，同一树种的单纯乔木结构的林分比有林下灌木和地被植物的乔木林分负氧离子浓度低。邵海荣教授等[11]2001年7月在北京顺义区单纯乔木结构的加杨林内测得的空气负离子浓度为631个/cm^3，而在有灌木和地被植物的另一片加杨林内测得的空气负离子浓度为1183个/cm^3，比前者多了552个/cm^3。典型森林结构一般具有乔木层、灌木层、草本层、层间植物等多层次结构特点，所以负离子浓度都很高。同时，这给了我们在建设城市森林时的重要启示，即增加城市森林群落的复层结构，有利于提高单位面积植被的负氧离子供给能力。

五、森林中水体对负氧离子浓度的影响

根据负氧离子的"喷筒"电效应产生机理，森林环境中的水体结构对负氧离子的产生和浓度空间分布有十分重要影响。森林中的地表水可分为静态水（如水池、水库等）和动态水（如河流、溪涧、瀑布等）。在大量实测不同水体周围大气中负氧离子浓度的基础上，发现动态水（除流速较小的溪流外）周围的空气中负氧离子含量大于静态水，而动态水中，急流比缓流大，瀑布比溪流大，大面积水域比小面积水域的负氧离子含量高。这有两方面的原因，一方面，水在跌落、喷溅和冲击时，水滴高速运动而断裂，水分子截断后带正电荷，释放出大量的自由电子，这些自由电子被周围大气中的氧分子捕获，从而形成负氧离子。这种喷筒电效应使动态水周围空气中的负氧离子浓度增加。另一方面，水的冲刷和喷溅等作用带走了空气中的灰尘和气溶胶粒子，使周围的空气清洁度增大，在清洁空气中负氧离子的寿命相应延长，不断积累。据测定，在喷泉喷水后十分钟周围大气中的负氧离子浓度可由喷水前的300个/cm^{3}骤增到30万个/cm^3。1998年中南林学院森林旅游研究中心对广东肇庆市鼎湖山自然保护区进行负离子浓度测定，结果显示，从鼎湖到避暑山庄沿天溪沟谷的52个测点中，空气负离子浓度1000个/cm^{3}以上的有47处，且大部分测点的浓度超过10000个/cm^3，特别是在飞水潭右侧3m处的测点负离子浓度高达

105600 个/cm^3，是目前我国同类环境中所测得的最高值。

六、负氧离子浓度与海拔高度的关系

因为森林大多生长在高山林地，垂直落差一般较大，所以研究海拔高度对负氧离子浓度的影响对登山运动和建立负氧离子型医疗保健场所有重要意义。负氧离子浓度随海拔高度的变化有一定的规律。当植被、水文、气象因子等都相似时，海拔升高，山地面的太阳辐射增强，接收到的宇宙射线增多，有利于负氧离子的生成。所以，负氧离子浓度随海拔高度升高而逐渐增加，但不是无限增加的。山地海拔每增加 100m，太阳紫外线强度递增 3%～4%，宇宙射线随着海拔高度的增加，缓慢增加，其对大气的电离作用在近地面为 2I，5km 高度为 10I。海拔 1000～2000m 的山地和森林地区，适量的太阳紫外线和宇宙射线的辐射被大气中的 O$_2$ 吸收，发生电离作用而产生较多的负氧离子，具有较高的负氧离子浓度。但是，当海拔增加到 2000m 后，因空气密度降低到一定程度，负氧离子浓度不再增加，且基本保持恒定。所以，"森林医院""森林浴"和"负离子呼吸区"等场所一般应建在海拔为 1000～2000m 的森林地区。

七、气象条件对负氧离子浓度的影响

空气中负氧离子浓度与环境的大气压、日照强度、空气湿度、温度、风速和雾气等多种气象因素直接相关。根据空气离子特别是负氧离子的产生机理分析，暴雨、雷电、太阳辐射等天气现象有利于空气中各种电离反应并释放出大量电子。暴雨过后，空气中的负氧离子数目高达 20000 个/cm^3 左右。另外，因空气清洁度直接影响负氧离子的寿命，从而引起其浓度上的变化。空气清洁度又与风速和相对湿度有关。将空气中负氧离子浓度与对应的气象要素进行回归分析，发现空气中负氧离子与日平均风速和空气温度呈正相关，而与相对湿度呈负相关。这是因为有风时，有利于负氧离子由高密度区向低密度区、林冠向林下、高处向低处的扩散。所以，有风比无风时空气中的负氧离子浓度高。如在桂平西山，有阵风时负氧离子浓度是 2160 个/cm^3，无风时是 1340 个/cm^3。空气湿度大，会减小到达地面的太阳辐射强度。而且，空气中的水汽半径较大，负氧离子易附着在大的水汽表面而发生沉降。日平均相对湿度每提高 1%，负氧离子浓度相应降低约 10 个/cm^3。在有雾的天气，小离子浓度会大大减小，而大离子浓度会增加。晴天无尘时小离子浓度明显增大，这是因为太阳辐射为空气中各种电离反应提供了能量。另外，太阳辐射越强，植物的光合作用也越强，因此空气中负氧离子与太阳辐射强度呈正相关，这在森林环境中尤为明显。相关分析表明，太阳辐射量每增加 $1MJ/m^2$，空气中负氧离子浓度提高 30 个/cm^3。根据气象因子与负氧离子浓度的关系，结合当地气象站发布的短期天气预报，基本上能够定量预报空气负氧离子浓度，从而为森林旅游区的旅游活动提供负氧离子气象服务。

八、负氧离子浓度的日间变化和四季变化

因植物的光合作用对负氧离子的产生有很大的贡献，所以日夜间的光照强度差别和四季变化直接影响森林中负氧离子的浓度。正午，太阳辐射较强，植物的光合作用较强，负氧离子浓度一般较高。但由于不同树种的电光效应不同，个别树种周围的负氧离子日变状况是：中午浓度较低而夜间后期和清晨早期较高。不过，晴天比阴天的负氧离子浓度一般要高一些。夏季太阳辐射强、温度高、植物光合作用释放的氧气较多，而冬季尤其是北方太阳辐射强度大大降低，特别是落叶植物基本枯萎，植物光合作用很弱，春季植物刚开始发芽，而秋季叶子也大部分枯黄，植物的光合作用都比夏季要弱一些。加之冬季逆温使空气污染严重，风沙大，多雾，空气中悬浮颗粒物增多。所以，森林中负氧离子浓度是夏季最高，春秋季次之，而冬季最低。

九、森林地质与负氧离子的关系

负氧离子浓度与土质关系密切，一般是土质山林比石质山林高。岩石和土壤中含有镭、铀、钍等放射性元素，它们会不断放出 α 射线、β 射线、γ 射线。其中，α 射线在土壤中的贯穿能力较差，很少能从地壳辐射到离地面十几厘米以上的大气中，故对大气的电离作用极小。β 射线的贯穿能力比 α 射线强。如果电离作用的大小用电离率来表示，即以每立方厘米空气每秒电离出一对正、负离子作为一个电离率单位，用 I 表示，则在地面上 β 射线产生的大气电离率约为 1I，到 10m 高处衰减为约 0.1I。γ 射线的贯穿能力最强，在地面上产生的大气电离率约为 3I，1000m 高处约衰减为 0.3I。可见，地壳中的放射性物质是低层大气电离的主要原因，且对大气的电离率随高度增加而减小。另外，大气中含有的镭、氡等微量放射性物质主要来自岩石和土壤中的放射性元素，在土壤与大气进行气体交换时，会从土壤逸出而进入大气。虽然大气中的放射性物质的电离作用是微弱的，但在接近矿泉和地质断层的地方，放射性物质的浓度要大得多，因此大气离子的浓度也比其他地区大得多。氡泉是矿泉中最有

医疗价值的一种，有"矿泉之精"的美誉，这是因为氡在蜕变过程中所产生的 α 射线、β 射线、γ 射线具有穿透能力和很强的电离能力，使空气中的负离子浓度很高。广西巴马县之所以成为"世界长寿之乡"，环境空气的负氧离子浓度常年维持较高，除了亚热带气候使植物四季常绿的原因外，其特殊的地质结构即丰富的高负离子矿物资源也是造成高负氧离子浓度的重要原因之一。

第四节　森林覆盖率与负氧离子分布的关系

自然界中，植物进行光合作用、高落差瀑布势能转换、雷雨闪电、大雨撞击、海岸浪花以及太阳紫外线均可使空气发生雷电作用产生负氧离子，附着于周边的空气之中。

负氧离子的分布受地理条件、土壤类型、太阳辐射、空气湿度、风向风速、植被、水流等的综合影响。其规律性为：夏季多于冬季，晴天多于阴天，上午多于下午，室外多于室内，绿化带周围的负氧离子浓度较高，海滨、高山、森林、瀑布、喷泉周围的负离子浓度最高。如：宁波象山空气离子浓度的地区分布特征为海滨、山区、森林及绿化带周围的负氧离子浓度明显高于城区，象山县城（丹城）2002 年秋季（9 月）负氧离子浓度为 10600 个/cm^3，新桥镇橘园为 11000 个/cm^3，松兰山度假区为 13500 个/cm^3，红岩景区平均 14700 个/cm^3，最大 17000 个/cm^3（见表 4-2）[12]。

表 4-2　宁波象山县地理参数、负氧离子浓度、相对湿度监测结果

样点	经度	纬度	海拔高度/m	负氧离子浓度/(个/cm^3)	相对湿度/%
象山县城	121°52′	29°28′	4.1	10600	78
新桥镇橘园	121°48′	29°16′	3.7	11000	79
松兰山度假区	121°57′	29°28′	1.5	13500	80
红岩景区	121°25′	29°19′	1.0	14700	80
道人山山顶	121°58′	29°33′	100.0	—	85

在对负氧离子浓度监测中发现，山区度假区负氧离子浓度分布特征为：随着海拔高度的增加，负氧离子浓度逐步增大。其中河南省八里沟度假区的松树坪海拔高度 350m 处，负氧离子浓度为 2500 个/cm^3；羊洲地海拔高度 500m 处为 4000 个/cm^3，三神庙海拔高度 600m 处为 5000 个/cm^3（见表 4-3）[12]。

表4-3　河南省八里沟旅游度假区地理参数、负氧离子浓度、相对湿度监测结果

样点	经度	纬度	海拔高度/m	负氧离子浓度 /（个/cm³）	相对湿度/%
松树坪	113°34′	35°37′	350.0	2500	51
羊洲地	113°32′	35°35′	500.0	4000	60
八里沟度假区瀑布	113°32′	35°37′	650.0	8000	75
三神庙	113°32′	35°33′	600.0	5000	65

尽管不同环境中的负氧离子存在很大差异，影响因素也还没有明确的定论，但有一点已经受到广泛的认同，海滨、瀑布和森林等环境中的负氧离子含量最高，高出城市几个数量级，并且负氧离子含量与森林覆盖率有着紧密的联系。

江西资溪县森林覆盖率达98.3%，可以说，除了河流和道路外都是森林。空气中的负氧离子浓度一般情况下都能达到70000个/cm³，下过雨后甚至可以超过100000个/cm³。井冈山全市森林覆盖率达82%，空气中负氧离子含量超过16万个/cm³，井冈山"天然氧吧"的美誉也由此声名远扬。世界文化和自然遗产地、著名风景旅游名胜区黄山，素有"华东植物宝库"之称。植被覆盖率达93.6%，森林覆盖率达到83.4%，黄山风景区负氧离子含量是城市的十几倍，山溪流泉所产生的负氧离子浓度长时间稳定在20000个/cm³以上，温泉景区、松谷景区负氧离子浓度则在50000~70000个/cm³，如"人字瀑"附近瞬时负氧离子浓度可达206800个/cm³。南岳衡山1982年被国务院定为首批国家重点风景名胜区，其中，中心景区面积100平方公里，旅游资源极为丰富，景区内森林茂密、古木参天、流泉飞瀑，负氧离子高达26000个/cm³。目前设立的广西上思十万大山自然保护区面积3.89万公顷，森林覆盖率高达91.2%。它拥有目前广西最大的、也是唯一的一片原始生态保持良好的热带雨林。其国家森林公园总面积为8810公顷，位于十万大山国家级自然保护区的边缘。一片片原始状态的热带雨林，蕴藏着丰富的动植物资源，空气中负氧离子含量高达89000个/cm³。这里被誉为"岭南第一天然氧吧"。济南红叶谷生态文化旅游区景区的植被覆盖率较高，达97%，空气中负氧离子的含量是市区的300多倍。山东平邑县蒙山属东南亚暖温带季风性气候，四季分明，植被茂密，生态环境优美，森林覆盖率高达85%，被誉为"天然大氧吧""森林浴场"。中国科学院生态环境研究中心环境评价部于1998年3月份，对蒙山空气中的负氧离子和氧气含量进行了测定，蒙山空气中负氧离子含量 2200000 个/cm^3，是中国科学院生态环境研究中心的 176 倍，氧气含量最高为 20.98%，比中国科学院生态环境研究中心高 0.55%。国际知名旅游胜地九寨沟内的负氧离子浓度比城市房间高 1000 多倍。北京市郊密云全县林木覆盖率达 60.3%，密云水库水源涵养区林木覆盖率达 72.3%，空气中负氧离子含量高于市区 2000 倍，成为京郊有名的"大氧吧"。北京市门头沟区清水镇境内的百花山自然保护区森林"浴场"，以油松、落叶松为主，兼有杨树、桦树、栎树等树种。这里不仅是庞大的氧气供应站，而且清新的空气中还含有大量有益健康的负氧离子，据测定，这里的负氧离子含量是城市房间里的 200～400 倍。

由以上数据可见，森林覆盖率与负氧离子的含量具有直接的关系，一般来说，森林覆盖率越高，负氧离子含量越高。

第五节　森林环境中大气负离子浓度的评价标准

一、大气清洁度质量评价

衡量森林环境中大气的质量和清洁度，可采用安培等提出的空气质量分级标准。空气质量评价以空气负离子浓度为基本观测指数，以单极系数和安培空气质量评价指数作为空气质量的评价指标[13]。其中单极系数为：

$$q = n^+/n^-　　　　　　　　　　(4-4)$$

式中，q 为单极系；n^+ 为空气正离子数；n^- 为空气负离子数。

安培空气质量评价指数为：

$$CI = n^-/(1000q)　　　　　　　　(4-5)$$

按空气质量评价指数可将空气质量分为 5 个等级，如表 4-4 所示。

表 4-4　空气质量等级分级标准

等级	A 级	B 级	C 级	D 级	E 级
清洁度	最清洁	清洁	中等	允许	临界值
CI	>1.00	1.00～0.70	0.69～0.50	0.49～0.30	0.29

陆地上就小离子而言，一般正离子浓度要大于负离子浓度，其 q 值平均为 1.15，所以计算得到的平均空气质量评价指数仅达 C 级标准。医学证明，

当负离子浓度大于正离子浓度时，才能使人感到舒适，并对多种疾病有辅助治疗作用。由于森林中植物的光合作用和对空气的清洁作用，根据研究测定报告，没有受到严重破坏的自然森林环境的空气质量基本都符合 A 级标准。所以，高清洁度的森林空气对人体的健康和保健作用是显而易见的。

二、森林环境中负氧离子浓度的医疗保健分级标准

随着人们对负氧离子医疗保健功能的逐渐认识，森林环境中因富含负氧离子而备受旅游业的重视，纷纷推出了"森林生态旅游""森林浴"等活动，开发了"负离子呼吸区""森林医院"等疗养保健场所。上面所述的大气清洁度质量评价标准只能对森林大气中正负离子的相对含量做出评价，但森林中空气负离子绝对浓度达到怎样的一个水平才能发挥其医疗保健作用，国内外还没有一个可依据的标准。为了增强旅游规划与森林旅游管理的科学性及可操作性，吴楚材等[14]在分析了中南林学院森林旅游研究中心近年对国内不同地区的十个森林风景区空气负离子浓度实测数据的基础上，建立了针对森林环境的空气负离子浓度的分级标准，为森林各种空气负离子资源的开发评价提供了依据。十个森林风景区分别是湖南省的桃源洞、张家界、阳明山，江西省的三爪仑，广东省的金坑，广西的姑婆山等森林公园，湖南省衡山风景名胜区，广东省鼎湖山自然保护区，广西大瑶山自然保护区以及北京青少年绿色度假中心等。这些森林风景区的森林植被类型丰富多样，具有较强的普遍代表性。

利用环境因子的正态分布分级标准，从这十个森林风景区的空气负离子测定值中筛选出 610 个样本值（因瀑布周围的负离子浓度太大，所以不在考察之列），对偏正态分布的负离子浓度样本数据，运用标准对数正态变换及 Box-Cox 变换使其正态化，采用正态总体五级代表点选取法，制定出了森林环境中空气负离子浓度的分级标准。该标准将森林空气负离子浓度水平划分为 6 个等级，即大于 3000 个/cm^3 为 Ⅰ 级，2000～3000 个/cm^3 为 Ⅱ 级，1500～2000 个/cm^3 为 Ⅲ 级，1000～1500 个/cm^3 为 Ⅳ 级，400～1000 个/cm^3 为 Ⅴ 级，400 个/cm^3 以下为 Ⅵ 级。根据不同负离子浓度对人体的生物学效应[15]，将上述标准分为临界浓度（400 个/cm^3）、允许浓度（400～1000 个/cm^3）及保健浓度（>1000 个/cm^3）3 个区域。若环境中的负离子浓度低于临界浓度标准，说明空气已受到一定程度的污染，对人的健康不利；而浓度介于 400～1000 个/cm^3 之间时，空气对人体则既无多大危害，亦无多大益处，因而属于允许浓度范围；"空气负离子呼吸区"及"森林医院"等疗养保健场所应建在保健浓度

以上的景区，才会取得较好的疗养保健效果。

三、负氧离子含量在森林生态旅游中的重要作用

负氧离子作为一种新兴的生态旅游资源，常附存于自然状态保持良好的植被丰富、水源充沛的森林地区。负氧离子资源丰富的地区都是极具有开发潜力的生态旅游区。森林旅游城镇的规划建设要以提高负氧离子浓度为中心，保护原有生态环境特别是一些原始森林，开展绿化工作，优化完善资源结构，构建复合林带，充分利用水资源特别是动态水，来增加空气中的负离子含量。江西资溪的规划建设在这方面可以称得上是个典范。2002 年，资溪县确立了"生态立县"发展战略，全面推进生态体系建设，促进生态资源的有效保护、合理开发、永续利用。资溪县先后实施了速生丰产用材林、生态公益林、长防林、封山育林、退耕还林、毛竹低改等可持续发展绿色工程，不但消灭了所有的宜林荒山，而且林相大为改观，生物多样性得到了有效维护。

素有江西"东大门"之称的资溪县是全国生态示范区，森林覆盖率高达85.2%。资溪有三美：森林、峡谷和水。境内流泉飞瀑、深涧峡谷、奇峰怪石、山峦葱郁，一派原始森林风光，被誉为"华夏翡翠，人类绿舟"。有被誉为"天下第一泉"的法水泉、全国著名的马头山原始森林自然保护区和天然岩洞大觉岩等著名景点。丰富的植被类型和得天独厚的水力资源，使资溪森林空气中的负氧离子含量特别高，达每立方厘米几万到几十万个，空气清新舒爽。丰富的植被属亚热带常绿阔叶林、大体上分为常绿阔叶林、常绿落叶阔叶混交林、夏绿阔叶林、竹林、暖性混交林、暖性针叶林、山顶矮林 7 个基本类型。丰富多样的植被类型孕育了丰富的植物种类，共有高等植物 1666 种，隶属163 科 767 属。其中有不少为珍稀种类，其中，国家一、二、三级保护植物 24种，如水杉、金钱松、银杏、鹅掌楸、伯乐树、香果树等。资溪盛产杉、松、槠、栲等优质木材和毛竹；闽笋、香菇、茶叶、松脂等林副产品也远近闻名；水杉、银杏、红豆杉、灵猫、黑熊、华南虎等珍稀野生动植物达数十种；花岗石、稀土等矿产资源亦十分丰富。

森林旅游区要充分利用森林地区空气中高浓度的负离子旅游资源；通过测试公布负离子含量，让旅游者及时地了解其空间分布状况和季节变化规律，了解其疗养保健功能，在旅游环境容量允许的范围内，旅游者可以自觉主动地选择时间，安排旅游路线和旅游活动。江西资溪县又一次走在了前面，投资 40多万元安装了生态保护"电子眼"——空气负离子检测站，将负离子浓度监测

服务于当地的旅游事业，对生态环境进行全程监控和保护。资溪得天独厚的自然美景和资溪人民保护原始生态、不断美化环境的努力使资溪成为以自然生态为本、保健强体为依托的全国著名生态旅游胜地。

四、森林资源结构的可持续发展

自然美丽的风景、清爽宜人的空气，使森林风景区成为人们休闲度假的好去处。但是，森林的承载能力是有限的，为了使森林这个空气负离子"保健乐园"能够长期永久性地服务于人类，森林旅游区的开发和利用必须有节制地进行。"旅游是对景区最严重的挑战，游人增加就会损害景观本身，带来很多不利影响。"这是 1992 年世界自然保护联盟高级督察员桑塞尔到九寨沟考察时提出的忠告。桑塞尔先生认为当年九寨沟接待 13.9×10^4 名游客已是极限。遗憾的是这并没有引起人们的警惕。1998 年九寨沟接待量持续增长到 38.5×10^4 人次。景区超额承载量造成的后果是游人过多（也有气候干旱的原因），导致瀑布水量减少，有的甚至断流。这直接威胁到风景区资源结构质量特别是空气负离子的含量。景区内不少地方还出现了程度不一的水土流失。为了维护生态环境，2001 年九寨沟不得不实行了限量接待制度。

除了游客对原始森林资源结构的破坏外，接待区各种设施建设对森林资源的破坏更大。张家界是著名的国家森林公园，奇石妙峰、溪涧瀑布、原始次生林结构引人入胜。但景区盲目兴建宾馆、酒店等人工建筑高达 19 万平方米，严重破坏了风景区的资源生态结构，直接影响了包括空气负离子在内的各种自然生态资源，甚至受到了联合国有关机构的警告。为了还原景观，景区人工建筑又被迫全部拆除。对自然景观不合理的开发和利用，不仅在经济上损失巨大，更对自然景观造成不可逆还的破坏，再不可能回到原始的状态。

以上两例警示我们不管是作为游客还是旅游开发部门，都有责任将森林资源结构维护好，做到合理开发，适度利用，长远规划，使其可持续发展，能更好更长久地利用这个负离子资源库。

第六节　森林浴的开展条件与负氧离子含量

空气中的负氧离子是衡量森林空气质量好坏的一个重要参数。当负氧离子浓度均值为 1000～1500 个/cm^3 时，该旅游度假区达到清新空气的标准；当负氧离子浓度均值为 4000 个/cm³ 时，该旅游度假区空气质量达到良好标准；当负氧离子浓度均值为 10000～15000 个/cm³ 时，该旅游度假区达到国际旅游度假区一级标准，当负氧离子达到该标准 8 倍，有益人们健康长寿[12]。因此，负氧离子又是重要的森林旅游资源之一。如何使人们充分认识和充分利用它，近年来成为人们研究的热点。其中，森林浴作为一种最直接、简单和有效的方式，正逐渐被人们所关注。

据环境学家研究，空气中负氧离子浓度低于 20 个/cm³ 时，人会感到倦怠、头昏脑涨；当空气中的负氧离子数在 1000～10000 个/cm³ 之间时，人就会感到心平气和、平静安定；当空气中的负氧离子数在 10000 个/cm³ 以上时，人就会感到神清气爽、舒适惬意；而当空气中的负氧离子数高达 10 万个/cm³ 以上时，就能起到镇静、止喘、消除疲劳、调节神经等防病治病效果。由此可见，森林浴场应建在保健浓度以上的景区，才会取得疗养保健效果，并且负氧离子浓度越大，医疗保健作用更明显。负氧离子浓度高的地方是开展森林浴的理想场所。开展森林浴活动，还应具备的其他自然环境条件。

(1) 舒适的森林小气候条件：宜人的气候环境有利于健康，是人们外出旅游的动机之一。良好、舒适的气候环境是城市居民选择度假疗养场所的首要考虑条件，是开展森林浴的一个重要资源条件。由于森林植被特殊的热效应，林内形成一个特殊森林小气候环境，当森林植被达到一定的郁闭度时，就能形成一个良好的森林小气候环境，表现出冬暖夏凉、气候温和等特征，比同期外部环境更为优越。

(2) 空气洁净度良好：一方面由于森林具有降尘作用。另外一些植物具有吸收有毒气体和杀菌作用，因此，森林中空气清新洁净，含尘含菌量少，有利于人的健康。

(3) 植物精气资源：植物精气，又称植物芳香气，国外又叫芬多精。1930年，苏联列宁格勒大学教授杜金博士发现森林植物散发出来的挥发性物质能杀死细菌、病毒，于是把这种物质命名为"芬多精"。日本一些学者的研究表明，植物精气的生理功效有镇痛、驱虫、抗菌、抗肿瘤、促进胆汁分泌、利尿、祛痰、降血压、解毒等。人类利用植物精气的历史由来已久，4000 多年前埃及人利用香料消毒防腐；欧洲人利用薰衣草、桂皮油来治神经刺激症；我国 3000 年前人们利用艾蒿沐浴焚薰，以洁身去秽和防病；以及当今的 505 神功元气袋、药枕等都是对植物精气的利用。现代的"森林浴"也是对植物精气的一种积极利用。

（4）有鸟叫蝉鸣，并伴有溪涧流水声，树叶和树形美观，景色秀丽，形成自然和谐的气氛。

第七节 城市森林与空气负离子的相关性

一、城市森林的成分及其类型

自然森林环境固然好，但由于工作时间的限制，人们难以有机会回归自然。与人们朝夕相处的仍然是所居住的城市。所以，搞好城市绿化，发展城市森林资源才是最迫切的。

城市森林是一个庞大复杂的生态系统，由人工生物群落和自然生物群落组成，包括城市范围内的各类林地和绿地，为城市服务的不同种类树木花草，不同结构、形态、功能的生物群落。因城市森林是一个新概念，所以对其的理解和论述不尽一致。美国学者认为城市林业的任务是栽培和管理城市树木，在广义上，包括城市水域、野生动物栖息地、户外娱乐场所、园林设计、城市污水再循环、树木管理和木质纤维生产等[16,17]。台湾高清教授认为城市林业包括庭园木的建造、行道树的建造、都市绿地的造林与都市范围内风景林与水源涵养林的营造[18]。日本专家认为城市森林包含市区绿地，主要包括城市公园、市内环境保护林、道路及河流沿岸的绿地、机关企业等专用绿地、居民区绿化美化及立体绿化等；郊区绿地如郊区环境保护林、自然休养林、森林公园等城市近郊林及农、林、畜、水产生产绿地[19]。我国的王木林研究员认为城市森林指城市范围内及与城市关系密切的，以树木为主体，包括花草、野生动物、微生物组成的生物群落及其中的建筑设施，包含公园、街头和单位绿地、垂直绿化、行道树、疏林草坪、片林、林带、花圃、苗圃、果园、菜地、农田、草地、水域等绿地[20]。

面对逐渐恶化的都市生存环境状况，增强城市绿化、提高环境空气质量刻不容缓。城市森林在保护人体健康、调节生态平衡、改善环境大气质量等方面具有不可替代的重要作用，也是衡量城市现代化水平和文明程度的重要标志。许多国家和城市已将城市森林的规划与发展确定为可持续发展战略的重要内容，如加拿大城市模式森林计划、英国城市森林计划、德国城市林业规划、日本城市保安林规划等发展战略。随着世界范围内城市化进程的加速和我国加入

WTO 后，我国城市愈来愈多地面临着农业产业结构转型的挑战，人们已越来越认识到加强城市森林建设、优化农村产业结构、改善城市生态环境质量的重要性。

王木林研究员根据我国国情和当前城市森林现状，将城市森林类型归为九大类：防护林（包括防风沙林、防洪林、水土保护林、水源涵养林和环境保护林）、公用林地、风景林、公园、生产用森林和绿地、企事业单位林地、居民区林地、道路林地和其他林地绿地[20]。

二、城市森林植被结构对空气负离子水平的影响

空气中离子的种类和浓度大小成为城市空气质量评价的一个重要参考指标。为了研究城市森林植被结构对空气负离子水平的影响，南北方各选择一个城市来举例说明。王洪俊[21] 对吉林市具有代表性的不同结构类型城市森林中的空气正负离子浓度进行了测定。空气质量评价以空气负离子浓度为基本观测指数，以单极系数和空气离子评价系数作为空气质量的评价指标，并对观测数据进行方差分析。所选取的森林结构类型及特征分别是：①人工阔叶林，具备明显的乔灌草层次结构，乔木层高 13m，郁闭度 0.6，树龄 27 年，主要乔木树种有新疆杨、枫杨、白桦等，灌木种类有紫丁香、红瑞木等；②人工针阔混交林，乔木层高 10m，郁闭度 0.8，树龄 27 年，主要树种为红皮云杉、樟子松、色木槭、千金榆、扭劲槭等，主要灌木为卫矛、榆叶梅、女贞；③针阔混交林，乔木层高 13m，郁闭度 0.8，树龄 40 年，主要乔木树种有红皮云杉、油松、樟子松、家榆、旱柳等，主要灌木有榆叶梅、紫丁香、锦带花、铺地柏等，覆盖率 40%，草本植物主要有矮牵牛、金盏菊、草地早熟禾和白三叶等，覆盖率 60%；④人工阔叶林，地面为裸地，仅乔木层和灌木层两层，乔木层高 10m，郁闭度 0.6，树龄 40 年，主要乔木种类有稠李、家榆等，主要灌木为紫丁香、锦带花等，覆盖率 60%；⑤灌草，主要灌木有锦带花、红瑞木、玫瑰等，覆盖率 15%，林龄 10 年；草本植物主要有大丽花、万寿菊、一串红、草地早熟禾等；⑥草坪，由草地早熟禾、高羊茅、多年生黑麦草等组成，覆盖率 98%。结果表明，不同结构城市森林空气负离子水平差异极其显著，空气质量优劣顺序为：针阔混交林＞人工阔叶林（仅有乔木层和灌木层）＞灌草合型＞草坪。城市森林中高大乔木的存在对提高空气质量起着主导作用，而草坪对于增加空气负离子水平，改善空气质量效果不明显[22]，乔灌草复层结构是产生空气负离子的最佳城市森林类型，也是人们休息和健身的理想场所。

刘凯昌等[22] 对广州市内林地、公园、居民区专用绿地内的阔叶林、针叶林（马尾松）、经济林（荔枝）、草地和居民区的空气负离子水平分布进行了测定。调查结果如表 4-5 所示，不同植被环境空气中负离子浓度差异很大，其顺序由大到小为阔叶林＞针叶林＞经济林＞草地＞居民区。阔叶林、针叶林、经济林环境空气中负离子浓度显著高于居民区和草地；草地与居民区之间无显著差异。其中，阔叶林、经济林和针叶林环境的空气属 A 级范围，为最清洁空气；草地属 D 级范围，为允许清洁级空气；居民区属 E 级范围以下，为不清洁级空气。所以，在建造城市森林植被时，多种植一些阔叶针叶林，有利于空气清洁和提高负氧离子浓度，单纯种植草坪则对改善空气质量的效果不明显。

表 4-5　不同植被类型空气离子浓度

植被类型	正离子浓度 /(个/cm³)	负离子浓度 /(个/cm³)	q	CI	空气质量等级
阔叶林	1143	2982	0.38	7.85	A
针叶林	631	1285	0.49	2.62	A
经济林	686	879	0.78	1.13	A
草地	275	318	0.86	0.37	D
居民区	332	298	1.11	0.27	E 以下

三、城市森林的规划与建设

从以上的研究分析可知，负离子的产生和消亡与绿地环境结构和绿量的多少密切相关。为了提高城市生态环境和空气质量，要尽可能地增加森林面积，减少裸露地面，尽量减少地面硬化。同时，为使有限的绿化面积能够产生尽可能多的负氧离子，在城市森林规划中要根据森林结构与空气负离子的关系，来优化植被类型和资源结构的搭配。首先要坚持植被多样性原则，实行乔、灌、草、花结合种植；由于复层林比纯林空气负离子浓度大，对现有林要加强抚育管理，增加复层林结构，改善林木生长状况，提高森林的生态作用。针、阔叶树要合理搭配，以充分发挥各自在改善空气质量方面的优势。林业专家建议，应适当多栽培叶片小、叶面积也少的阔叶树种，加大花卉植物的栽种数量，适量、小面积地栽植草坪。即便在草坪中也要加入零散分布的、一定量的树木和花卉植物及灌木，以改善环境、调节局部气候、减少灌水量。另外，根据水的"喷筒"电效应产生空气负离子机理，应多规划建设一些活水景观如喷泉、水渠和人工瀑布等，它们是很好的负离子发生源。

参考文献

[1]　林策良，陈斌.充分发挥水在城市环境建设中的作用 [J] .科学中国人，2000（7）：9.

[2]　王敬明.林木与大气污染概论 [M] .北京：中国环境科学出版社，1989：28-30.

[3]　北京林学院.植物生理学 [M] .北京：中国林业出版社，1989.

[4]　麦金太尔.室内气候 [M] .龙惟定，译.上海：上海科学技术出版社，1998：154-155.

[5]　薛茂荣，马维基，孙志德.城市公园空气负离子的调节作用 [J] .环境科学，1984，5（1）：77-78.

[6]　吴跃辉.城市绿化与环境保护 [J] .内蒙古环境保护，1997，9（2）：12-14.

[7]　Larcher W. Photosynthetic plant ecology [M] .New York：Springer-Verlag，1995.

[8]　Germino M J, Smith W K. Relative importance of microhabitat, plant form and photosynthetic physiology to carbon gain in two alpine herbs [J] .Functional Ecology, 2001, 15: 243-251.

[9]　徐昭晖.安徽省主要森林旅游区空气负离子资源研究 [D] .合肥：安徽农业大学，2004.

[10]　吴楚材，郑群明，钟林生.森林游憩区空气负离子水平的研究 [J] .林业科学，2001，37（5）：75-81.

[11]　邵海荣，贺庆棠，阎海平，等.北京地区空气负离子浓度时空变化特征的研究 [J] .北京林业大学学报，2005，27（3）：35-39.

[12]　马志福，谭芳，辐娟.空气负氧离子浓度参数在旅游度假区规划中的重要作用 [J] .科学中国人，2003，3：48-49.

[13]　中南林学院森林旅游研究中心.流溪河国家森林公园总体规划.1993，10.

[14]　石强，钟林生，吴楚材.森林环境中空气负离子浓度分级标准 [J] .中国环境科学，2002，22（4）：320-323.

[15]　徐业林，王乃益.第二届全国空气离子学术研讨会论文 [M] .西安：陕西经济出版社，1995：29-33.

[16]　Grey G W, Deneke F J. Urban Forestry [M] .New York：Wiley，1978.

[17]　Miller R W. Urban Forestry [M] .Englewood Ciiffs：Prentice Hall，1997.

[18]　高清.都市森林 [M] .台北：国立编译馆，1984.

[19]　王木林.城市林业的研究与发展 [J] .林业科学，1995，31（5）：460-466.

[20]　王木林，缪荣兴.城市森林的成分及其类型 [J] .林业科学研究，1997，10（5）：531-536.

[21]　王洪俊.城市森林结构对空气负离子水平的影响 [J] .南京林业大学学报（自然科学版），2004，28（5）：96-98.

[22]　刘凯昌.不同植被类型空气负离子状况初步调查 [J] .广东林业科技，2002，18（2）：37-39.

第5章
负氧离子与健康

第一节　引　言

长期生活在喧嚣都市的人们，在紧张繁忙的工作之余，大都喜欢到室外，特别是海边、森林或野外等地方去旅游散心，以调节平日工作和生活中浮躁压抑的情绪。每当置身于野外优美的环境中，呼吸着那里清新的空气时，工作的紧张和生活的压抑顷刻烟消云散，愉悦的心情就随着这新鲜清爽的空气溢满全身，吐故纳新，令人悠然舒适、心旷神怡。

为什么在这种环境里心情就会变得愉悦起来呢？您一定会说那里秀丽的风景，使人赏心悦目，心情自然就好起来了。这种回答固然没错，但是现代科学还表明，之所以这样的环境能调节情绪，新鲜的空气也是一个重要方面。所谓空气新鲜，如果只是空气中的氧气含量多，污染物或有害气体含量少是不够的，还应包括负氧离子含量的多少。这是现代人旅游、休闲的新理念，因为负氧离子对人体健康的影响至关重要。

空气中所含有的较高浓度的负氧离子，对人类的生活环境、身体保健等许多方面都有着积极的作用。据科学研究，人体肺部吸入具有"空气维生素"美誉的负氧离子后，会使人产生兴奋，进而调节中枢神经系统，增加人体对氧气的吸收量和二氧化碳的排出量，从而促进了血液循环和新陈代谢。当人们在室外，尤其是在海边、野外等环境中，空气中含量较多的负氧离子可以帮助人们稳定情绪、集中精神、恢复体力，并且还可以预防和治疗某些疾病，对于一些如精神抑郁、高血压、哮喘、冠心病等患者都极为有益。无怪乎人们在旅游、散心、疗养时，大都选择去郊外、海边等地方，这些地方的空气中含有较高浓度的对人体有益的负氧离子便是重要原因之一。

第二节　负氧离子可以促进健康

随着人类物质生活的提高，人们越来越多地关注着健康这个话题。近几年来，各种流行疾病肆虐全球，更是把人类健康、自身机体免疫力等问题推到人类生活的首位。

一、负氧离子与健康的认识研究

负氧离子对人类的医疗健康、卫生保健、净化环境等许多方面有着很大的改善作用。人们对它的认识研究也由来已久。自从 1708 年 W. Wall 最早观察到静电以来，世界上许多科学家开始致力于该领域的研究工作。但直到 19 世纪末，德国物理学家菲利浦·莱昂纳德（Philip Lionad）博士第一次在学术上阐述了负氧离子对人体的功效。他提出存在于自然环境中的负氧离子有益于人类健康，并指出负氧离子含量最多的地方是在山谷瀑布周围。20 世纪初，俄罗斯学者首次发表了利用负氧离子治疗疾病的论文。到 20 世纪 30 年代，德国 Dissuader 开创了大气正、负离子生物的研究，他首先使用了电晕离子发生器，从此形成了关于负离子生物效应的第一次研究高潮，有数以百计的论文、研究和实验报告，证明了负离子对人体有明显的有益作用，而正离子则相反，对人的血压和新陈代谢有明显的不良作用，这些研究因发生第二次世界大战而终止。

直到后来美国加州大学的 A. P. Kragan 教授和他领导的研究小组开创了离子生物效应的微观研究与实验，才把对空气负离子的研究推向了第二次开发与使用的高潮。Kragan 教授做了大量的动植物和人体试验。从人体的内分泌和机体内部循环及各种酶的生成反应等方面去论证负氧离子是如何影响人体和动植物，如何产生各种生物效应的。世界各国许多研究者也在他们各自的研究中进行了以上的实验，认为负氧离子有明显的生物效应，可以调节、改善神经中枢、生物体微循环，促进新陈代谢等。

二、负氧离子含量与健康关系

在自然生态环境中，如同万物生长离不开阳光、空气和水一样，人类健康同样离不开负氧离子。理论上讲，存在于自然界的负离子与正离子是等量的。而正负离子对人体的健康关系存在着很重要的差别及影响（如表 5-1 所示）。人类无视自然生态的平衡，忽视可持续发展的自然规律，短期行为和功利主义等导致人类生存环境的严重破坏，使正负离子比例严重失调。空气中大量的病毒、细菌、有害物质、有害气体及含有多种成分的尘埃，它们都带正电荷，随空气浮游在人们周围，是诱发各种疾病的根源。针对空气中大量对人体有害的物质，唯有负离子能够与其相遇、聚合后坠落，使其失去活性。

表 5-1 正负离子与健康的关系

负离子的影响	正离子的影响
活性酸素消失	活性酸素增加
产生弱碱性还原作用	体内酸性化加剧
中和乳酸，消除疲劳	细胞及肌肉组织乳酸增加
细胞活化，自然免疫力增强	血脂高引致动脉硬化
身体舒适自如	自律神经不协调
恒常性机能提高	荷尔蒙平衡失调
延缓老化	加快老化
改善失眠和皮肤干燥等症状	引起失眠和皮肤干燥等症状
血液净化，血流畅通	血液混浊，血流不畅

现代工业大量废气的排放造成地球大气层的破坏、全球气候变暖、温室效应、冰川融化、海平面升高，各种自然灾害加剧；有害物质过量排放使空气、土壤、水源污染；每一两年一次的大规模因细菌、病毒引起的流行病肆虐等，严重困扰着人类的健康。

现代文明给人类带来物质享受，从根本上改变了人类原先的生活方式和习性，同时也给人类带来了大量的负面影响。营养过剩造成各种代谢紊乱，体内毒素排泄受阻，诱发心脑血管疾病；室内四季温控的环境使螨虫、蚜虫、孢子类及各种细菌、病毒大量繁殖，浮游在空气中通过呼吸道进入人体内；现代化的家具、室内装饰、装潢材料夹带着甲醛等有害致癌物质侵蚀着人的健康。

现代病的症状名目繁多，有无名发烧、肢体器官酸胀、疼痛、疲倦乏力、头昏眼花、情绪波动起伏、神经衰弱失眠、内分泌失调、新陈代谢紊乱、心脑血管疾病、癌症等。现代病正吞噬着人们的健康，使人们处于亚健康状态。然而现代医学又往往对其束手无策。

人类要具备抵抗各种病毒、细菌的防疫能力，创造健康的体魄，最重要的是增强自身自然免疫力及对各种疾病的自然治愈力，使荷尔蒙生理作用旺盛。而负氧离子的特殊作用，会使这些情况得到很大改善，当负氧离子作用于人体时，可以发挥其强大的效果。负氧离子的存在会帮助人体恢复到天然的平衡状态。负氧离子能改善自然生态环境，净化空气；可以调节人类机体内在的生物节律，抑制老化；使肝肾功能、肠蠕动功能活化；使血液、体液的 pH 值呈弱碱性，促进体内废物、毒素的排泄；改善脂质、糖代谢；促进吸收消化，产生代谢激素及维生素；活化 NK 细胞，抑制有害菌、病原菌的增殖，防止感染。在这个意义上，负氧离子被誉为"人类生命的维生素"。

负氧离子具有净化空气、调节机体免疫机能及治疗某些疾病的作用[1-3]，普遍受到人们的重视。早在 20 世纪 30 年代，国外就有人研究负氧离子对人体健康的影响。1931 年，一位德国医生把自己关进一间负氧离子浓度高的小室，自我感觉到舒适和精神振奋。但当小室中正离子浓度高时，则自我感觉胸闷、头昏、头痛、烦躁不安等。自此以后，欧、美、日等国一直对此积极研究。

空气中负氧离子的含量，对人体生命活动最适宜的是每立方厘米含数千个到五百万个。人们对海滨、瀑布、森林或雷电后的空气感到特别清新，就是因为这些环境中具有相当充足的负氧离子。负氧离子寿命很短，空气污染严重时，灰尘、烟雾会很快将负氧离子中和掉。在人口密集区，负氧离子的寿命仅有几秒钟，所以空气也就不新鲜。相反在海滨、瀑布附近，负氧离子的寿命可达 20 分钟。据测定，在城市公众场所、喧闹街道和闹市区，每立方厘米只含有数百个负氧离子；工业、矿区就更少了，只含有数十个。所以人在这种环境中生活、工作，就容易出现困倦、记忆力差、精力不集中及全身疲劳等症状；在海边、湖畔、郊区农庄或山泉、瀑布、树木丛林的山区，这些地方的负氧离子有数万乃至百万多个，使人赏心悦目、神清气爽、舒适惬意。因此，空气中负氧离子含量的变化对人体健康具有很大的影响（如表 5-2 所示）。

表 5-2　各种环境中负氧离子含量与健康的关系

环境	负氧离子浓度/(个/cm³)	作用
森林、瀑布区	10 万～50 万	具有自然痊愈力
高山、海边	5 万～10 万	杀菌、减少疾病传染
郊外、田野	5000～5 万	增强人体免疫力及抗菌力
都市公园	1000～2000	维持健康基本需要

续表

环境	负氧离子浓度/(个/cm³)	作用
街道绿化区	100～200	诱发生理障碍边缘
都市住宅封闭区	40～50	诱发头疼、失眠、神经衰弱、倦息、呼吸道疾病、过敏性疾病
室内冷暖空调房间	0～20	引发"空调病"症状

三、负氧离子对健康的影响

负氧离子对人体健康的影响主要在于它可以调节大脑皮质兴奋-抑制过程，使其趋于正常。对于解除疲劳、烦躁、紧张，降低血压都较为有效，而且能振奋精神。负氧离子还能改善心功能、消化功能，对造血机内分泌系统有良好的作用。另外，负氧离子还有以下生物学效应。

（1）新陈代谢：吸入负氧离子可以降低血糖、胆固醇、甘油三酯含量，并持续较长时间，还增加基础代谢率，加强糖原有氧代谢，使无氧代谢产物乳酸维持在较低水平，进而增加运动耐力[4,5]。

（2）抑菌和促进机体修复：负氧离子对大肠杆菌、绿脓杆菌有抑制和杀灭作用，并且可以促进上皮生长，加速伤口愈合和促进机体修复。负氧离子抑菌和杀菌作用是通过其所带电荷的作用实现的[6,7]。

（3）免疫系统：负氧离子的吸入可以提高巨噬细胞率，使血液中 r-球蛋白升高，提高淋巴细胞繁殖能力和有益于淋巴细胞存活，对肿瘤有抑制和衰减作用[8-10]。

（4）呼吸系统：负氧离子增加气管、支气管纤毛活动，并逆转正离子所致的支气管壁感染，负离子增强肺通气功能和换气功能，使吸氧量增加 20%，二氧化碳排出量增加 14.8%。另外，负氧离子还有脱敏作用，对支气管哮喘有良好作用[11,12]。

（5）对听力的影响：负氧离子可以改善豚鼠耳蜗血流量，增强耳蜗细胞代谢，使内耳供氧增多，从而减轻噪声性听力障碍，减少阈移，加速听力恢复[13]。

（6）对性格、情绪、学习、记忆的影响：负氧离子对小鼠学习和记忆有良好的作用，并且对性格、情绪和行为也产生有益作用[14]。

另外，据国外报道，负氧离子还可以预防鸡瘟病毒的传播，对肉鸡饲养增重、产蛋、孵化率均有显著增加，并可降低饲料用量，对牛、猪疾病预防、生长、发育也有促进作用。在植物实验方面，观察到负氧离子会增加植物对铁的吸收，促进细胞色素及其含铁酶的产生，并且提高氧的消耗。

因此这种对人类及其他生物的健康有着诸多益处的负氧离子，在当代拥挤繁杂的生活环境中更显其珍贵。经医学界确认这些珍贵的负氧离子不仅具有杀灭病菌及净化空气等多种功能，而且还在人体保健、许多疾病的治疗方面有很大的帮助。

第三节　负氧离子促进健康的机理和特点

自 20 世纪 50 年代，许多研究工作者就对空气离子进行了报道，指出正离子可以使人情绪不安、感到不适；而负离子可以使人放松心情、心旷神怡[15,16]。但由于没有足够的科学证据，此观点一直存在争议。近几年来，随着分析科学和技术的发展，关于空气离子对生物体的影响机理研究日益深入，通过大量的数据进行分析和证明，证实了空气中负离子尤其是负氧离子对各种生物体效应均具有积极的促进作用。

人体本身是一个复杂的带电系统。细胞就是一个微型电池，细胞膜内有 $50\sim90\mathrm{mV}$ 的电位差，通过细胞电池不断充放电来维持大脑指挥各部器官的正常生理活动。而细胞的充放电又必须有负氧离子来维持[17]。因而，负氧离子也是维持人体器官正常活动所必需的生命食粮。近代生物医学进展、动物实验研究结果、环境意识的深化及空气离子测试仪器的完善，推动着负氧离子在人类健康保健、卫生医疗以及日常纺织、果蔬保鲜方面的应用及对其作用机理的研究。

一、负氧离子促进人体健康的可能机理

负氧离子的存在会帮助人体恢复到天然的平衡状态。它对人体主要有以下几方面的作用：①能调节中枢神经的兴奋与抑制，改善大脑皮层功能，产生良好的心理状态；②刺激造血功能，使异常血液成分趋于正常化；③促进内分泌；④改善肺的换气，增大肺活量，促进气管纤毛摆动，减少对创伤的易受伤性；⑤能促进组织生化氧化还原过程，增强呼吸链中的触媒作用，增强机体免疫力。

目前，学术界对负氧离子的意义及其影响机理正深入研究探讨。顾景凯和王玉平以鸡为研究对象，研究负氧离子对鸡的生物效应机制[18]。就动物来说，某些学者提出负氧离子进入呼吸道后，以其本身的能量和电荷刺激呼吸道黏膜神经末梢感受器，冲动传入中枢，反射性引起全身组织器官的相应反应。有的提出负氧离子能透过肺泡上皮间隙和血气交换，然后进入血液循环，它所带的电荷可影响血液胶体和细胞的电代谢，从而改善细胞的新陈代谢过程，增强机体的免疫力。但比较多的学者认为，负氧离子引起中枢和血液中 5-羟色胺（5-HT）含量的降低是其生物效应的关键。因为它是一种强有力和多功能的神经递质。在中脑参与动物的睡眠、情绪行为的调节等活动，作用较为复杂，可通过全身发挥神经血管、内分泌和代谢作用。目前，关于负氧离子对人体健康影响的机理至今也尚未完全阐明，在这里仅仅有几种假设和学说可以参考。

（1）负氧离子进入呼吸道后，通过电刺激，使呼吸道黏膜神经末梢兴奋冲动传到中枢，再通过神经反射作用而对机体产生生理效应。

（2）负氧离子通过体液起作用，即通过感应、吸附及透过等原理，以本身电荷影响血液胶体和细胞电代谢过程。负离子能增加血液的电位，而正离子会减弱血液的电位，从而使血液中带电粒子组成以及分布发生变化。

（3）负氧离子会对内分泌产生肯定影响，它能使血管收缩素的化学调节发生变化，血管收缩素则能通过各种途径作用于神经系统。

（4）还有一种生化解释，认为支气管内衬的纤毛，在负氧离子作用所引起的生化反应下，其振打频率由 900 次/分增加到 1200 次/分，黏液流增多，从而使支气管中微细尘粒容易排出。

另外，科研人员还研究了小的负氧离子团 [空气中的小负氧离子，其迁移率大于 $0.14cm^3/(V \cdot s)$] 对人体的作用，它主要是通过肺部呼吸的三个途径进行：局部的可加速呼吸道上皮纤毛运动；体液进入血液后，放出电荷，作用于细胞、蛋白质，进而氧化、抑制血液中 5-羟色胺；反射刺激内感受器官、神经系统传导而作用于大脑中枢神经及植物神经系统，其电荷通过血脑屏障，进入脑脊液，直到影响神经功能。

负氧离子除了通过上述复杂的神经-体液来调节机体功能外，还与以下途径和机制有关。

（1）负氧离子与自由基：李安伯研究认为，负氧离子自由基很可能作为负离子生物活性的一种介质而起作用[19]。

（2）负氧离子/电气溶胶与脑肽类激素：负氧离子/电气溶胶的作用与脑啡

肽、干扰素效应相似。实验证实，空气负氧离子确实通过某些未知机制刺激人体，提高脑啡肽、内啡肽水平，增强它的特有作用[20]；

（3）空气离子与电学理论：负氧离子直接参与细胞的电代谢过程，影响生物电活动，这对维持人体正常生理功能是必不可少的。负氧离子主要是形成直流电，通过经络和呼吸道流经人体，引起组织器官发生一系列变化。

二、负氧离子应用于医学保健方面的机理和特点

（1）负氧离子促进医疗、保健的生物效应机理。20 世纪 30 年代，Tchijevsky's 等提出了负氧离子可以用于医学治疗和疾病预防，并且后来通过动物实验和患者进行了验证[21]。负氧离子用于治疗疾病，已在国内外得到广泛的应用。例如：Kornbluch 将负氧离子成功用于治疗烧伤患者[22]。后来，Krueger 研究了负氧离子对生物效应影响的机理[23]，揭示了负氧离子可以减少生物体内游离 5-HT 含量，进而使人感到舒适、精神放松。贺性鹏[24] 认为，负氧离子对植物、动物及人类等生物机体的生理生化作用是由于负氧离子对生物体酶系统有重要的影响。例如，负氧离子可以引起血液和组织中 5-HT 水平的减少，与生物机体中单胺氧化酶的活性有密切关系等。

① 对单胺氧化酶的影响。单胺氧化酶（Monoamine oxidase，MAO）不是单一的酶，而是一类作用于多种伯胺类化合物的含铜酶，在有氧的条件下，MAO 能催化多种伯胺、酪胺、多巴胺、色胺等脱去氨基生成相应的醛，其催化反应如下：

$$R—CH_2—NH_2+O_2+H_2O \xrightarrow{MAO} R—CHO+H_2O_2+NH_3 \qquad (5\text{-}1)$$

许多组织中都含有 MAO，以肝、肾、脑等组织中含量较为丰富。在细胞内，MAO 主要存在于线粒体内。

5-羟色胺（5-HT）与睡眠、镇痛、体温调节、内分泌、精神活动、血管收缩等有密切关系。MAO 在 5-HT 代谢中起重要作用，MAO 的氧化脱氨基作用，使 5-HT 变为 5-羟吲哚乙醛，进而在醛脱氢酶作用下变为无生理活性的 5-HIAA（5-羟吲哚乙酸）。而负氧离子可以促进 MAO 的活性，减少 5-HT 的含量。有人研究证实，烧伤病人 5-HITT 的排出量增多，反映在烧伤组织中游离 5-HT 增加。在某些情况下，5-HT 是一种潜在的致痛因子，用负氧离子治疗烧伤病人时，疼痛减轻，创面易于愈合。认为这一作用是由负氧离子增强了 MAO 的催化活性，使 5-HT 转化为 5-HIAA 的反应率增加造成的。宋晓鸥

等[25] 观察到二硫化碳染毒家兔后，动物血清、肺和脑组织中 MAO 含量明显降低，吸入负氧离子 9 周后发现，暴露负氧离子可明显地维持和促进二硫化碳染毒家兔血清、肺、脑组织中 MAO 的活性。

空气负离子中，对生物体有积极作用的主要是（O_2^-）（H_2O）$_n$（其中，$n=4\sim8$）。负氧离子的生物-化学活性是非常高的[26-28]，并且具有很好的杀菌功能[29,30] 和增加超氧化物歧化酶（SOD）活性的作用[31]。

② 对超氧化物歧化酶的影响。超氧化物歧化酶是一种金属酶，是催化超氧负离子（O_2^-）发生歧化反应的酶类。SOD 催化反应如下：

$$2O_2^- + 2H^+ \xrightarrow{SOD} H_2O_2 + O_2 \tag{5-2}$$

SOD 在防御氧的毒性、抗辐射损伤、预防衰老以及防治肿瘤和炎症等方面都起着重要的作用。Prister[32] 先后两次实验观察到：对鸡胚组织如卵黄囊、尿囊以及肝细胞浆和线粒体暴露空气负离子 12、14、18 天时，其组织中的 SOD 活性发生改变，特别是暴露于负氧离子 18 天的鸡胚尿囊及卵黄囊组织中 SOD 活性能明显增加。后来，国内有人将雄性小鼠暴露负氧离子，每日 8小时，连续 7 天，测定肺、肝、脑、心等组织内的 SOD 活性，结果表明：空气负离子有明显增加 SOD 活性的作用。同时，暴露适量的空气负离子，可以提高小鼠血液中的 SOD 活性，并且 SOD 活性的改变与负氧离子的作用和剂量有关。李志民等[33] 对不同年龄大鼠暴露负氧离子，负氧离子浓度为（$6.5\sim8.5$）$\times10^5$ 个/cm^3，每天 4 小时，每周 6 天，共 230 天。结果表明，负氧离子可使大鼠红细胞及肝脏中的 SOD 活性增强或相对增强。Kondrashova 等[34]研究了负氧离子对人体的生物/医学效应，发现吸入一定量的负氧离子，对患者具有镇静、催眠的作用，并使患者运动和感觉时值加快，心情舒爽。通过对其机理研究发现，一定剂量的自由基负氧离子的氧化活性可以改变 SOD 活性，进而影响生物体的物理/生物效应。这与负氧离子可以提高组织细胞线粒体功能一致[35,36]。

③ 负氧离子对组织线粒体的影响。线粒体嵴膜三分子体镶嵌磷脂和结构蛋白，是 ATP 酶、ADP 生成 ATP 偶联过程和电子传递系统之所在，线粒体的氧化磷酸化依赖于内膜三分子的完整性。有人研究大鼠吸入负氧离子后肝脑心匀浆中线粒体赖能过程，发现负氧离子可改善线粒体的呼吸率，摧毁 Ca^{2+} 在线粒体内累积，提高 ADP/O 比值。将大鼠肝匀浆及媒体冰冻 3 小时，保持线粒体原有结构，然后向线粒体匀浆和媒体发射空气负离子流，发现线粒体很

快形成大的聚合连接体，结构完整，用磁力搅拌器搅拌数分钟也不能打散或消失，同时测定赖能过程加强[37]。负氧离子除有加强线粒体氧化磷酸化，调解呼吸率外，主要是保存和维护线粒体三分子体结构的完整性[38-40]。

④ 负氧离子对过氧化物酶及过氧化氢酶的影响。负氧离子还可以增强对生物体内过氧化物酶及过氧化氢酶的影响[15]。过氧化物酶和过氧化氢酶都是铁卟啉蛋白，有相同的反应机制，均参与体内氧化毒性产物 H_2O_2 的分解，其催化反应如下：

$$H_2O_2 + H_2R(供氢体) \xrightarrow{\text{过氧化物酶}} 2H_2O + R \tag{5-3}$$

$$H_2O_2 + H_2O_2 \xrightarrow{\text{过氧化氢酶}} 2H_2O + O_2 \tag{5-4}$$

H_2O_2 是体内有意义的活性氧的一种，是具有强毒性强羟自由基·OH 的前身，H_2O_2 参与机体炎症、杀菌等过程。因此过氧化物酶和过氧化氢酶被看成是体内自由基清除剂，对维持正常机体健康起着重要作用。苏联的研究者们发现：经负氧离子处理过的牛，在 47 天时血液中过氧化氢酶活性明显增加。而 Krueger 等[41] 观察到负氧离子能明显促进有蚕体体内过氧化物酶及过氧化氢酶的生物合成。因此，通过这个生物化学机理，同时可以证明负氧离子对生物体的医疗保健作用。

⑤ 负氧离子对细胞色素氧化酶的影响。负氧离子通过对生物体内细胞色素氧化酶（Cytochrome oxidase）的影响，进而使生物体产生一系列有益的生物效应，促进生物体神经系统的发育，维护中枢神经系统的完整性。细胞色素氧化酶存在于需氧生物 NADH 氧化呼吸链的末端部分，其是体内能产较多的重要部位。该酶的催化反应如下：

$$2Cyt\text{-}C(Fe^{2+}) + 1/2O_2 + 2H^+ \xrightarrow{\text{细胞色素氧化酶}} 2Cyt\text{-}C(Fe^{3+}) + H_2O \tag{5-5}$$

Krueger 等[41] 用猪心匀浆观察 Cyt-C 的氧化还原时发现，负氧离子在未加入细胞色素氧化酶前，对 Cyt-C 的氧化还原无作用。但在加入含有细胞色素氧化酶的猪心匀浆后，再暴露负氧离子，则负氧离子可以促进细胞色素氧化酶的活性，加速细胞色素 C 的氧化还原反应，使细胞色素链中琥珀酸转化为胡索酸。这可能是因为负氧离子直接作用于细胞色素氧化酶，或者是形成一个与水化合的中间体，然后再作用于细胞色素氧化酶。后来该课题组还验证了负氧离子可以促使幼蚕的生长加速，同时还可以促进有蚕体内细胞色素氧化酶的活性[41]。刘勇等[42] 观察到，负氧离子能使应激后处于抑制的大鼠肝线粒体细胞色素氧化酶活性恢复到正常水平。

负氧离子在医疗、保健上的一系列生物效应，是由负氧离子对生物体酶系统的影响引起的，而这些生物体酶系统与加强生物氧化、增强新陈代谢、改善精神行为、促进生长发育以及抗衰老、解除机内氧自由基的损伤等均有密切的联系。

（2）负氧离子在临床医学中的应用机理及其特点　如前面所述，负氧离子对人体健康有百益而无一害。目前已有很多将负氧离子应用于卫生学和医学方面的报道。毛秀娟[43]针对带状疱疹病症，在药物治疗的基础上，使用负氧离子喷雾疗法治疗带状疱疹，并与单独用药物治疗法比较，具有起效快、疗程短、疗效显著、操作简单等优点。这是因为负离子喷雾疗法主要是通过负离子细胞内充电、细胞内供氧及神经调节机制、体液调节机制，促进单核巨噬系统及白细胞的吞噬能力，抑菌杀菌，促进炎症消退[44]。

狄海燕[45]使用紫外负离子喷雾来治疗皮肤病。所使用的SG-901型紫外负离子喷雾皮肤治疗仪集紫外光波、负氧离子、热蒸气喷雾、按摩四功能为一体，综合应用于皮肤病的治疗，且效果显著，适应症广，无任何副作用，并且还有美容的效果。其作用的机理主要如下。

① 热喷雾及按摩：可提高表面温度，促进皮肤血管扩张与循环，加快增强表面组织的新陈代谢，可使皮表和脂腺管中的皮脂黏稠度降低，有利于皮肤表面的污秽、角质栓等物质的排泄和脱落。

② 紫外线：具有杀菌和角质的剥落作用，改善缺氧状态，且加速局部血液循环，促进单核巨噬系统及白细胞的吞噬能力，吸收脓液，清除发炎的丘疹或结节。

③ 负氧离子：它是一个不可或缺的部分，能刺激上皮再生，促进上皮愈合，通过中枢神经系统反馈，调整人体内分泌的活动。具有增强人体免疫力作用，防止感染。

目前，许多研究工作者也将负氧离子引入到了运动医学方面。陈晓光等[46]对负氧离子加音乐调节是否能够在体育锻炼中起到消除疲劳的作用进行了研究。负氧离子作为运动医学中疲劳恢复的一种手段，它可以降低血清中5-HT和多巴胺含量，调解人体内相应的生理作用[47]。负氧离子加音乐调节作为心理训练的一部分，正在不断被人们研究和认识。空气中正离子会引起失眠、头痛、心烦、血压升高等反应。负离子则有镇静、催眠、镇痛、镇咳、止痒、利尿、增食欲、降血压之效。在雷雨过后，天空放晴之际，在山明水秀的环境中，空气中的负氧离子增多，人们感到心情舒畅。这是因为负氧离子对人体有以下几个方面的作用：①改善肺功能。吸入负氧离子 50 分钟后，肺能增加吸收氧气 30%，而多排出 7% 的二氧化碳；吸入负氧离子 30 分钟后，肺能增加吸收氧气 20%，多排出二氧化碳 14.5%。②改善心肌功能。有明显的降压作用，可改善心肌功能，增加心肌营养。③改善睡眠。经负氧离子作用，可使人精神振奋，工作效率提高，还可改善睡眠，有明显的镇痛作用。④促进新陈代谢。能激活机体多种酶，促进新陈代谢。⑤增加机体的抗病能力。可改变机体的反应性，活化网状内皮系统的机能，增强肌体的抗病能力。负氧离子加音乐调节在迅速消除运动员疲劳、缓解或止住临场疼痛、促进睡眠、稳定情绪、临场较快集中精力、抗外界声音干扰等方面，均有较明显的作用。如果负氧离子加音乐调节运用得当，将没有任何副作用。但是，负氧离子加音乐调节法的本质和应用原理还是一个相当复杂的问题，仍然需要不断开展该领域的研究，使负氧离子加音乐调节法成为更加科学、实用的手段。Nalane 等[48] 进行了负氧离子对电脑工作者的疲劳、紧张情绪的缓解作用机理研究，揭示了负氧离子可以改变唾液中嗜铬粒蛋白 A 和皮质醇的含量，使疲劳状态很快得到恢复。

三、负氧离子纺织品促进健康的机理及特点

随着我国人们生活水平的日益提高，就穿着而言，人们追求的目标已从要"穿出美丽"上升到要"穿出健康"的高度，这将极大地推动我国纺织品行业发生巨大的变革与进步；同时我国是世界上最大的纺织品出口国，国际市场对我国出口纺织品的环保及健康要求日益提高；高档次、功能性纺织品已成为国际纺织品市场的主流并呈飞速发展的趋势，这一切都要求我国纤维及纺织行业大力调整产品结构，加大新材料新产品的开发力度，以适应国内外市场的要求。近年来，国际市场，特别是发达国家市场引人注目的是环保已成为纺织品进入市场的基本条件，而人们对产品健康特性的关注使负离子、远红外、抗紫外线、抗菌、抗电磁辐射、阻燃、防水等产品异常活跃，满足了市场多元化的需求。因此，目前市场上出现了具有释放负离子功能，又兼有远红外线辐射、抗菌抑菌、除臭去异味、抗电磁辐射等多种功能于一体的负离子功能纺织品。

由于负氧离子纺织添加剂中的主要成分负离子素是一种晶体结构，属三方晶系，空间点群为 $R3m$ 系，是一种典型的极性结晶，这种晶体 $R3m$ 点群中无对称中心，其 C 轴方向的正负电荷无法重合，无对称中心，故晶体结晶两

端形成正极与负极，且在无外加电场情况下，两端正负极也不消亡，故又称"永久电极"，即负离子素晶体是一种永久带电体。

"永久电极"在其周围形成电场，由于正负电荷无对称中心，即具有偶极矩，且偶极矩沿同方向排列，使晶体处于高度极化状态。这种极化状态在外部电场为"0"时也存在，故又叫作"自发极化"，致使晶体正负极积累有电荷。电场的强弱或电荷的多少，取决于偶极矩的离子间距与键角大小，每一种晶体有其固有的偶极矩。当外界有微小作用时（温度变化或压力变化）离子间距和键角发生变化，极化强度增大，使表面电荷层的电荷被释放出来，其电极电荷量加大，电场强度增强，呈现明显的带电状态或在闭合回路中形成微电流。因此负离子素是依靠纯天然矿物自身的特性并通过与空气、水气等介质接触而不间断地产生负氧离子的环保功能材料。负离子纺织添加剂发生负离子的机理是：当空气中的水分子或皮肤表层的水分进入负离子素电场空间内（一般为半径 10～15 微米球形）立即被永久电极电离，发生 $H_2O \longrightarrow OH^- + H^+$，由于 H^+ 移动速度很快（H^+ 的移动速度是 OH^- 的 1.8 倍），迅速移向永久电极的负极，吸收一个电子变为 H_2 逸散到空气中 $2H^+ + 2e^- \longrightarrow H_2$；而 OH^- 则与另外水分子形成 $H_3O_2^-$ 负离子。这种变化只要空气湿度不为零就会不间断地进行着，形成带羟基的负氧离子（$H_3O_2^-$）永久发射功能，而不会产生有毒物质引发其他副作用。

负离子纺织添加剂具有的永久释放负离子作用可以中和电磁波的正电性，同时添加剂吸收电磁波，一方面转化为远红外线发射，另外也可以刺激添加剂发射更多的负离子，从而具有抗电磁波辐射效果。

负离子纺织添加剂除臭、去异味的机理是：一方面有害气体、细菌及人体产生的异味等均带正电荷，添加剂持续释放的 $H_3O_2^-$ 负离子能够中和空气中的氧自由基及氧化性气体（腐败异味），并中和、包覆带有正电荷的甲醛、H_2S、二甲胺、氨等有害气体颗粒，直到无电荷后沉降，不再对人体健康构成危害；另一方面负离子纺织添加剂每个晶体颗粒周围都形成一个电场并具有 0.06mA 微电流，细菌、有机物在电场电流作用下进行分解；而且某些有害气体在下列过程中与负离子发生反应生成低害物质。

如：
$$H_2O \longrightarrow OH^- + H^+ \tag{5-6}$$

$$2H^+ + 2e^- \longrightarrow H_2 \uparrow \tag{5-7}$$

$$OH^- + H_2O \longrightarrow H_3O_2^- \tag{5-8}$$

$$CH_2O + H_2 \longrightarrow CH_3OH \tag{5-9}$$

所以去除异味是负离子包覆沉降、负离子中和、电场电流分解及某些化学反应的综合结果。

负离子纺织添加剂具有很强的抗菌抑菌效果，包括大肠杆菌、金黄色葡萄球菌、霉菌等，抗菌抑菌率≥97%。负离子纺织添加剂抗菌抑菌的机理是由于负离子材料周围有104～107V/m的强电场，细菌在电场中受电场作用及电场所形成的0.06mVA微电流作用，被杀死或抑制其分裂增生。据测定，细菌大多带正电荷，在空气或水中被大量 $H_3O_2^-$ 包覆或被 $H_3O_2^-$ 所中和，使其失去增生与繁殖的条件。负离子材料的远红外线辐射能力也是靠远红外线辐射的电磁波能量起到抗菌抑菌效果的，以消除各种因素对人体的危害，从而增进人体的健康为目的。

四、负氧离子应用于果蔬保鲜的机理和特点[49]

随着人们对健康的重视以及"绿色食品"的兴起，无污染、无公害、优质果蔬的需求量也在逐年增加，而臭氧及负氧离子保鲜技术以它独特的无残留、运用简便灵活等优点，在这一领域独占鳌头。

臭氧及负氧离子保鲜机理和特点如下：臭氧的电极电位是2107eV，是仅次于氟的强氧化剂。因此，具有强烈的杀菌防腐功能。臭氧能够彻底杀灭细菌和病毒，尤其是对大肠杆菌、赤痢菌、流感病毒等特别有效，一分钟去除率达99.199%。高浓度的臭氧（10×10^{-6}～15×10^{-6}）能杀死霉菌，低浓度臭氧有抑制霉菌生长作用。臭氧除具有很强的防腐效果外，还能够氧化许多饱和、非饱和的有机物质，能够破除高分子链及简单烯烃类物质，因此，库内经空气臭氧处理可以消除果蔬呼吸所释放出的乙烯、乙醇、乙醛等有害气体，延缓衰老。

氧化反应过程如下：

$$O_3 + C_2H_4 \longrightarrow HCHO + HCOOH \tag{5-10}$$

$$O_3 + C_2H_5OH \longrightarrow CH_3CHO + H_2O + O_2 \tag{5-11}$$

$$O_3 + CH_3CHO \longrightarrow CH_3COOH + CO_2 \tag{5-12}$$

$$RCOOH \xrightarrow{[O^-]} CO_2 + H_2O \tag{5-13}$$

而负氧离子的作用则是进入果蔬细胞内，中和正电荷，分解内源乙烯浓度，纯化酶活性，降低呼吸强度，从而减缓营养物质在储藏期间的转化。臭氧及负氧离子的协同作用所产生的生物学效应，使这一保鲜方法效果显著。利用臭氧及负氧离子保鲜可以避免在冷藏和气调储藏中常常发生的一些生理性病害如褐变、组织中毒、水渍状、烫伤、烂心和蛰伏耐低温细菌等。此外还具有降解果蔬表面的有机氯、有机磷等农药残毒，以及清除库内异味、臭味和灭鼠驱鼠的优点。臭氧及负氧离子在完成氧化反应后剩余的部分自行还原成氧气，不会留下任何有毒的残留物，这是该方法最大的优点。

$$O_3 \longrightarrow O_2 + [O^-] \longrightarrow O_3 + [O^-] \longrightarrow 2O_2$$

有资料表明，臭氧的半衰期为 20 分钟，在密封容器中需要 1～3 天就可以完全降解，无任何毒副作用。

目前，全国各地不断有用臭氧及负氧离子保鲜实例的报道，对在不同的果蔬品种上以不同浓度负氧离子进行处理做了大量的研究。例如，宋学芬等[50]使用 BX-1 型臭氧离子发生器产生负氧离子，进而对砀山梨进行保鲜，效果好，无污染，成本低。另外还有葡萄、花椰菜、西瓜、番茄等多种果蔬品种用臭氧及负氧离子处理保鲜都收到显著结果。

第四节　负氧离子在健康保健方面的应用

近代科学发展，环境科学日益受人关注，人类活动范围也从陆地扩展到太空、地球深处以及海洋深处，这些地方，人们要进入一个人造环境，要建立一个人们已适应的离子平衡的电气候。比如在厂矿、医院等公共场所或者在潜艇、宇宙飞船或密封空调室等其他特殊环境里工作，均要适当调整空气中的负氧离子浓度，才能使人精神振奋，减轻疲劳。因此，在对负氧离子的认识研究基础上，一些负氧离子的应用技术也发展起来。

空气中负氧离子的含量，对人体生命活动量适宜的是每立方厘米为数千个到五百万个。人们对海滨、瀑布、森林或雷电后的空气感到特别清新，就是由于这些环境中具有相当充足的负氧离子。由于从这些自然现象中得到了很好的启发，人类已开始效法自然界，用人工方法即用负氧离子发生器产生负氧离子，增加负氧离子的浓度，以改善生存居住环境中的空气品质。调节空气中负氧离子浓度来改善微小气候环境，增强人体健康，也成为"电气候学"这门新兴边缘科学的一项新技术。

随着社会对环境污染危害的重视，这类具有净化空气和保健功能的负氧离子发生器就应运而生。不论从医院的治病、康复角度，从宾馆住宅以及工厂的环境卫生角度；还是从大气污染的都市卫生角度；或者农业方面的种植、养殖角度；负氧离子的人工调节生理作用及其技术均已被很多国家不断投入力量进行研究。现在人们将负氧离子技术不仅广泛地应用于医疗健康研究和卫生保健方面，其还在家庭生活保健以及其他科技应用等许多领域都发挥了显著的作用。

一、医疗预防

负氧离子可与空气中的尘埃、细菌、病毒等结合，使之下沉，故有净化空气的作用。厂矿、学校、医院以及其他公共场所可用以改善环境卫生，预防疾病，特别是减少呼吸系统疾病及传染病的发病率。粉尘多的厂矿可用之预防硅沉着病等病症。

现在医疗上，还采用负氧离子紫外线喷雾疗法，通过负离子细胞内充电、细胞内供氧及神经调节机制、体液调节机制，提高单核巨噬系统及白细胞的吞噬能力，抑菌杀菌，促进炎症消退。负氧离子可提高机体的免疫机能，使 T 淋巴细胞转化率增高，NK 细胞的杀伤功能增强，增加机体的抗病能力，降低癌症的患病概率，抑制肿瘤生长[51,52]。带状疱疹病人在药物治疗的基础上，采用负氧离子喷雾辅助治疗具有起效快、疗程短、疗效显著、操作简单的优点[53]。应用负氧离子对过敏性鼻炎、甲状腺功能亢进、高脂血症、神经衰弱、呼吸道感染等不同疾病进行治疗，均获得较好的疗效[54-56]。

二、卫生保健

近几年来，负氧离子不仅日益广泛用以治疗和预防疾病，而且逐渐应用于卫生保健，其主要应用如下。

（1）在超净化室、空调室或空气不流通的工作环境中，负氧离子能消除或减轻人体的不良感觉，使人感觉舒适，不易疲劳，从而提高工作效率。

大家都曾有过这样的感觉，在装有空调的房间中缺乏新鲜空气，常常会使人们感到头昏、胸闷、精神不佳，甚至会呕吐，严重地影响工作效率。尤其是在装有窗式空调、分体式空调的房间内更加严重。因为窗式空调机中只有一个小孔可以通新鲜空气，而分体式空调没有这个小气孔，就更易发生"空调病"。而通过使用空气负离子发生器就可以完全解决空调房间空气环境差和"空调病"的问题。在空调房间出风口处设负离子发生器，在窗式、分体式空调器上或中央空调中使用负离子发生器替代新风系统，可以大量节省投资和能耗，既符合卫生要求，又可以使人们精神振作提高工作效率，并且能够延年益寿。故在空调房间中广泛采用负离子发生器，既能提高经济效益又可提高人们的健康和身体素质。

（2）劳动强度高和体力消耗大的工作，如运动员，吸入大量负氧离子，可以迅速消除疲劳，提高运动员运动成绩。

（3）用于城市公园离子调节，船舱低氧、缺氧调节，潜艇空气离子病，高原自然环境空气离子缺少。

（4）经常吸入适当的轻负氧离子，可以促使儿童的生长发育。

因此，在国内外还将负氧离子技术应用于家庭卫生保健之中。在家庭中如何创造负氧离子环境，也是当前不少专家研究攻关的一个重要课题。搞好庭院及居室绿化，是一种经济简便而又行之有效的方法；其次就是注意开窗通风换气。另外，在家庭里建淋浴室。淋浴室的莲蓬头就是一个良好的负氧离子发生器。当莲蓬头喷水时，就会产生大量的负氧离子。淋浴，不但可以洁净身体，同时还可以镇静、镇痛、镇咳、止痛、利尿，达到医治某些疾病的作用，还能迅速消除疲劳，使人心舒意爽。

三、负氧离子的其他科技应用

现代科技发展日新月异，在各类高科技产品纷纷进入我们生活的时候，选择功能的同时，优良的健康卫生性能同样也是至关重要的。

目前，电脑已成为人们工作、学习和生活中必不可少的工具。但长期使用电脑，同样也会因为不良的使用习惯和来自显示器辐射、频间闪烁等问题带来对机体机能的损伤，使免疫力下降！基于此，TCL显示器事业部采用负氧离子技术推出了负氧离子显示器。负氧离子可以中和显示器产生的正离子，减少正离子对人体的伤害[57]。

利用负氧离子对空气杂质有极强的聚合能力这一特点，目前制成的负氧离子清新口罩也是个不错的方法。一般的口罩非常厚，戴上后感觉呼吸不畅，非常难受。而采用负氧离子技术制成的口罩不仅具有杀菌、过滤的功效，能更有效地保证呼吸的清洁，而且还可以使呼吸舒畅、保持空气清新。

空气负氧离子可以促进人体健康这一特点，愈来愈受到人们的关注。负氧离子可以中和带正电的污染物质如：灰尘、废气、重金属离子，病毒、细菌等微生物，可以达到净化空气的目的。负氧离子可以调节大脑皮质兴奋-抑制过程，进而对生物机体产生一系列的生物学效应，促进人体健康和发育。在此基础上，作者对负氧离子在人体保健和医疗健康方面的作用做了详细阐述。国内外也纷纷开展和研究应用负氧离子技术，来促进改善生态、生活环境，保护人类健康。

　　负氧离子的浓度与环境洁净度、湿度有关，因此，要想让我们始终生活在清新、明朗的大环境中，就需要动员全社会的力量通过植树造林、美化绿化环境、加强环保、减少污染，从自身做起、从身边做起，努力营造一个和谐、健康的生活居住环境。

参考文献

［1］　饶秀俊.负氧离子研究的现状与现实意义探索［J］.企业科技与发展，2015（16）：27-31.

［2］　毕立，袁扶峰，张文泉.离子气溶胶吸入治疗呼吸系统感染症 347 例［J］.中华理疗杂志，1988，11：216.

［3］　陈荣福，张卫斌，吴酱佳.空气负离子治疗高脂血症 24 例［J］.中华理疗杂志，1989，12：10.

［4］　俞尧荣，徐志明，卢毅.空气离子对人体某些生理机能的影响［J］.中华理疗杂志，1988，11：129-130.

［5］　徐志明，俞尧荣，卢毅.空气离子对小鼠游泳耐力与血液乳酸浓度的影响［J］.中华理疗杂志，1988，11：79-80.

［6］　汪荫棠.空气离子疗法［J］.中华理疗杂志，1982，5：48-49.

［7］　刘德英，胡荣芝.空气负离子对几种细菌作用观察［J］.中华理疗杂志，1987，10：86-87.

［8］　俞荣荣，徐志明，卢毅.空气负离子对小鼠免疫功能的影响［J］.中华理疗杂志，1987，10：192-193.

［9］　陈庭仁，蔺春生，付成礼.空气离子对豚鼠 T 细胞免疫功能影响［J］.中华理疗杂志，1989，12：3-4.

［10］　郭喜给，刘振清，李秀成.空气负离子对淋巴细胞存活的影响［J］.中华理疗杂志，1986，9：139-141.

［11］　吴士明，薛毅龙.空气离子一次性吸入对肺功能影响实验［J］.中国康复，1988，3：164-165.

［12］　赵德恒，付正恺.空气负离子吸入对哮喘患者和家兔体内自由基反应的探讨［J］.中华理疗杂志，1989，12：1-3.

［13］　陶关林，郑向阳，肖建平.空气负离子对豚鼠噪声性听力损伤的保护作用［C］.第二届全国负离子学术研讨会论文汇编.广州：1995：2.

［14］　Dlivereau A P. Effect of airirou on some aspects of learning and memery of rat and mice［J］. Int J Biometeorol，1981，25：53-62.

［15］　Krueger A P，Reed E J. Biological impact of small air ions［J］. Science，1976，193：

1209-1213.

[16] Yates A, Gray F B, Misiaszek J I. Air ions: past problems and future directions [J]. Environ Int. 1986, 12: 99-108.

[17] 张景昌. 空气中负氧离子的形成及其浓度衰减的规律 [J]. 纺织基础科学学报, 1994, 7（4）: 306-309.

[18] 顾景凯, 王玉平. 空气负氧离子对鸡的生物效应 [J]. 吉林畜牧兽医（专论）, 1991, 3: 32-34.

[19] 李安伯. 空气离子的研究近况 [J]. 中华理疗杂志, 1988, 11: 100-101.

[20] Wehner A P. Stimalation of interferences and eraophins/enkephaling by electreatrosol inhation: an experimental approach for testing on expanded hypothesis [J]. Int J Biometeorol, 1984, 28: 47-53.

[21] Tchijevsky A L. Aeroionization: its role in the national economy [M]. Washington: Office of Naval Intelligence, 1960.

[22] Minhart J R, David T A, Kornbluch I H. Negatively ionized rooms and the burned patient [J]. Med Sci, 1958, 3: 363-372.

[23] Krueger A P, Smith R F. The biological mechanism of air ion action Ⅱ: negative air ion effects on the concentration and metabolism of 5-hydroxytriptamine in the mammalian respiratory tract [J]. J Gen Physiol, 1960, 44: 269-281.

[24] 贺性鹏, 李安伯. 空气离子对生物体酶的影响 [J]. 国外医学地理分册, 1991, 12: 57-59.

[25] 宋晓鸥, 李安伯. 空气负离子生物学效应的研究: 对 CS_2 染毒家兔及正常家兔某些生物物质的影响 [J]. 中华劳动卫生职业病杂志, 1987, 3: 153-157.

[26] Goldstein N I. The stability of some biosubstrates and its models to peroxidation in atmosphere of air ions (in Russian), Liver Cell Subcell Pathol Riga [J]. Latvia: Zintane, 1982: 91-96.

[27] Goldstein N I, Lewin T, Kamensky A, et al. Exogenous gaseous superoxide potentiates the antinoceptive effect of opioid analgesic agents [J]. Inflamm Res, 1996, 45: 473-478.

[28] Glldstein N I, Arshavskaya T V. Is atmospheric superoxide vitally necessary accelerated death of animals in a quasineutral electric atmosphere [J]. Z Naturforsch, 1997, 52: 396-404.

[29] Misra H P, Fridovich I. Superoxide dismutase and the oxygen enhancement of radiation lethality Arch [J]. Biochem Biophys, 1976, 176: 577-581.

[30] Oberley L W, Lindgren A L, Baker S A, et al. Superoxide lon as the cause of the oxygen effect [J]. Radiat Res, 1976, 68: 320-328.

[31] Kellog E W, Yost M G, Barthakur N, et al. Superoxide involvement in the bactericidial effect of negative air ions [J]. Nature, 1979, 281: 400-401.

[32] Prister B S, Chernikov G B, Morzova O B. Effect of ionized air on tissue oxidase activity in embryogenesis of hens [J]. S-kh Biol, 1986, 10: 89-92.

[33] 李志民, 李安伯, 翁其亮. 空气负离子对大鼠血 SOD 活性及 MDA 含量影响的长期动态观察

［C］.第三届全国辐射与环境生物物理学学术会议论文摘要汇编.成都：中国生物物理学会，1989：76-77.

［34］ Kondrashova M N, Grigorenko E V, Tikhonov A N, et al. The primary physico-chemical mechanism for the beneficial biological/medical effects of negative air ions ［J］. IEEE Transactions on Plasma Science, 2000, 28: 230-237.

［35］ Stavrovskaya I G, Sirota T V, Saakyan I R, et al. Optimization of energy dependent processes in mitochondria after inhalation of negative air ions (in Russian and English) ［J］. Biofizika, 1998, 43: 766-771.

［36］ Saakyan I R, Gogvadze V G, Sirota T V, et al. Physiological activation of peroxidation by negative air ions (in Russian and English) ［J］. Biofizika, 1998, 43: 580-587.

［37］ 李安伯.空气离子实验与临床研究新进展［J］.中华理疗杂志，2001，24：118-119.

［38］ Babsky A, Grigorenko E, Okon E, et al. The homeostatic effect of negative air ions on phosphorylating respiration in native mitochondria, in Charge and Field effects in Biosystem-3 ［M］. New York: Birkhauser, 1992: 103-111.

［39］ Kondrashova M, Arshavsky I. Possible biophysical mechanism of negative air ion action, in charge and field effects in Biosystem-4 ［M］. Sigapore: World Scientific, 1994: 78-91.

［40］ Temnov A V, Sirota T V, Stavrovskaya I G, et al. The effect of air superoxide on the structure, organization and phosphorylating respiration in mitochondria (in Russian and English) ［J］. Biochemistry, 1997, 62: 1089-1095.

［41］ Krueger A P, Smith R. An enzymatic basis for the acceleration of ciliary activity by negative air ions ［J］. Nature, 1959, 183: 1332-1333.

［42］ 刘勇，李安伯.空气负离子对应激状态下大鼠肝线粒体功能的影响［C］.第三届全国辐射与环境生物物理学学术会议论文摘要汇编.成都：中国生物物理学会，1989：78-79.

［43］ 毛秀娟.负氧离子喷雾疗法在带状疱疹治疗中的应用［J］.护理与康复，2004，3：32.

［44］ 孙兰英.紫外负氧离子喷雾对预防中老年带状病毒后遗神经痛的疗效观察［J］.中国麻风皮肤病杂志，2001，17：102.

［45］ 狄海燕.紫外负离子喷雾治疗皮肤病疗效观察［J］.皮肤病与性病，1995，17：4-5.

［46］ 陈晓光，许亮，李莹.负氧离子加音乐调节在体育锻炼中消除运动疲劳的研究［J］.平原大学学报，2003，20：87-88.

［47］ Ryushi T, Kita I, Sakurai T. The effect of exposure to negative air ions on the recovery of physiological responses after noderate endurance exercise ［J］. Int J Biometeorol, 1998, 41: 132-136.

［48］ Nalane H, Asami O, Yamada Y, et al. Effect of negative air ions on computer operation, anxiety and salivary chromogranin A-like immunoreactivity ［J］. International Journal of Psychophysiology, 2002, 46: 85-89.

［49］ 夏静，姚自鸣，宋学芬，等.果蔬保鲜延贮中臭氧及负氧离子应用效果［J］.北方园艺，1998，1：38-39.

［50］ 宋学芬，姚自鸣，夏静，等.砀山梨新型保鲜技术保鲜试验［J］.山里安徽农业科学，1998，26：391-392.

［51］ 郭藏珍，刘国华，郑冉然，等.负氧离子对小鼠脾淋巴细胞转化和 NK 细胞杀伤效应的影响［J］.河北医学院学报，1994，15：145-146.

［52］ Yamada R, Yanoma S, Akaike M, et al. Water-generated negative air ions activate NK cell and inhibit carcinogenesis in mice［J］. Cancer Letters, 2006, 239（2）: 190-197.

［53］ 毛秀娟.负氧离子喷雾疗法在带状疱疹治疗中的护理［J］.护理与健康，2004，3:32.

［54］ 唐凯军，郑荣新.空气负离子吸入治疗过敏性鼻炎 40 例观察［J］.中华理疗杂志，1986，9:165

［55］ 王美才，王明珍，周旭初.空气正离子吸入治疗甲状腺机能亢进 70 例［J］.中华理疗杂志，1986，9:249.

［56］ 何怀，庄仰珍，董凤娟.负离子治疗连续性肢端皮炎 2 例［J］.中华理疗杂志，1989，12：45.

［57］ 雪娃娃.生民需要"绿色"相伴［J］.计算机与网络，2003，11：13.

第6章
负离子对室内空气污染物
净化和降解作用

第一节 引 言

　　空气污染是指由人类活动或自然过程引起的某些物质进入空气中呈现出足够的浓度、持续足够的时间，并因此危害了人体的健康或环境的现象。空气污染不仅破坏人类的生活环境，而且危害着人类的身体健康。目前，已知的空气污染物有 100 多种，按其状态可将室内空气污染物划分为两大类：一类是悬浮固体污染物，另一类是气体污染物。悬浮固体污染物包括总悬浮颗粒物（TSP）、微生物（细菌、病菌、霉菌等）、烟雾、飘尘、粉尘等。气体污染物包含硫氧化物（以二氧化硫为主）、氮氧化物（以二氧化氮为主）、碳氧化物（以二氧化碳为主）、碳氢化合物（以甲醛、苯和芳香烃为主）等。随着人类的化工水平的提高，不断有新的物质被合成乃至排放，空气污染物的种类和数量也在不断地增加，污染特征呈现出多污染物、高浓度同时存在的复合型污染类型[1,2]。

　　空气污染的严重性使室内空气质量的研究成为近年来的一个热点。据统计调查，人将近 2/3 的时间处于室内环境中，室内许多污染物的浓度甚至高于室外。为了营造健康、良好的室内环境，各种净化室内空气的技术层出不穷。综合分析现有的净化空气技术，可分为几大类：①稀释法；②过滤法；③吸附法；④消除法；⑤纳米光触媒技术；⑥光氢离子化技术；⑦负离子降尘技术。其中，稀释法、过滤法、吸附法、消除法发展较为成熟，常见的有活性炭吸附净化、滤网过滤净化、房屋多窗设计等。负离子降尘技术是新型的室内空气净化技术，具有巨大的市场潜力和发展动力[3]。

负离子净化空气技术是通过负离子发生器产生一定浓度的负离子，新生成的负离子迁移至空气中，吸附在空气中颗粒物、微生物等污染物上，使其带上负电荷。带负电荷的污染物具有吸附性，吸附带有正电荷的颗粒物或者中性分子，形成分子团或离子团而沉降至地板上。一部分带负电的污染物会被墙面、金属外壳等相对针端为高电势的表面吸附。附着污染物的表面需要及时洗涤，防止二次污染。

第二节　室内空气污染物的来源与形态

一、室内空气污染物分类

室内空气污染物种类繁多，了解其来源和形态分类，对有效选择净化空气的方式至关重要。空气污染物的形态分为以下三大类。

（1）可吸入颗粒物——粉尘、烟、雾、降尘、飘尘、花粉、悬浮物等。其污染源为燃料、吸烟、蚊香烟雾、杀虫剂喷雾、室内清洁等。这类室内污染物对人体的呼吸系统和消化系统有不良影响。

（2）菌类微生物——细菌、真菌、霉菌和病毒等。其污染源为空调器、加湿器、家禽、不清洁的地毯、不卫生的水槽等。霉菌类微生物是传染性疾病的发病根源。

（3）挥发性有毒气体——甲醛、苯、氯苯、二甲苯及四氯化碳等芳香族和脂肪族有机物等。其污染源为油漆、涂料、人造板和化工制品、化纤地毯等。甲醛会通过呼吸、食道、皮肤吸收等途径进入人体内并引起不适反应，对黏膜、上呼吸道、气管、眼睛、皮肤和消化道等有强烈刺激性，长期接触甲醛可能会诱发消化道癌症。暴露在高浓度（＞50mg）中会引发肺炎等危重疾病，甚至死亡。苯系物芳香烃对人体健康损害极大，表现为对人的中枢神经、血液功能、鼻、咽、喉等部位都有强烈的刺激作用，是诱发人体癌症的一大源头[3]。

不同类型的空气污染物，对人体造成的伤害不同。表6-1是各项污染物的限值。

表 6-1　各项污染物的限值

污染物名称	取值时间	浓度限值			浓度单位
		一级标准	二级标准	三级标准	
二氧化硫 SO_2	年平均 日平均 1 小时平均	0.02 0.05 0.15	0.06 0.15 0.50	0.10 0.25 0.70	mg/m³ (标准状态)
总悬浮颗粒物 TSP	年平均 日平均	0.08 0.12	0.20 0.30	0.30 0.50	
可吸入颗粒物 PM_{10}	年平均 日平均	0.04 0.05	0.10 0.15	0.15 0.25	
二氧化氮 NO_2	年平均 日平均 1 小时平均	0.04 0.08 0.12	0.04 0.08 0.12	0.08 0.12 0.24	
一氧化碳 CO	日平均 1 小时平均	4.00 10.00	4.00 10.00	4.00 20.00	
臭氧 O_3	1 小时平均	0.16	0.20	0.20	
铅 Pb	季平均 年平均	1.50 1.00			μg/m³ (标准状态)
苯并[a]芘 BaP	日平均	0.01			
氟化物 F	日平均 1 小时平均	7[①] 20[①]			μg/(dm²·d)
	月平均 植物生长季平均	1.8[②] 1.2[②]	3.0[③] 2.0[③]		

① 适用于城市地区。

② 适用于牧业区和以牧业为主的半农半牧区,蚕桑区。

③ 适用于农业和林业区。

资料来源:环境空气质量标准(GB 3095—2012)。

二、室内空气污染物来源

不同形态的室内空气污染物其来源也各不相同。综合目前的检测分析,室内污染物主要有以下几个来源。

（1）建筑物——在建筑施工时，建筑物自身产生的污染。如北方冬季施工加入防冻剂时渗出的有毒气体氨。建筑施工中使用的石材、地砖或者瓷砖中可能存在的放射性物质形成的氡，这种无色无味气体当被人吸入体内后，衰变的 α 粒子可对人体呼吸系统造成辐射损伤，引发肺癌。

（2）室内装饰材料——新购买的家具、新粉刷的墙体、泡沫填料、塑料贴面等会散发出甲醛、乙醇、氯仿、苯等有机挥发性气体，它们都具有一定的致癌性。

（3）室外污染物——室外工厂排放的有毒气体、可吸入颗粒物等，经过气象运动将其他区域的污染物带到某一地点，并通过换气系统进入室内危害人体健康。

（4）燃烧产物——做饭、吸烟等室内活动是室内燃烧的主要污染。厨房中的油烟、煤炭燃烧释放的二氧化硫、香烟的烟雾等以气态溶胶状存在。主要的室内燃烧污染物都具有较强的致癌性。

（5）人体自身代谢及生活废弃物产生的挥发气体——每天，人通过呼吸、排汗等可排出大量的污染物。除此之外，一些日常活动也会带来污染物的产生，如灭蚊喷雾、化妆打粉等；一些日常的生活垃圾会产生大量的细菌和霉菌，其进入空气使人感到疲倦、头昏甚至休克。

第三节　负离子对室内可吸入颗粒物的净化降解

一、空气颗粒物分类

空气颗粒物按粒径的大小，可分为总悬浮颗粒物、可吸入颗粒物。

（1）总悬浮颗粒物（TSP）——空气动力学粒径小于等于 $100\mu m$。

（2）可吸入颗粒物 PM_{10}——空气动力学粒径小于等于 $10\mu m$，可以长时间在空气中飘浮。可吸入颗粒物又可分为细粒 $PM_{2.5}$（粒径小于等于 $2.5\mu m$）、粗粒（粒径介于 $2.5\mu m$ 至 $10\mu m$）。一般认为，和粗粒相比，$PM_{2.5}$ 粒径更小，更易进入呼吸道深部，更易附着有毒物质，对健康的危害更大。TSP 与 PM_{10}、PM_{10} 与 $PM_{2.5}$、$PM_{2.5}$ 与 $PM_{1.0}$ 之间均呈线性相关。

大气颗粒物的来源主要为一次污染源和二次化学转化。一次污染源主要有开放源尘、燃煤尘、机动车尾气尘、生物质燃烧、工业粉尘等一次颗粒物源。

其如图 6-1 所示。

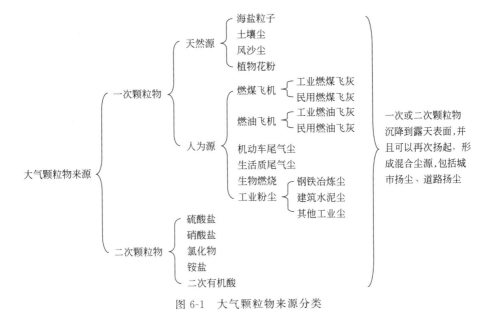

图 6-1　大气颗粒物来源分类

二、颗粒物造成室内空气污染的分布

　　室内颗粒物的分布规律，因实际条件的差异而不尽相同。不同的送风形式、不同的换气次数、不同的室内壁面质地及室内人员扰动的程度等都影响着室内颗粒物的分布情况，因而增加了室内颗粒物分布规律研究的复杂性。室内颗粒物的分布取决于颗粒物的穿透、沉降和二次悬浮等动力学行为，其对室内颗粒物的分布起着来源或者汇聚的作用，对室内空气品质有着重要的影响。

　　颗粒物的穿透率是指室外颗粒物穿透房屋缝隙进入室内的过程中，在颗粒物总数中，进入室内颗粒物的百分数。据调查，颗粒物粒径在 $0.1 \sim 10 \mu m$，旧居室的穿透率约为 1，而新居室一般为 0.3。颗粒物的沉降越强，则空气颗粒物污染物浓度越小。因此，在相对湿度较高的位置，颗粒物的沉降明显加强，该位置的颗粒物分布也就越少。颗粒物的二次悬浮是指由于人员走动等空气气流扰动，灰尘被扬起二次悬浮于空气中。因此，空气扰动频繁的地区，该地区的颗粒物污染相对严重。如，北京每年都会受沙尘暴的影响而使空气颗粒物严重超标[4]。

三、颗粒物对人体健康的影响

大量的流行病学研究资料显示：可吸入颗粒物的浓度上升与疾病的发病率、死亡率关系密切，尤其是呼吸系统疾病及心肺疾病。可吸入颗粒物对人体健康的危害主要包括以下几个方面。

（1）呼吸系统——可吸入颗粒物能够长时间悬浮在空气中，跟随人的呼吸侵入人体的肺部组织。一部分的飘尘会随着呼吸排出体外，一部分会沉积在肺泡上，并随着时间的推移，大量的飘尘沉积在肺泡上引起肺组织慢性纤维化，使肺泡的切换机能下降。大粒径的颗粒物会附着在呼吸道上，容易引起鼻炎、慢性咽炎、支气管炎、哮喘、肺尘埃沉着病等呼吸疾病并使人感到恶化。

（2）心血管疾病——细颗粒物能够穿透肺泡进入人体血液循环，引起血液中的黏稠度和血液中纤维蛋白增加，从而引起血栓。伴随症状有心率变异而突发心肌梗死。

（3）生殖系统——细颗粒物的黏附性高，可能会携带一些潜在有毒元素，如铅、镉、镍、锰、钒、溴、锌和苯并芘等通过孕妇呼吸作用进入子宫，造成子宫发育迟缓或者病变，致使胎儿出生时形态畸形或者具有先天性缺陷。

（4）神经系统——含铅汽油燃烧生成铅化物颗粒扩散到大气中，被人体呼吸带入身体。小粒径的铅化物颗粒在人体内沉积，其极易进入血液系统与部分血红细胞结合，形成铅的磷酸盐和甘油磷酸盐等有害生成物。有害生成物侵入骨头导致高级神经系统和器官调节失能，产生头晕、狂躁等中毒性脑病。

（5）癌变——颗粒物中携裹的多环芳烃、苯系物具有强烈的致癌性，其进入人体容易诱发皮肤癌、肺癌和胃癌[5-8]。

四、负离子清除颗粒物的作用机理

负离子除尘技术与静电除尘有类似的作用原理。不同类型的负离子发生器产生的负离子与颗粒物之间的作用过程有所不同。为了简单起见，笔者以电晕法负离子发生器为模型，概述其清除颗粒物功能实现的机理。

电晕法负离子发生器清除颗粒物包括三个步骤：荷电、迁移、沉积。负离子清除颗粒物的原理如图 6-2。

（1）荷电。在颗粒物带上负电荷前，大量负离子的产生是必需的。负离

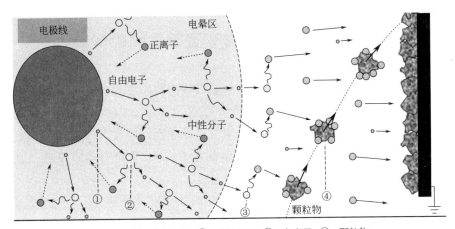

①—自由电子；②—中性分子；③—负离子；④—颗粒物

图 6-2　负离子清除颗粒物原理示意图

子发生器通过电晕放电产生大量的负离子。负离子在电场作用下扩散和迁移产生空气流。颗粒物随着空气流进入电晕法负离子发生器的高电压有效电场内，并与负离子发生碰撞。由于大部分颗粒物的粒径远大于负离子，所以在碰撞中负离子往往会吸附在颗粒物上，使颗粒物带上负电荷。根据源动力不同，荷电可分为"场致荷电"和"扩散荷电"。场致荷电是负离子在电场力作用下向电压梯度最大的方向运动，沿电场线方向与气体中的粉尘颗粒物碰撞，使粉尘荷负电。当颗粒物带负电后会逐渐对向其运动的负离子产生排斥力，最终负离子的迁移速度不足以使其运动至颗粒表面，从而颗粒物荷负电达到饱和。直径小于 $1\mu m$ 细颗粒物可以附着几十个负离子，直径大于 $10\mu m$ 的大颗粒物可以附着数以万计的负离子。扩散荷电是由负离子无规则热运动碰撞粉尘颗粒导致的。

（2）迁移。带负电荷的颗粒物在电场力的作用下向正电极方向运动。一般负离子发生器以环境物体为零电位，带负电荷的颗粒物沿电晕线向墙面、地板和物体外壳等集尘极运动集中，该过程称为"捕集"。

（3）沉积。带负电颗粒在电场力作用下向地板或墙面运动，最终被捕获吸附。颗粒物通过接地的集尘极释放部分电荷，剩余电荷用来维持分子间的黏附力并使颗粒继续吸附在集尘极上。由于颗粒物具有不规则的表面，黏附力可以使颗粒物之间牢牢地黏附在一起，新运动到的颗粒物也可以通过黏附力与已捕获的颗粒物黏附一起，从而在集尘机表面形成灰层[9,10]。

第四节　负离子对有害微生物的抑制

近年来，由室内微生物污染引起人的过敏、传染性疾病甚至死亡受到广泛关注。细菌和真菌等空气微生物浓度已成为评价室内空气质量的重要参数。细菌、真菌等微生物在室内潮湿空气里滋生而污染空气，由此造成一系列不适反应和疾病，也成为"不良建筑物综合征"，它是目前重要的公共环境卫生问题。

空气微生物是指空气中细菌、霉菌和放线菌等有生命的活体，它主要来源于土壤、水体表面、动植物、人体以及生产活动、污水污物处理等。其组成浓度不稳定，种类多样，已知存在空气中的细菌及放线菌有 1200 种，真菌有 4 万种。虽然微生物的种类非常庞杂，但它的形体微小、结构简单，一般需要借助显微镜才能看见。微生物与人体一样，有着新陈代谢、生长繁殖、遗传突变等生命体征。微生物按生物学特征可分为病毒、衣原体、立克次体、支原体、细菌、放线菌、真菌、藻类和原生动物等。在大多数情况下，微生物以单细胞或者细胞群体存在，细胞没有明显的分化，较易发生变异，有着极强的适应性。微生物与自然生态平衡和许多生命相关现象有直接作用，但往往也会造成环境污染和诱发人类疾病。微生物肉眼难以窥见，居民不加以重视，加之其极强的生存能力和繁殖力，使微生物污染正严重地威胁着人类的健康状况。

为了控制微生物的污染，已发展出了传统的物理灭菌技术、化学灭菌技术和生物灭菌技术。负离子灭菌技术作为新型清除微生物技术，正引起一波研究热潮和市场关注。负氧离子灭菌技术可以弥补现有灭菌技术的不足，提高灭菌效果[11,12]。

一、室内有害微生物的分类

根据国际标准化组织公布的 ISO/DIS 16814《建筑环境设计—室内空气质量—人居环境室内空气质量的表述方法》的定义，微生物污染物分为活性粒子和非活性生物污染物，主要包括病毒、细菌、真菌孢子以及螨、真菌及其代谢物等，它们以气溶胶形式存在或沉积于物体表面。

细菌大小在 $0.5\sim1\mu m$，靠单细胞分裂增殖，成倍增长；环境相对湿度在 $90\%\sim100\%$ 时容易生长繁殖。真菌的粒径在 $3\sim100\mu m$，为单细胞或多细胞菌丝生长增殖。当处于有营养、温度合适（$25\sim35℃$）、相对湿度在 $75\%\sim$

100％的环境下，其会生长繁殖。菌丝生长至成熟时释放出孢子，污染室内空气，该过程还伴随特殊的臭气产生。

室内微生物污染的来源多种多样，主要来源有室内建筑材料、室内设备、患有呼吸道疾病的病人、宠物、空调系统和外界环境。

（1）来源于室内建筑材料的微生物污染——在室内潮湿、受水侵害的地方，诸如厨房、浴室、卫生间、洗衣房等室内，其相对湿度高达90％～100％，该环境下室内的建筑材料或者设备就会滋生细菌和真菌等微生物。据报道，27％～36％的室内建筑材料和设备有霉菌污染问题。室内尘埃的真菌数达到 $10^2 \sim 10^7 \mathrm{cfu/g}$，受污染的内墙表面的真菌数超过 $10^4 \mathrm{cfu/g}$。地毯中的尘埃真菌个数大致为 $10^3 \sim 10^6 \mathrm{cfu/g}$。在拆除旧建筑材料时，其释放出的真菌个数比之前高出4～25倍。

（2）来源空调设备的室内微生物污染——来自空调设备的空气过滤器、制冷盘管、通风管道和冷却水总容易滋生细菌、真菌等微生物，伴随着空气环路循环，扩大室内微生物污染的受害面积，严重威胁人体健康。研究发现，军团菌普遍存在空调冷却塔。"军团病"是空调系统作为微生物污染源的显著体现，它是由空调系统内滋生格兰阴性杆菌并在空气传播引起的人体发热、咳嗽、胸痛肺炎等不适症状。

（3）来源于家中宠物的室内微生物污染——宠物狗身上往往会携带棘球绦虫，当人与狗亲昵时，可能会吸入或吞下粘在狗毛上的棘球绦虫卵，这种寄生虫会钻出虫卵，穿过肠壁游荡至血液、肝脏形成蟥虫。猫身上携带着链状带绦虫、中绦虫、双殖孔绦虫、犬豆状带绦虫、曼氏双槽绦虫等病原体。

（4）来源于患有呼吸道疾病的病人的室内微生物污染——患呼吸道疾病的病人的痰、鼻涕中含有大量的致病菌和病原体，该类病原体会随着挥发再次进入空气传播，造成流行性疾病传播[13]。

二、室内微生物污染危害性及抑制的重要性

自然界中，微生物种类庞杂，大多数的微生物对于人类和动植物有益或者无害，但也有相当数量的微生物对人体构成危害。例如，曲霉菌能使食品变质、腐败，人如果食用变质的食物，可会诱发肠胃不适。根据美国ASHRAE的标准62-1999所诉，当空气颗粒粒径在 $0.2 \sim 5\mu\mathrm{m}$ 时，对人体肺部构成危害。微生物的大小正好符合这一标准范围，部分微生物会引起肺炎、结核、感冒等疾病。概括微生物对人体造成的疾病，主要有以下几种：过敏反应、湿热

症、呼吸道感染。

（1）过敏反应——这类反应是全身性的，几乎每个人都有不同程度的过敏反应，这是微生物污染对人体造成的最广泛的问题。常见过敏反应包括过敏性结膜炎、过敏性口腔炎、过敏性鼻炎、过敏性咽喉炎和过敏性支气管炎。

（2）湿热症——症状与过敏性肺炎相似，常见伴随症状有发烧、头晕、头痛、浑身发冷等。目前，对该病的具体发病机理尚未清楚。

（3）呼吸道感染——症状轻重不一，范围涵盖从隐形感染到威胁生命，其是人类最常见的疾病。迄今为止，发现的引起呼吸道感染的病毒病原体有 200 种之多，爆发季节多为冬春季。人口稠密的地方容易发生肺炎支原体感染。根据统计资料表明，近年来北京病毒性肺炎发病率逐年增加，特别是呼吸道和病毒、腺病毒发病率更高。被肺炎支原体感染的人通过咳嗽、打喷嚏、吐痰等方式使口、鼻分泌物中的支原体气溶胶化，重新进入空气传播进而侵入其他人体引发疾病的传染。

研究调查表明，室内微生物污染占室内空气污染约 25%。大量漂浮的微生物对人们的生活、工作、健康产生巨大的负面影响，它恶化人类居住环境的空气质量，危害人体的健康，降低人类的工作效率。控制室内微生物污染，抑制其繁殖、生长、传播等生命活动已经成为室内空气环境保障体系所面临的重大问题。2003 年 SARS 的大规模传播，造成大量的患者死亡，它给国家带来了难以估计的经济损失，深刻地警醒着人类要重视微生物污染，防范其给人类带来后果严重的灾难。现如今，居民的生活水平越来越好，人们越来越关注自身的健康状况，有效控制室内微生物污染改善室内空气质量已成为关注的焦点。

三、负离子对室内有害微生物抑制机理

负离子对室内有害微生物污染的抑制作用有两种方式。

（1）空气负离子具有较高的活性，很强的氧化还原能力。当室内空气含有充足的负离子时，空气负离子与微生物接触，能破坏细菌的细胞膜电位和细胞原生质中活性酶的活性，导致细菌等微生物的新陈代谢障碍并抑制其生长。小颗粒的负离子能够渗透细胞膜，进入膜内破坏膜内组织，直至导致微生物死亡。

（2）空气负离子能够与附着细菌、真菌等带正电的颗粒结合，聚集成大分子团或离子团而沉降或被墙壁等吸附，起到了降低空气中微生物浓度，抑制空

气微生物污染的扩散、传播，实现杀菌消除异味等功能。当空气中的负离子浓度高达 2 万个/cm³ 时，空气中的飘尘会减少 98%，粒径在 $1\mu m$ 以下的细菌、病毒很难通过空气传播。因此，负离子的浓度是衡量空气质量的重要标准。

第五节　负氧离子对有毒气体的降解

负氧离子是指捕获了一个电子的氧分子。众所周知，空气是由氧、氮、水蒸气、二氧化碳等多种气体组成的气体混合物，在正常状态下，气体分子不带电（显中性），但在射线、受热及强电场的作用下，空气中的气体分子会失去一些电子，即所谓空气电离，这些失去的电子称为自由电子，它又会和其他中性分子相结合，而得到电子的气体分子带负电，如果中性分子为氧气分子的话，就得到了负氧离子。在空气中容易"俘获"电子的中性气体分子还有二氧化碳。因为二氧化碳在空气中的含量较低（为 0.03%），因此在空气中主要得到的是负氧离子[14]。

研究表明，负氧离子对空气有净化和分解作用。究其根源，主要分为两大方面。一方面是指负氧离子能和带有正电的颗粒离子中和，破坏颗粒之间起稳定作用的同性电荷，使有毒的正电颗粒变成中性颗粒发生聚集而沉降下来，从而起到空气净化的作用。近来研究证实，负氧离子对空气的净化作用源于负氧离子与空气中的细菌、灰尘、烟雾等带正电的微粒相结合，并聚成球落到地面，从而起到杀菌和消除有害气体所产生的异味的作用。在含有高浓度负氧离子的空气中，直径在一微米以下的微尘、细菌、病毒等的含量几乎为零。负氧离子的多少是衡量空气是否清新的重要标准之一。另一方面是指空气中的负氧离子和有毒气体发生反应，使有毒的气态物质变成无毒或低毒的物质。

室内的挥发性有毒气体主要包括甲醛、苯、氯苯、二甲苯及四氯化碳等芳香族和脂肪族有机物等，下面我们主要从这几类有毒气态物质的产生、危害及负氧离子和它们的相互作用等方面来展开讨论。

一、碳氢化物的产生、危害及负氧离子对它的降解作用

碳氢化物又称烃类化合物，它主要是由生物质在高温高压下脱氧后生成的（如石油、天然气）或是在微生物作用下分解而产生的（如沼气等）。据估计，全世界每年因生物质被微生物分解而产生的甲烷（沼气的主要成分）等气态的碳氢化物的量达 7 亿多吨。这么多由分解产生的气态碳氢化物再加上地层深处冒出来的天然气以及燃料不完全燃烧或石油产品（如汽油、柴油、煤油）挥发产生的气态碳氢化物，每年排入大气的气态碳氢化物的总量不少于 10 亿吨。它们在大气环境中的积累导致了对大气环境的污染。对绝大多数的碳氢化物来说，在大气中含量不高时对人体健康不会造成直接的危害，但是也有少量的碳氢化物（如由燃料不完全燃烧生成的 3,4-苯丙芘等）即使在大气中含量少、浓度低，也会使人体致癌。而另外一些碳氢化物（如苯、甲苯、二甲苯等）在大气中的浓度高时（如工厂厂区局部严重污染）也容易诱发人体的畸变和癌变，对人体造成严重伤害。此外，像甲烷等一些气态的碳氢化物对大气造成的污染也是导致"温室效应"的原因之一。一些碳氢化物在一定条件下（如和大气中的氮氧化物、臭氧等混合存在并在阳光照射下）还会转化成次生污染物并产生有害的光化学烟雾。另外，危害极大的是多环芳烃，它是指一类芳香族烃类化合物。已经被科学家所证实的一类致突变和致癌有机污染物。其主要来源为煤的燃烧。我国为重要的产煤国。每年大约要消耗 2300 万吨煤，成为重要的污染源。全国 26 个城市的大气污染均属煤炭型污染，燃煤产生了大量有致癌、致突变作用的多环芳烃类化合物。根据卫生部 1984 年调查，全国 26 个城市 BaP 日均浓度为 $0.01\sim2.98\mu g/100m^3$，超标率（参考标准）达 86%。为世界上 PAHs 污染严重的国家之一，也是造成居民肺癌死亡率增加的原因之一[15-17]。

一般来说，芳香烃对人体健康损害极大。譬如，苯对中枢神经、血液的作用最强。当带有烷基侧链时，对黏膜的刺激性及麻醉性增强；但在生物体内，由于侧链先被氧化成醇进而变成羧酸，故对造血机能并无损害[18]。本部分将负氧离子对一部分挥发性碳氢化合物的降解进行了讨论。

（1）甲苯（C_7H_8）。甲苯在苯环上带有烷基侧链，对皮肤的刺激性较大，对神经系统的作用比苯强，但因甲苯最初被氧化生成苯甲酸，对血液并无毒害。科学家对兔进行了吸入甲苯蒸气的实验，发现，纯甲苯不会形成血液的毒害。但是甲苯对皮肤的刺激性较强。吸入 8 小时浓度为 $376\sim752mg/m^3$ 的甲苯蒸气时，会出现疲惫、恶心、错觉、活动失灵、全身无力、嗜睡症状。而短时间内吸入 $2256mg/m^3$ 的甲苯蒸气时，会引起过渡疲惫、激烈兴奋、恶心、头痛。一般在工作场所甲苯的最高容许浓度为 $100mg/m^3$。另外，甲苯还可以经皮肤吸收并溶解皮肤中的脂肪，因而阻碍了皮肤本身的保护作用，这就是甲苯引起接触性皮炎的原因，但其对皮肤没有过敏症。同时人体还会对甲苯形成习惯性和耐受性，所以经常直接接触是危险的[19]。

科学家发现，在电子束的作用之下，甲苯可以通过负氧离子等活性粒子的作用而降解[20]。降解产物有 54％为气体及各种有机酸（RCOOH）的混合物。并且还发现在电子束作用下随着辐射量的加大，甲苯分解的百分率也在加大。当电子束能量达到 13kGy 时，甲苯的分解率可以达到 43％。此时甲苯的浓度为 20g/L。

（2）二甲苯（C_8H_{10}）。二甲苯有三个同分异构体，中毒多数是由混合物引起的，由各同分异构体单独引起的中毒很少。甲苯中的苯环不被氧化，而烷基侧链首先被氧化，生成邻甲基苯甲酸或间甲基苯甲酸或羟基苯甲酸，这些化合物同甘氨酸结合生成马尿酸的同系物而被解毒，随尿排出，因而不会形成血液中毒。使家兔、大鼠每日吸入浓度约为 $1200mg/m^3$ 的混合二甲苯蒸气 8 小时，连续吸入 55 日，观察到红细胞、白细胞稍有下降，血小板有所增加，实际上在这样的浓度时臭味很大，对皮肤和黏膜的刺激强。其在 $200mg/m^3$ 时就能刺激黏膜，如果长期接触液体二甲苯，能引起较严重的皮炎并发疱。另外，二甲苯与其他溶剂特别是丁醇等相似，对人体能引起像猫能出现的角膜空洞，所以工作场所最高容许浓度为 $100mg/m^3$。原因是吸入过于此浓度的二甲苯蒸气，虽然不会引起中毒但能刺激角膜。高浓度的二甲苯蒸气除了损伤黏膜、刺激呼吸道之外，还呈现兴奋、麻醉作用，直至造成出血性水肿而致死。二甲苯因口服而引起中毒的极少，但是它可引起出血性肺炎[18]。

在电子束作用下产生的活性负氧离子可以使二甲苯降解为甲酸（COOH）、乙酸（CH_3COOH）、丙酸（CH_3CH_2COOH）和丁酸（$CH_3CH_2CH_2COOH$）；或者降解为这些有机酸和一氧化碳（CO）及二氧化碳的酯（COOR）。分析分解产物发现，约为 30％的二甲苯辐照降解产物为气态；约 50％的辐射降解物为颗粒。同时，二甲苯在电子束辐照下降解的百分率和辐照量具有线性相关性。随着电子束辐照能量的加大，二甲苯的降解率也得到提高。当二甲苯的浓度是 20g/L，电子束辐照能量达到 13kGy 时，二甲苯的降解率达到 90％[20]。可见电子束对二甲苯的降解是非常有效的。

二、卤素及卤化物的产生、危害及负氧离子对它的降解作用

大气中常见的卤素及卤化物污染物有：氯气、氟气、氯化氢气体、氟化氢气体以及各种氟利昂等。其中，氯气、氟气、氯化氢气体以及氟化氢等主要是

一些采矿业及化学工业的产物，它们对人体具有极强的刺激性和很大的毒性，当将它们排放入大气并积累后便形成对大气环境的污染，严重危害人类的健康和各种生物体的生存，对各种金属的机器设备、建筑物以及名胜古迹也会造成严重的腐蚀与危害，它们还是造成酸雨的重要成因之一。各种氟利昂对人体和生物并没有毒性，它们在常温下都是液体，但是具有很强的挥发性，吸热后很容易变成气态，而只要稍微加压又可成为液态。所以在 20 世纪后半叶被广泛用于各种冷冻设备，如在各类空调机、电冰箱中用作冷冻液，还被广泛用作美发定型胶和各种药用、非药用的气雾剂、清洁剂以及泡沫塑料的发泡剂等。近年发现，当它们进入大气后随着上升气流逐渐进入平流层，对臭氧层起极大的破坏作用。氟利昂已经被列入了大气环境污染物的黑名单，并被联合国环境规划署宣布为危害全球的六种化学品之一。空调机和电冰箱等使用的氟利昂制冷剂将被其他对环境友好的制冷剂替代[21]。

(1) 氯苯（C_6H_5Cl）。几乎所有的有机氯化物都有不同程度的毒性，除毒性强弱不同外，还具有相当强的局部刺激作用，能产生兴奋、震颤等中枢神经异常的症状，使肌肉麻痹、麻醉、反射机能衰退、呼吸缓慢，最后停止呼吸而致死。另外除了损伤皮肤、使中枢神经中毒之外，还能引起对细胞原性质、心脏等的损害，对肝、肾、胰腺也有不良的影响。亦有虽出现暂时性的麻醉状态，但经数日后死亡的病例。故有机氯化物大多是毒性很大的物质。氯代烃对局部皮肤的损伤会引起痒痛、红肿、发炎，此外，还能强烈刺激呼吸器官的黏膜，使分泌增加；如果长时间作用，则有像肺炎、肺气肿那样带有出血性的分泌物[19]。作为低沸点的氯化物，除引起一般的炎症外，由于其迅速的蒸发而产生寒冷的刺激会引起冻伤，其蒸气能使角膜浑浊。氯苯不具有像苯那样的血液毒，基本上和氯代烷烃相似，毒性比苯强，对人能引起急性或慢性的神经障碍。工作场所氯苯的最高容许浓度为 $75\mathrm{mg/m}^3$。

氯苯在电子束的作用之下约产生 40% 的羧酸或羧酸酯的气态分解物，其中有 60% 的气态降解产物——羧酸根离子为甲酸根（$HCOO^-$），同时存在酮式戊二酸根 $[HOOCCO(CH_2)_2COO^-]$，乙酸根（CH_3COO^-）和羟基乙酸根（$HOCH_2COO^-$）。另外，还有约 25% 的氯苯直接降解为二氧化碳（CO_2）及微量的一氧化碳（CO）。总体算来，大概 65% 的氯苯降解产物为气态产物，譬如：羧酸（$RCOOH$）、酯类（$RCOOR$）、一氧化碳（CO）、二氧化碳（CO_2）和氯化氢（HCl）。科学家们发现，氯苯能在氧负离子（O^{2-}）的作用下发生脱氯反应。此机理的确凿证据是，在氯苯的降解产物中发现了氯气。同时还发现了相应的颗粒物及其残基。研究还发现，在有氨气共同存在的情况下脱氯反应发生率提高 2 倍。实验发现，氯苯在电子束作用下的降解率和甲苯相似[20]。

（2）1,1-二氯乙烯（$C_2H_2Cl_2$）。一般含有双键的氯代烃比氯代饱和烃的毒性低。与其他烃类一样当乙烯中的氢被氯所取代时，则麻醉性比乙烯强。偏二氯乙烯是具有甜香气味的气体，因其聚合非常快，在未到达机体组织内部时，就不再产生变化，故对其生理作用尚不明了[18,19]。

波兰科学工作者 Sun 等发现[22]，在潮湿的空气中，用电子束轰击汽化后的 1,1-二氯乙烯气体可以使其发生降解。在降解过程中，负氧离子起到了非常重要的决定性作用。在实验中，90％的 1,1-二氯乙烯都发生了降解。其降解得到的有机物主要是氯乙酰氯（$CH_2ClCOCl$），其次也有光气（$COCl_2$）、甲醛（HCHO）、甲酰氯 HCOCl。而降解得到的无机物有氯气（Cl_2）、氯化氢（HCl）、过氧化氢（H_2O_2）、臭氧（O_3）、过硝酸（HNO_4）、二氧化氮（NO_2）、次氯酸（HOCl）、一氧化二氮（N_2O）[22]。

（3）1,2-二氯乙烯（ClHCCHCl）。1,2-二氯乙烯比氯乙烯的毒性强，对肝脏损害比氯仿小，在 1％浓度时对局部的刺激就很强，能引起暂时性角膜浑浊。这种角膜浑浊在反式 1,2-二氯乙烯中常常能再次出现，而在顺式，则只出现一次，如经长期贮存后，则其对角膜就不发生作用。

中国和日本科学家联合研究发现，在电子束辐照条件下，1,2-二氯乙烯在负氧离子的作用下，可以裂解为氯乙酰氯（$CH_2ClCOCl$）和二氯甲烷（CH_2Cl）。在对人造的被四氯乙烯、三氯乙烯和 1,2-二氯乙烯污染的空气进行实验发现，顺式 1,2-二氯乙烯和反式 1,2-二氯乙烯的裂解产物二氧化碳的产率还稍有差异。发现顺式 1,2-二氯乙烯在电子束辐照下更容易裂解[23]。

（4）三氯乙烯（C_2HCl_3）。三氯乙烯和碱接触时生成二氯乙炔，在空气中猛烈爆炸。由于它是重要的溶剂，所以过去有关它的研究报道很多，纯三氯乙烯用作年久的三叉神经疾患和其他病的麻醉剂，现被用于助产。如人体短时间吸入浓度低的三氯乙烯气体时，即能引起眩晕、头痛，浓度高时则能引起心力衰竭而死。然而短时间吸入中等浓度的三氯乙烯，或在低浓度气体中长时间呼吸时，能引起酒醉样感、恶心、呕吐，到 1/4～1 天后，则眼睛和皮肤感到刺激，有时候热的蒸气就会使人失明。三氯乙烯中毒的特征是经过长时间之后才出现的，最初不影响运动神经，经过月余或更长的时间，就会使三叉神经麻痹，而使面部、腭骨、舌失去感觉，嗅觉、味觉消失，并能引起鼻、角膜反射错乱，还出现齿龈软化、脱齿、唇痉挛、指尖震颤、糖尿病等后作用。当长时间缓慢吸入时，则和氯仿一样呈现三氯乙烯中毒症状同时并发中枢神经障碍。

据报道，三氯乙烯在低能电子束下几乎能完全降解而生成二氧化碳（CO_2）、二氯乙酰氯（$Cl_2CHCOCl$）和光气（$COCl_2$）。其中，二氧化碳是最主要的辐射降解产物。当提高电子束的能量，三氯乙烯可以降解为三氯乙酰氯（CCl_3COCl）、光气（$COCl_2$）、二氧化碳（CO_2）、氯化氢（HCl）、氯气（Cl_2）和四氯化碳（CCl_4）。在降解的过程中，负氧离子是其中一种很重要的高活性还原剂[23,24]。

（5）四氯乙烯（C_2Cl_4）。四氯乙烯具有醚香味，但是比三氯乙烯稍弱。在乙烷、乙烯的氯化物中它是最稳定的，其毒性和三氯乙烯相似，不同点是其没有副作用，特别是不会引起肝脏的损害，实际上因其几乎无害，故可代替四氯化碳用于驱除十二指肠虫，但这种论断有一定的争议，一些科学家则认为其对肝肾有损伤。对小鼠的经口 LD_{50} 为 8.85g/kg。

四氯乙烯在氧负离子作为电子束辐射下的重要活性中间体的情况下，在空气介质中完成了降解。在空气介质中，四氯乙烯可以降解为二氯乙酰氯（$Cl_2CHCOCl$）、一氧化碳（CO）、二氧化碳（CO_2）、光气（$COCl_2$）和少量的氯仿（$CHCl_3$）。同时，二氯乙酰氯（$Cl_2CHCOCl$）在更多负氧离子的情况下又二次降解为一氧化碳（CO）、二氧化碳（CO_2）、氯化氢（HCl）和氯气（Cl_2）。在实验中发现，二氯乙酰氯（$Cl_2CHCOCl$）和光气（$COCl_2$）为四氯乙烯的一级降解产物[23,25]。

（6）氯甲烷（CH_3Cl）。氯甲烷在空气中会燃烧，容易爆炸，为具有甜味和醚香味的液体。对小鼠的致死浓度 LC 为 3150g/L，因其作用缓慢（迟效性）应特别注意。由于其香味及初期的刺激、麻醉作用都弱，即使到了危险程度，中毒者仍感觉不到，而照常工作，及至引起神经、肝、肾损害之后，才开始有呕吐、头痛等自觉症状，当发觉中毒时，受害已经很深，因此变为慢性中毒的情况很多。氯甲烷被吸收在体内后分解为甲醇（CH_3OH）和氯化氢（HCl），有人认为是甲醇引起的中毒，但实际上很大程度上是氯甲烷本身在起作用。氯甲烷主要随肺部呼气一起排出，而且，相当长一段时间后排出的气体中仍遗留着氯甲烷的臭味。如果短时间吸入氯甲烷蒸气，会引起头痛、恶心、呕吐、倦怠、嗜睡、运动失调，但很容易恢复。然而如长时间连续吸入少量蒸气，就能发生慢性或亚急性中毒，从眩晕、酒醉样进而引起食欲不振、嗜睡、行走不便、运动失灵等，还能出现视觉障碍，重症时则呈现痉挛，昏睡而死。

科学家 Wahyuni 在电子束辐照下，实现了氯甲烷的裂解，裂解产物主要是一氧化碳（CO）和二氧化碳（CO_2）。其中，负氧离子是重要的活性中间体[20]。

（7）四氯化碳（CCl_4）。四氯化碳的反应性很强，在 250℃ 以上和金属接触时，不仅产生大量光气，而且和碱金属、碱土金属、铝粉混合，即可以自燃。四氯化碳的麻醉性比氯仿小，但是对心、肝、肾的毒性强，饮入 2～4mL 的四氯化碳能引起急性中毒甚至致死，由呼吸道吸入或经皮肤吸收也能中毒，是最危险的溶剂。在急性或亚急性中毒时，除了刺激黏膜外，还引起忧郁、麻醉、平衡失调、震颤和痉挛，并出现肝、肾障碍的症状。在动物实验中，如果使动物每天吸入四氯化碳浓度为 $10mg/m^3$ 的空气 8 小时时，可以发现其肝、肾脏有明显的障碍。对人体，当使用剂量达到 1700～1800mg/kg 时，亦出现同样的障碍。对人体，其最初刺激咽喉引起咳嗽、头痛、呕吐，而后呈现麻醉作用，昏睡，或是在兴奋后失去知觉，最后肺出血而致死。慢性中毒时，能引起眼损害（视神经肿胀）、黄疸、肝脏肿大。四氯化碳的中毒因人而异，并能产生习惯性和耐受性。

日本科学家 Hirota 等利用电子束对四氯化碳进行了裂解，发现 60％ 以上的四氯化碳发生了裂解，并且裂解后四氯化碳都是完全地脱氯。裂解过程中最重要的活性物质为负氧离子[20,22]。

三、挥发性有机物

在产品的生产过程中，人类物质财富的积累总是以产生对环境有害的挥发性有机物作为代价的。挥发性有机污染物对环境十分不利。它对环境中的水、空气和土壤都有不同程度的污染，同时也严重威胁了人类和其他生物体的健康。其主要来源于各种各样的工业生产过程。

日本学者 Hirota 等研究了在电子束作用下氯苯、苯、二甲苯及四氯化碳等芳香族和脂肪族挥发性有机物的降解。研究发现，在电子束作用下产生的负氧离子是发生降解反应的关键性活性物质[23,24]。

（1）乙酸丁酯（$C_6H_{12}O_2$）。乙酸丁酯为无色透明有愉快果香气味的液体，GB 2760—96 规定其为允许使用的食用香料，得到广泛应用。对人体来说，对眼及呼吸道均有强烈的刺激作用，有麻醉作用。造成视力模糊，少量吸入后就有难以忍受的刺激。乙酸丁酯对眼睛有持续性刺激，1 小时后造成轻度的运动失调症。德国科学家早在 1995 年就模拟了大气中臭氧和光化学烟雾的环境，在空气中加入了乙酸丁酯和二甲苯，用电子束对此气体混合物进行辐射裂解。发现在空气中乙酸丁酯降解成了乙酸（CH_3COOH）、一氧化碳（CO）和二氧化碳（CO_2）。其中，乙酸是最主要的降解产物，占裂解产物的 85%。此后科学家对此裂解的机理进行探讨发现，负氧离子是裂解过程中最主要的活性物质之一[26]。

（2）甲醛（CH_2O）。甲醛是醛类中分子结构最简单的一种，纯甲醛是容易聚合的可燃性气体。在 300℃ 左右就能自燃。一般常用于防腐的福尔马林溶液即是 37% 甲醛水溶液掺入 9%~13% 甲醇后的混合溶液。甲醛能与蛋白质中的氨基结合生成所谓的甲酰化蛋白。所以其溶液（福尔马林）被广泛地用作杀菌剂。气态甲醛强烈地刺激黏膜。2005 年 1 月 31 日，美国健康和公共事业部及公共卫生局发布的致癌物质的报告中，将甲醛列入一类致癌物质。同样，国际癌症研究机构（IARC）已经于 2004 年将甲醛上升为第一类致癌物质。甲醛是一种无色有害气体，现代科学研究表明，甲醛对人体健康有负面影响，长期接触可能引起鼻腔、口腔、咽喉、皮肤和消化道癌症。

科学家发现用电子束辐照甲醛的空气混合物，当电子束的辐射能量达到 4kGy 的时候，甲醛的浓度由 105g/L 降到了 50g/L，如果把辐射能量加大到 13kGy，甲醛浓度几乎降到 0。反应产物几乎都转化成了水（H_2O）和二氧化碳（CO_2）[25,27]。电子束辐照是目前理论上有效消除甲醛的方法之一，其中，负氧离子是反应中的一种重要活性中间体。

第六节　负离子在室内空气净化方面的应用

目前，负离子已经在家电制造业、汽车装饰材料、保温材料、化妆品、医疗保健、纺织等行业广泛应用。负离子对人体健康的有益性和对空气净化的高效性使得负离子产品在市场积累了极高的人气和关注，它的潜在商业价值巨大，产品研发拓展空间宽广。据市场统计，未来国内的负离子净化器市场价值将达千亿规模。养生级负离子机借着国家大健康产业快速发展的东风，已成为该行业最具潜力的发展方向[28]。目前市场的负离子产品，大致可以分为以下几类。

（1）家用电器的负离子净化器——该类产品一般是将负离子技术嫁接在市场上已有的成熟产品上，弥补原有产品的某些功能不足或者扩展原来产品新功能，使产品功能多样化、人性化。这类增加负离子功能的产品有空调器、洗碗机、风扇、电暖器、冰箱、电脑显示器、吹发器、灯具、空气净化器等。

（2）医疗保健的治疗仪——随着负离子生物保健功能的证实，相关的产品已陆续出现在市场。负离子的辅助理疗仪在有些医院已经等到应用。特别是每年春季的花粉传播爆发期，有条件的医院负离子净化室常常会挤满花粉过敏的患者，治疗效果表明负离子可以帮助病人减轻甚至消除花粉过敏症的痛苦。负离子在大健康行业的发展一直被业内人士所看好，它的商业前景也被专业人士认同。

（3）建材、家居领域的负离子产品——这类产品典型的有负离子地板、负离子床垫、负离子纺织品、负离子壁纸、负离子墙面漆、负离子陶瓷等。该类产品的共性是在原产品的材料里添加负离子粉或者表面涂抹负离子粉。负离子粉一般是电气石、稀土按一定比例的复合物，其产生负离子的机理与自然界相同。

（4）化妆品、饰品、卫生用品等人贴身用品的负离子产品——该类产品主要包含有负离子面膜、负离子美肤仪、负离子卫生巾、负离子皮带、负离子内衣、负离子手表、负离子手工皂等。该类产品逐渐被消费者所接受，正进入人们的生活视野里[29-32]。

参考文献

[1]　何花.浅谈净化室内空气的方法 [J].制冷，2014，33（3）：38-43.

[2]　许真，金银龙.室内空气主要污染物及其健康效应 [J].卫生研究，2003，32（3）：279-283.

[3]　赵厚银，邵龙义，时宗波，等.室内空气污染物的种类及控制措施 [J].重庆环境科学，2003，25（7）：3-6.

[4]　刘祥宝，张金萍，朱琳琳.室内颗粒物分布运动的研究进展 [J].建筑热能通风空调，2009（5）：39-44.

[5]　赵顺征，易红宏，唐晓龙，等.空气细颗粒物污染的来源、危害及控制对策 [J] .科技导报，
　　　　2014（33）：61-66.

[6]　徐兰，高庚申，安裕敏.空气细颗粒物 $PM_{2.5}$ 的来源及研究状况 [J] .环保科技，2013，19
　　　　（3）：5-10.

[7]　邵龙义，杨书申，李卫军，等.大气颗粒物单颗粒分析方法的应用现状及展望 [J] .古地理学
　　　　报，2005（4）：535-548.

[8]　董雪玲.大气可吸入颗粒物对环境和人体健康的危害 [J] .资源·产业，2004（5）：50-53.

[9]　虞锦岚，邓鸿模.空气净化器除尘电场与集尘器 [J] .中国卫生工程学，1996（4）：10-12.

[10]　舒服华.提高电除尘器除尘效率的途径 [J] .冶金设备，2008（S2）：40-44.

[11]　钟格梅，陈烈贤.室内空气微生物污染及抗菌技术研究进展 [J] .环境与健康杂志，2005，22
　　　　（1）：69-71.

[12]　孙平勇，刘雄伦，刘金灵，等.空气微生物的研究进展 [J] .中国农学通报，2010，26（11）：
　　　　336-340.

[13]　李艳菊，祁建城，张宗兴，等.室内空气微生物污染来源、传播和去除方法研究进展 [J] .环境
　　　　与健康杂志，2011，28（1）：86-88.

[14]　张景昌.空气中负氧离子的形成及其浓度衰减的规律 [J] .纺织基础科学学报，1994，318
　　　　（7）：306-309.

[15]　曹守仁，陈秉衡.烟煤污染与健康 [M] .北京：中国环境科学出版社，1992.

[16]　赵振华.多环芳烃的环境健康化学 [M] .北京：中国科学技术出版社，1993.

[17]　J. H. 赛恩菲尔德.空气污染：物理和化学基础 [M] .北京大学技术物理系，译.北京：科学出
　　　　版社，1986.

[18]　山根靖弘.环境污染物质与毒性（无机篇）[M] .霍振东，林绍韩，李鸿海，译.成都：四川人
　　　　民出版社，1981.

[19]　堀口博.公害与毒物、危险物-有机篇 [M] .刘文宗，张凤臣，车吉泰，等，译.北京：石油化学
　　　　工业出版社，1978.

[20]　Hirota K, Hakoda T, Arai H, et al. Electron-beam decomposition of vaporized VOCs in air
　　　　[J] . Radiat Phys Chem, 2002, 65: 415-421.

[21]　吴泳.环境·污染·治理 [M] .北京：科学出版社，2004.

[22]　Sun Y, Hakoda T, Chmielewski A G, et al. Mechanism of 1, 1-dichloroethylene decompo-
　　　　sition in humid air under electron beam irradiation [J] . Radiat Phys Chem, 2001, 62: 353-
　　　　360.

[23]　Hakoda T, Zhang G, Hashimoto S. Decomposition of chloroethenes in electron beam irradi-
　　　　ation [J] . Radiat Phys Chem, 1999, 54: 541-546.

[24]　Hakoda T, Hashimoto S, Fujiyama Y, et al. Decomposition Mechanism for electron beam irradia-
　　　　tion of vaporized trichloroethylene-air mixtures [J] . J Phys Chem A, 2000, 104: 59-66.

[25]　Hashimoto S, Hakoda T, Hirata K, et al. Low energy electron beam treatment of VOCs
　　　　[J] . Radiat Phys Chem, 2000, 57: 485-488.

［26］ Hirota K, Woletz K, Paur H-R. Removal of butylacetate and xylene from air by electron beam a product study［J］. Radiat Phys Chem, 1995, 46: 1093-1097.

［27］ Sanhueza E, Hisatsune I C, Heicklen J. Oxidation of haloethylenes［J］. Chem Rev, 1976, 76: 801-826.

［28］ 关有俊, 许钧强, 何唯平. 负离子乳胶漆的研究及应用进展［J］. 建筑涂料与涂装, 2006（9）: 16-18.

［29］ 杨栋樑, 王焕祥. 负离子杖术在纺织品上应用的近况［J］. 印染, 2004, 30（20）: 43-47.

［30］ 钟正刚, 王寅生, 于翠萍. 负离子技术与负离子产品研制［J］. 新材料产业, 2003（11）: 76-79.

［31］ 陈芸. 负离子纺织产品的开发［J］. 印染, 2003, 29（2）: 29-30.

［32］ 蒙晋佳, 韩桂华. 空气负离子发生器产品概况［J］. 医疗卫生装备, 2003, 24（12）: 36-37.

第7章
环境负氧离子资源与绿色经济

第一节 引 言

何谓资源？根据联合国环境规划署的定义："所谓资源，特别是自然资源，是指在一定时间、地点的条件下能够产生经济价值的，以提高人类当前和将来福利的自然因素和条件。"[1] 也就是说，只有能够为人类所利用并带来经济价值和增加社会福利的部分自然环境要素才构成资源。资源通常分为可再生和不可再生资源[2]。因此，从以上角度来看，由自然界多种自然现象产生的负氧离子是一种资源，而且是相对丰富的可再生资源。在环境日益恶化、人们环保意识日益增强的情况下，负氧离子资源愈来愈被人们重视并加以开发。作为一种资源，负氧离子的特点是：①来源广泛、分布广，可以说整个自然界都是负氧离子的王国，如瀑布、喷泉、雨水、海浪、森林、农田、高山等，自然界的雄伟壮丽造就了无以计数的负氧离子；②可再生、耗之不尽，只要有自然界的存在，负氧离子就不断被产生、制造出来，就可以源源不断地被人类利用，只要使用开发得当，它将永无止境；③优良的环保特性，负氧离子的产生及其参与的一系列化学物理过程，均不产生对人类生存环境有污染的物质，相反，它本身洁净且净化环境，促进人体健康；④有潜在的巨大经济利用价值，合理开发负氧离子资源，可以创造巨大的经济价值，将涉及国家各方面的利益，造福整个国家与社会。本章针对负氧离子资源性特点，阐述了国内外负氧离子资源开发现状及我国当前开发负氧离子资源所面临的问题，继而论述了我国负氧离子资源的开发目标、开发策略及前景，以供参考。

第二节　区域负氧离子经济价值的表现形式

空气中的负氧离子达到一定浓度时，它和山川湖泊、海滨沙滩、森林草原、奇花异草、珍禽异兽等自然资源一样，是可开发自然资源的组成部分。负氧离子作为一种可再生自然资源，它的含量直接反映该地区的空气质量，是生态环境优劣的评价标志。其高含量地区主要集中在森林、海滨、高山、瀑布、公园以及绿化带等环境优雅的生态旅游景区。

生态旅游是常规旅游的一种特殊形式，最初的定义：游客在欣赏和游览古今文化遗产的同时，置身于相对古朴、原始的自然环境中，尽情观察和享受旖旎的自然风光和野生动物植物。随着世界经济的发展，人类生存环境逐渐恶化、砍伐森林、破坏草原、水土流失、沙漠化等生态问题越来越突出，人类面临着生存环境危机，全球兴起了保护人类自己生存环境的绿色浪潮。同时，随着城市化的发展，城市人口越来越多，人们在这种人口高度密集的环境中生活，面临着各种各样的生活和工作压力。精神经常处于一种紧张状态之中，使广大城市人口处于亚健康状态，越来越多的人开始逃避城市喧嚣的生活，渴望回归大自然，到大自然中去呼吸新鲜空气，缓解紧张情绪，锻炼身体，增强体质。因而现代生态旅游是一种具有欣赏自然风光与增强体质双重责任的旅游活动，它满足了现代旅游消费者保健、康体、求知、休闲的需求。生态旅游又是建立在生态环境保护和旅游资源可持续利用的基础上的一种高级旅游，是旅游业带有方向性的重大变革，国外一些地区的实践证明，发展生态旅游是旅游由初级形式向高级形式、由传统旅游向现代旅游发展的必然趋势。

随着近几年来人们对负氧离子的认识和开发，负氧离子成为生态旅游新的亮点，使生态旅游经济迅速发展。空气中负氧离子含量也随之成为旅游景区开发和宣传的背景和依据，是开展生态旅游的必备条件。在我国已经有人提出把负氧离子浓度参数作为衡量旅游度假区空气质量好坏的重要参数，认为：①当负氧离子浓度均值为 1000～1500 个/cm³ 时，该旅游度假区达到清新空气的标准；②当负氧离子浓度均值为 4000 个/cm³ 时，该旅游度假区空气质量达到良好标准；③当负氧离子浓度均值为 10000～15000 个/cm³ 时，该旅游度假区达到国际旅游度假区一级标准。

可见，负氧离子已经作为一种可利用的自然资源被开发。它自身的价值也就如山水一样融入旅游经济中，对区域经济尤其是区域生态旅游经济的发展作贡献。加强对负氧离子资源的开发、利用和保护的研究，对某些地区旅游经济的发展具有重要意义；从而区域负氧离子与经济的相关性在生态旅游经济领域得到体现。

第三节 **负氧离子资源开发**

一、生态旅游发展概况

在 20 世纪 80 年代初，出现"生态旅游及其产品"的提法。当时推动这一新生事物发展的先驱主要有美国学者赫克特，世界自然联盟生态旅游特别顾问墨西哥人塞勃罗斯等。他们意识到了传统的大众旅游形式对环境的负面冲击，从环境保护思路出发，提出了"生态旅游"概念。但是，在世界范围内真正把生态旅游作为一种新型的活动和产品大规模推出，是在 80 年代末和 90 年代初。生态旅游在短短十几年的时间内，范围不断扩大，规模也越来越大，其体验类型也越来越复杂。据世界野生动物基金会统计，1998 年发展中国家旅游收入 550 亿美元，其中生态旅游为 120 亿美元。根据科学出版社 2018 年出版的《中国生态旅游发展报告》，我国生态旅游发展至今，由于受各方面因素的影响，虽然生态旅游产业还不能进行独立核算和统计产业体量，但生态旅游产业的特色和规模已经形成。以森林旅游为例，近年来在各级林业部门的共同努力下，全国森林旅游表现出良好的发展态势，从业人员规模逐渐扩大，游客数量不断增加，森林旅游进一步促进了区域经济发展和提高了就业增收能力。从 2015 年以全国森林公园、湿地公园等为基础的统计数据看，森林旅游直接收入 1000 亿元，同比增长 21.21%，创造社会综合产值 7800 亿元，约占 2015 年国内旅游消费（34800 亿元）的 22.41%，同比增长 20.00%。全年接待游客约 10.5 亿人次，约占国内旅游人数（40 亿人次）的 26.25%，同比增长 15.38%。森林旅游管理和服务的人员数量达 24.5 万人，其中导游和解说员近 3.8 万人。此外，生态旅游发展带动了就业增收能力，目前生态旅游已成为农民脱贫增收的新渠道，更成为推动地方经济转型升级、促进消费的新引擎，对地方社会经济的带动作用日益明显。生态旅游作为最新潮的旅游产品正吸引着越来越多的旅游者，全球范围内生态旅游方兴未艾，特别是英国、美国、加拿大、澳大利亚、巴西、日本、西班牙、瑞士等旅游发达国家。同时，在东南亚许多国家都在推行生态旅游计划，如马来西亚提出将本国建成东南亚生态旅游的大本营。

从旅游发展的角度看，目前，生态旅游是世界旅游业中增长最快的一部分，年增长率达到 25%～30%，生态旅游已成为世界性的旅游潮流，从世界旅游业发展情况看，旅游发达国家无不把生态旅游作为一个重要支柱来开发利用，如美国、西班牙、德国、荷兰等；而一些经济比较落后的国家和地区，则依靠生态旅游赚取了巨额的外汇收入，带动了经济的发展，如肯尼亚、哥斯达黎加、尼泊尔、卢旺达等。据世界旅游组织（UNWTO）预测，今后的生态旅游和大自然旅游将占所有国际旅游的 20% 左右。2010 年全世界涌向大自然的人次已突破 30 亿。

在我国，旅游业作为新兴产业，在改革开放的 40 多年中，它对我国国民经济的增长起到了极其重要的作用。随着假日增多国内旅游发展已成为各地拉动消费的经济增长点，不少省、市、县已将旅游业作为地方经济发展的支柱产业来培植，因此旅游建设投入增加，旅游景点开发与规划已成为地方经济发展规划的重要组成部分。

我国生态旅游虽比世界某些旅游业发达国家起步晚，但发展势头却非常迅猛。1995 年 1 月 8 日至 19 日，中国旅游协会生态专业委员会在西双版纳召开中国第一次生态旅游学术研讨会；1996 年，在联合国开发计划署的支持下，召开了武汉国际生态旅游学术研讨会，并将生态旅游研究推向实践。同年国家自然基金委员会与国家旅游局联合资助了"九五"重点项目"中国旅游业可持续发展理论基础宏观配置体系研究"，由国家旅游局计划统计司与中国科学院地理科学与资源研究所共同主持，开展生态旅游典型案例研究。在同年 10 月推出的《中国 21 世纪议程优先计划》调整补充方案中，列出"承德市生态旅游""井冈山生态旅游与次原始森林保护"等作为实施项目，进一步推进了生态旅游的发展。1997 年，"旅游业可持续发展研讨会"在北京举行，会议中有不少文章涉及生态旅游，认为生态旅游对于保障中国旅游业可持续发展具有重要意义。1998 年国家旅游局提出建设六个高水平、高起点的重点生态旅游开发区：九寨沟、迪庆、神农架、丝绸之路、长江三峡、呼伦贝尔草原。

经过多年的开发建设，我国主要以森林公园和自然保护区为依托的生态旅游产业体系已初具规模。到 2000 年底，全国森林公园主要森林旅游线路达到 20.365 公里，旅游接待床位达 11.7 万张，电话容量 62734 门，森林公园直接从事森林旅游的林业职工人数 4.67 万人；"九五"期间，全国森林公园接待旅游者达到 2.78 亿人次，以门票为主的直接旅游收入达到 45 亿元。已有一批年直接旅游收入超过千万的森林公园。截至 2003 年底，全国已建立森林公园 1658 处（其中国家森林公园 503 处），经营面积 1390 万公顷，自然保护区 1551 处（其中国家级自然保护区 171 处），经营面积 14500 万公顷。生态旅游区面积占国土总面积的 16.6％。年吸引游客 1.15 亿人次，直接经济收入达 41.89 亿元，比上年度增长 22％以上，综合收入达 800 亿元。远远超过国民经济发展的总体水平。到目前为止，初步建立起以国家森林公园为骨干，国家、省、县（市）级不同层次的森林公园网络体系。各地已涌现出许多具有全国性甚至国际性影响的森林公园，其中，张家界、泰山、庐山三叠泉、都江堰、九寨沟 5 处国家森林公园被列入世界遗产保护目录。以森林公园为龙头，建立以自然保护区、野生动物园、狩猎场等森林旅游区为主体的森林旅游发展格局日趋成熟。

据不完全统计，我国的森林生态旅游每年接待游客量在 20 世纪 80 年代初期为 100 多万人次和 20 世纪 80 年代末期为 1000 多万人次。1995 年实行双休日后，森林公园的客流量比 1994 年猛增 30％，现在年接待游人达 5000 多万人次。2000 年，我国森林旅游者将近 1 亿人次。有专家预测，中国在将来的 20 年里，生态旅游人数将以两位数百分比增长，全球旅游总人数中，有近一半的旅游者要走进森林，参与生态旅游的人数可达 4 亿到 5 亿人，生态旅游收入可达 3000 亿～4000 亿元，将会占全国旅游市场的 50％～60％。森林生态旅游作为旅游的重要组成部分，自然成为 21 世纪旅游业的热点。

二、负氧离子的开发

许多地方政府和景区已充分认识到开发负氧离子资源的巨大潜力，建立负氧离子监测体系，大力宣传景区高含量的负氧离子，打出"天然氧吧"牌。从全国著名的景区，如：黄山、井冈山、九寨沟；到刚兴起的旅游景区，如：浙江象山县、湖南郴州东江龙景峡谷、江西资溪县；就连毗邻城市的郊区也极力宣传，以吸引大批的都市人口，发展郊区旅游，如：京郊密云区和门头沟百花山自然保护区。滨海城市北海、北戴河等同样以高含量的负氧离子吸引着大批的游客。

张家界国家森林公园景区森林总面积 2744 公顷，森林覆盖率达 98％，森林公园空气中负氧离子含量达到了每立方厘米 12000 个，致使空气中含菌量要低于外界的 1/134，含尘量低于外界的 1/3.6，成为国内外游客健康之旅、放心之旅的最佳旅游胜地。当地政府充分利用这一宝贵的资源，大力宣传，来张家界的游客络绎不绝。

黄山风景区负氧离子含量是城市的十几倍，山溪流泉所产生的负氧离子浓度长时间稳定在 20000 个/cm^3 以上，温泉景区、松谷景区负氧离子浓度则在 50000～70000 个/cm^3，如"人字瀑"附近瞬时负氧离子可达 206800 个/cm^3。因而，黄山不仅是一个远离暑气的避暑胜地，而且是一个"天然大氧吧"。

另外，有不少省、市虽然目前还没有建立完善的负氧离子评价体系，但都明确意识到生态旅游的开发前景，纷纷树立生态旅游主题，打造品牌优势。云南的主题形象是绿色世界，人与自然；湖南旅游主题形象确定为：塑造一个青山绿水、田园风光的优美生态旅游环境。重视森林、湖水、草地以及生态旅游、观光农业项目的开发。其他旅游业发达的省，如：四川、山东、安徽、海南无不将生态旅游作为今后发展战略方向。

总体来说，负氧离子资源的开发还处于起步阶段，但我国名山大川遍布全国，许多景区在国内外享有较高的知名度：九寨沟、长江三峡、黄果树、西双版纳、大小兴安岭、神农架、武夷山等，因而负氧离子的开发具有极大的发展潜力。

三、生态旅游与空气负氧离子

负氧离子达到一定浓度的空气是旅游开发的背景依据，负氧离子的含量是生态环境优劣的标志，开发空气负离子资源，是开展生态旅游的必备条件。空气中的负离子达到一定浓度时，它和山川湖泊、海滨沙滩、森林草原、奇花异草、珍禽异兽等自然资源一样，是自然旅游资源的组成部分，但它是看不见、摸不着的自然旅游资源。加强对空气负离子资源开发、利用和保护的研究，对于某些地区旅游业的发展具有重要意义。

生态旅游已成为 21 世纪世界旅游业的热点，越来越多的人认为 21 世纪是生态旅游的世纪，生态旅游是未来旅游发展的方向，森林旅游更被认为是生态旅游的龙头和主体。森林是地球绿色植物的主体，也是旅游资源的重要组成部分，它不仅具有多姿多彩、四时变化的美学观赏价值，而且还能发挥森林的特有功能，如调节气候、净化大气、疗养保健，蕴含了疗养、登山、野营、森林浴等多种休息、康复、娱乐等价值。为人类提供一个良好的生态环境，是人们"回归大自然"的最佳去处。森林旅游之所以有如此大的魅力，成为生态旅游的龙头，得益于如此优越的环境资源优势。森林旅游资源，指的是森林资源及其环境要素中能吸引旅游者，可以为旅游业所开发利用并产生相应效益的自然与社会、有形和无形的一切因素。空气负离子含量的高低反映了空气清新的状况，一定程度上衡量出了环境的舒适与否，这个过程实现了环境资源的状况由定性描述到定量描述，定量化的指标对客观地反映森林资源的社会、经济、生态价值有着重要作用。林业界、旅游界已把负离子指标作为资源评价的一个项目，如图 7-1 所示。

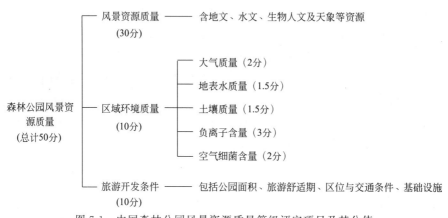

图 7-1　中国森林公园风景资源质量等级评定项目及其分值

四、旅游城镇与空气负离子

对自然风景区旅游地而言，空气负离子浓度的高低起着重要的作用；同时，它又是旅游城镇规划建设的重要内容。旅游城镇的规划建设要以提高空气负离子浓度为中心，充分利用水源，开展绿化工作，增加空气中的负离子数。

云南丽江古城的规划建设在这方面可以称得上是个典型范例，它为我国城镇建设的设计、布局提供了宝贵的经验。丽江是我国国家级历史文化名城，是首批进入世界文化遗产名录的古城。丽江古城坐落于玉龙雪山下，海拔2415m，四周青山环抱，河溪潭泉绿水莹莹，居民群落和街道的布局都依山傍水，随地势高低组合，鳞次栉比，错落有致，构成"水乡之容，山城之貌"的特征。澄碧如玉的玉泉水从古城西北端蜿蜒而下，至城头双石桥分成东河、中河、西河三股支流向东、向南延伸，并分为无数细流，环城穿街，入墙绕户，淌遍小巷窄衢，形成主街傍河、小巷临水、门前即桥、屋后有溪、跨河筑楼的景象。古城内水网飞架有风格各异的 345 座桥梁，平均 93 座/km；街旁渠畔杨柳婆娑，再加家家栽种木樨树，每年秋季都形成令人陶醉的"小桥流水桂花香"的自然风光。古城内街道与河道、街景与水景的结合，充分体现出人与自然的和谐统一，体现了典型的纳西族建筑风格和文化内涵；同时，城周的青山、绿水和满城的渠水、树木，为丽江古城提供了丰富的空气负离子。

地处祖国西北边陲的伊宁市，是一座美丽的花园城市，城市街道整齐，呈放射状从中心向外延伸，条条街巷白杨夹道，道路两旁溪流淙淙，鲜花、白杨、溪流给边城创造了丰富的空气负离子。城市街心花园或花圃、广场喷泉的空气负离子浓度明显高于四周，特别是城市喷泉与周围空气中的负离子浓度可相差 90～200 倍，大喷泉开放时，在距其 3m 处，空气负离子浓度可达 4.81×10^4 个/cm^3，在 15m 处仍有 1.16×10^4 个/cm^3，而且喷泉周围空气中的细菌含量也明显减少。市区建造人工瀑布、喷泉、水帘、水幕，植树种花种草，采用喷灌灌溉，由此而产生的飞泻喷洒之水、花草树木之绿都可大大提高一定范围内的空气负离子浓度。

此外，还有很多以空气负离子开发和旅游建设相结合的比较好的国内外旅游胜地，例如，"天然氧吧"庐山——"联合国优秀生态旅游景区"；"空气负离子浓度值最高的风景旅游区"——阳岭国家森林公园；空气负离子含量居全国第一——鼎湖山风景区；森林氧吧——千岛湖景区；神奇负离子区——湖光岩景区；负氧离子森林秘境——台湾内洞森林游乐区；沐浴瀑布负离子的好场所——日本伊豆半岛；一尘不染的负氧离子世界——德国德累斯顿。让大家一起感受负离子的风暴吧。

第四节　负氧离子利用及生态旅游经济

旅游业是当今世界发展最快、最具活力的一项新兴产业。自 20 世纪 50 年代以来，旅游业迅速发展，目前已成为世界第一大产业，在全球 GDP 中占到 3%～5%。世界旅游业每年以 4% 的速度增长，而生态旅游业以平均 20%～30% 的速度增长。

"生态旅游"这一术语，是由世界自然保护联盟（IUCN）于 1983 年首先提出，1993 年国际生态旅游协会把其定义为：具有保护自然环境和维护当地人民生活双重责任的旅游活动。

生态旅游是指在一定自然地域中进行的有责任的旅游行为，为了享受和欣赏历史的和现存的自然文化景观，这种行为应该在不干扰自然地域、保护生态环境、降低旅游的负面影响和为当地人口提供有益的社会和经济活动的情况下进行。生态旅游是"回归大自然旅游"和"绿色旅游"，它具有两大要点，其一是生态旅游的物件是自然景物；其二是生态旅游的物件不应受到损害。

生态旅游是以可持续发展为理念，以实现人与自然和谐为准则，以保护生态为前提，依托良好的自然生态环境和与之共生的人文生态，开展生态体验、生态认知、生态教育并获得心身愉悦的旅游方式。

我国幅员辽阔，地形地貌多样，气候环境复杂，生物多样性丰富，生态旅游的发展具有得天独厚的条件，在中国旅游业发展中具有特殊重要的地位。国务院《关于促进旅游业改革发展的若干意见》中强调编制全国生态旅游发展规划，加强对国家重点旅游区域的指导，抓好集中连片特困地区旅游资源整体开发，引导生态旅游健康发展。特别是国家还拿出专项资金，集合国家精准扶贫和旅游公共服务体系的建设，重点支持生态旅游项目的推进和建设。

我国开放的生态旅游区主要有森林公园、风景名胜区、自然保护区等。生态旅游开发较早、开发较为成熟的地区主要有香格里拉、中甸、西双版纳、长白山、澜沧江流域、鼎湖山、广东肇庆、新疆哈纳斯等地区。按开展生态旅游的类型划分，中国著名的生态旅游景区可以分为以下九大类[3]：

（1）山岳生态景区，以五岳、佛教名山、道教名山等为代表。

（2）湖泊生态景区，以长白山天池、肇庆星湖、青海的青海湖等为代表。

（3）森林生态景区，以吉林长白山、湖北神农架、云南西双版纳热带雨林等为代表。

（4）草原生态景区，以内蒙古呼伦贝尔草原等为代表。

（5）海洋生态景区，以广西北海及海南文昌的红树林海岸等为代表。

（6）观鸟生态景区，以江西鄱阳湖越冬候鸟自然保护区、青海湖鸟岛等为代表。

（7）冰雪生态旅游区，以云南丽江玉龙雪山、吉林延边长白山等为代表。

（8）漂流生态景区，以湖北神农架等为代表。

（9）徒步探险生态景区，以西藏珠穆朗玛峰、罗布泊沙漠、雅鲁藏布江大峡谷等为代表。

第五节　我国开发负氧离子资源的目标

作为一种绿色可再生资源，负氧离子无疑具有很大的诱惑性。我国的负氧离子资源丰富，并且当前的经济环境和发展水平使得负氧离子开发技术处于比较有利的阶段。根据这些特点，我国负氧离子资源的开发既要学习国外先进经验，又要强调自己的特色，所以，今后的发展方向应朝着以下几方面。

（1）首先要计算负氧离子资源资产的价值。这是进行开发的基础。从理论上来说，自然资源的价值由三个部分构成，即自然资源的天然价值、人工价值（劳动价值）和稀缺价值。要有好的资源价值理论和评估方法对负氧离子资源进行评价，并将其融入区域经济可持续发展决策，做到在市场经济条件下，既不片面追求经济利益，又不会过度开发和消耗自然资源，实现人类的持续发展[4-6]。

（2）充分发挥负氧离子作为经济资源的作用，为旅游、卫生、医药保健、机械电子等行业提供发展契机，改善人们生活环境及提高人民生活条件。催化各种新型实用技术的发展。

（3）加强负氧离子商业化、工业化应用，从根本上扩大负氧离子的影响，为负氧离子今后的大规模应用创造条件。

（4）研究负氧离子向高品位环保产品转化的技术，提高负氧离子的利用价值。这是重要的技术储备，是未来多途径利用负氧离子的基础。

（5）充分利用我国现有的自然资源，储备和积蓄负氧离子资源，研究、培育、开发能够快速大量产生负氧离子的植物品种，在目前条件允许的地区发展负氧离子农场、林场、滩涂、湿地、峡谷，建立负氧离子资源基地，提供规模化负氧离子资源。

（6）最终促使国家建立负氧离子发展计划，引进负氧离子开发新技术、新工艺，进行示范、开发和推广，充分而合理地利用负氧离子资源。

第六节　我国负氧离子资源的应用开发策略及前景

对氧负离子这种比较新的资源，它的开发是比较敏感的话题。只有充分的积累和沉淀才能设计出最合适的开发策略，而其开发前景是非常光明的。

一、注重生态效益，建立可持续发展旅游业

我国拥有异常丰富的旅游资源。随着经济发展、社会进步，人民生活水平越来越高，外出旅游也就成为一种大众的休闲方式。据统计，2005年"五一"黄金周期间，全国共接待旅游者1.21亿人次，比2004年"五一"黄金周增长

16%；实现旅游收入 467 亿元，比 2004 年同期增长 20%；旅游者人均花费支出 385 元。相关数据表明，2015 年国内旅游人数达到 40 亿人次，旅游业总收入 4.13 万亿元。这是一个相当大的数字，其中蕴涵着无限商机。

当前，回归自然、走进自然、领略大自然秀美的风光，利用自然的神奇功效来调节身心已成为人们追求的一种时尚，而"生态旅游"的发展正是适应了这一趋势。生态旅游的兴起有着深刻的社会背景，它与人类环境意识的觉醒、世界环境保护事业和旅游业的迅速发展密不可分。美国学者赫兹特 1965 年最早提出生态旅游概念的初衷，后几经修订，关于其内涵和外延，在几个方面已达成一致[7,8]：①生态旅游是一种新型的、可持续的旅游活动；②有利于增强人们生态保护的意识；③对东道主社会产生的负面影响和作用降到最小；④保留和保存地方传统文化和遗产；⑤充分考虑旅游给东道主社会和民众所带来的好处和利益。也就是说，生态旅游应该保护自然资源和生物的多样性、维持资源利用的可持续性，实现旅游业的可持续发展。生态旅游的诞生与发展，体现了旅游可持续发展的原则，代表了旅游可持续发展的方向。和其他旅游形式比较，生态旅游虽然是后来者，但是由于它对生态环境的负面影响比其他旅游形式更小、更轻。近年我国生态旅游呈现出良好的发展势头，无论是从旅游理念抑或旅游形式，都有了不同于以往的改进[9]。

负氧离子作为一种可被享受的资源，在各地的生态旅游中占了相当大的比重。各种以负氧离子为主要名目的旅游项目纷纷上马，人们对负氧离子也趋之若鹜。并且负氧离子的含量已经成为衡量旅游度假区空气质量好坏的重要指标。但是我们要时刻认识到：①把握好生态旅游的概念，既要保持一定的热度，又要保护生态旅游资源，保证负氧离子的合理开发。在许多开展生态旅游的自然保护区存在垃圾公害、水污染、噪声污染和空气污染，有的地方甚至出现旅游资源退化。②作为一种"天人合一"的旅游方式，生态旅游的灵魂就是环境保护，即在不破坏原环境的基础上，保持负氧离子的浓度，没有这个意识，生态旅游只能是一句空话。

所以要充分开发利用负氧离子资源，使之真正成为一种生态效益和可持续发展并有的资源，应从以下几点入手。

（1）注重开发模式的创新。这是开发负氧离子资源成功与否的关键所在。我国旅游资源的所有权只归国家。根据资源的不同性质，又分属不同的政府部门加以管理。此种情况必然造成开发效率低下，开发成本偏高。所以，为了最大限度地开发利用负氧离子资源，必须首先从体制创新入手，实现从旅游资源所有权与经营权高度统一到两权分离的重大转变。对资源的管理真正实现从数量管理到质量管理、到顺序开发、再到生态管理的发展趋势，注重协调资源开发与生态保护之间的关系[10]。

（2）时刻坚持以人为本的开发原则。生态旅游就其本质而言，是人的一种精神消费形式，是人们以良好生态环境为基础，走向自然、感受自然，保护环境、陶冶情操的一种高雅社会经济活动。让每一个旅游者都担负起保护环境、保护自然的责任，这才是生态旅游最重要的宗旨。我们要对自然承担责任和义务，除了享受负氧离子带来的益处，还要保护包括负氧离子在内的所有生态资源。

（3）时刻坚持可持续发展原则。可持续发展的核心价值原则是：既能够满足现代社会的需求，但同时这种需求又必须不以损害子孙后代的利益与需求为代价。也就是说，这种发展必须考虑到人类生存和发展的长远目标[11,12]。

总之，旅游已经成为当代社会的基本需求，未来学家们认为，休闲是新千年全球经济发展的第一引擎。旅游、休闲不仅是一种社会现象，而且将成为社会向前发展的新动力。以负氧离子为特色的旅游资源，必将形成旅游业的燎原之势，最终获得经济、社会、文化等事业的全面繁荣。

二、开发相关的产业，促进医药、保健、卫生等产业的发展

我国具有发展与负氧离子相关产业的物质基础、技术优势、资源优势、政策优势和工作基础。中国的经济发展和居民收入水平在过去 5 年里保持 6％以上速度高速增长，2020 年受疫情的影响，仍然保持正增长。预计在未来 5 年内将以 7％和 6％以上速度持续增长。医药保健品消费水平与居民可支配收入具有很强相关性。可以估计，在今后相当长的一段时间内，医药保健品产业会持续增长，这为负氧离子的广泛应用性奠定了一定的基础。作为一种保健卫生类产品，其功能及特点可用十二个字概括：高效、广谱、安全、持久、方便、健康。负氧离子作为一种资源，完全满足以上特点的描述。所以负氧离子成为医疗保健行业的骨干力量之一是大势所趋。例如现在的负氧离子保健材料，以涂料为载体（负离子空气净化剂加入量为涂料总量的 0.5％～2.5％）在甲醛、苯、氨的原始浓度超过国标十倍的情况下，可以高效去除甲醛、苯、氨，呈现广谱特性；因为它全部由天然无机材料制成，无毒、无害、无副作用，放射性安全检测达国家 A 级标准，安全且使用范围不受限制；其中配方采用的电能材料衰变期超过几千年，因此只要载体在，其功能就在，凸现持久特性；它又

可直接添加到各种水性涂料中，所以使用十分方便；最后，该材料可以永久释放对人体健康极为有益的负氧离子和远红外线，所以对提高人体的免疫能力，增强身体抵抗力有明显的作用，又是极为健康的。所以负氧离子在卫生保健领域大有可为。

世界卫生组织（WHO）在其宪章中宣告："享受最高标准的健康是每个人的基本权利之一。"健康是每个人的基本权利，是全世界的一项目标。负氧离子作为促进人类健康的重要元素之一，必然会扮演越来越重要的角色。人类要抵抗各种病毒、细菌的侵入，保持健康的体魄，而最重要的是增强自身自然免疫力及拥有对各种疾病的自然治愈力。负氧离子在这时候即发挥了其独特功效，使人体获得很强的免疫力；当负离子作用于人体时，会帮助人体恢复到天然的平衡状态。同时负氧离子可以改善自然环境，净化空气；可以调节人类机体内在的生物节律，抑制老化；使肝肾功能、肠蠕动功能活化；促进体内废物、毒素的排泄；改善脂质、糖代谢；促进消化吸收；活化 NK 细胞，抑制有害菌、病原菌的增殖，防止感染；等。

随着经济发展、科技进步，人民生活水平的日益提高，人类的环境观、健康观也发生了飞跃，人们不再一味单纯追求无病与长寿，而是更加关注环境对健康的影响[13]。民众对环境健康问题的关注、对环境影响健康的后果的忧虑，都较以往明显增多。与此相对应，人类医学模式也由单一的"生物医学"转化为"生物-心理-社会医学"模式。人们意识到，健康的环境是保证身心健康的关键。负氧离子分布于我们生活的环境中，为我们营造了健康的环境，功不可没。随着人们对环境与健康的认识在从传统的单纯注重生产、生活环境中有毒有害因素对健康的影响的同时，更加关注人类遗传、行为、生活方式、心理、营养、生态环境等各方面因素对健康的综合影响，负氧离子的作用会愈加突出，其渗透进入卫生行业是早晚的事，而且它将使我们在如下方面发现它的价值：①作为一种可利用的卫生保健资源，负氧离子必将在环境健康中发挥更大作用。②人类活动损害了环境，面临环境带来的危机。负氧离子在一定程度上有助于人类面对这种危机和挑战。面对过度利用自然资源，以及工业、农业、生活废弃物的排放和生态环境的破坏，当我们开发利用负氧离子资源的时候，千万不要重蹈覆辙。我们向大自然索取的时候，不要贪得无厌，拿走自己该拿的，留下种子继续生长。③负氧离子有助于建设清洁健康的城市。目前世界范围内的城市化速度正在加快[14,15]，城市环境日益恶化[16]。世界城市面积只占陆地面积的 2%，却居住着地球一半左右的人口，耗用全球生活用水量的

65％、工业木材总用量的 76％，排放的二氧化碳占全球排放总量的 78％。目前世界城市人口的 2/3 以上居住在发展中国家，其中贫困人口约 15 亿，这其中至少有 6 亿人无足够住房，11 亿人呼吸不到新鲜空气，因饮水不洁每年死亡约 1000 万人，生活条件日趋恶化。联合国人类住区中心（人居中心）发布报告说，2030 年，全球将有 60％的人口居住在城市，城市移民速度将高出以往任何时候。在大城市这个趋近于"死肺"的环境中，负氧离子资源显得更为珍贵。我们必须对负氧离子资源做出规划，以促进人类健康、保护环境，建设生态型城市，使得经济发达、社会繁荣、生态环境保护三者高度和谐，技术和自然达到充分融合，环境清洁、优美、舒适，从而能最大限度地发挥人的创造力与生产力，从而有利于提高城市文明程度的稳定、协调、持续发展[17]。

三、促进林业、农业的大发展

林业是为经营森林而组织起来的，具有保护性（生态环境）资源经营和木材、林产品生产的双重职能，并以三大效益（生态、经济、社会）的功能形态集于森林资源一身的公益事业和基础产业。森林资源是陆地生态系统的主体，是自然功能最完善、最强大的资源库、基因库和蓄水库，具有调节气候、涵养水源、保持水土、防风固沙、改良土壤、减少污染、美化环境、保持生物多样性等多种功能，对改善生态环境，维护生态平衡，起着决定性作用[18]。我国幅员辽阔，气候多样，森林资源丰富。据第 5 次全国森林资源连续清查结果统计[19]，我国林业用地面积合计 26329.47 万公顷，森林面积 15894.09 万公顷；全国森林覆盖率为 16.55％。其中，经济林覆盖率 2.11％，竹林覆盖率 0.45％；活立木总蓄积量 1248786.39 万立方米，森林蓄积量 1126659.14 万立方米；人工林保存面积达 3425 万公顷，居世界第一位。可见我国拥有产生负氧离子的丰富资源。并且随着对森林与人体健康研究的深入，人们越来越认识到森林具有吸收二氧化碳释放氧气、吸毒、除尘、杀菌、净化污水、降低噪音、调节气候以及对有毒物质的指示监测等作用[20]。我们都有这样的感觉，当我们步入苍翠碧绿的林海里，骤感舒适，疲劳消失。森林中的绿色，不仅给大地带来秀丽多姿的景色，而且它能通过人的各种感官，作用于人的中枢神经系统，调节和改善机体的机能，给人以宁静、舒适、生气勃勃、精神振奋的感觉而增进健康。据调查，绿色的环境能在一定程度上减少人体肾上腺素的分泌，降低人体交感神经的兴奋性。它不仅能使人平静、舒服，而且还使人体的皮肤温度降低 1～2℃，脉搏每分钟减少 4～8 次，能增强听觉和思维活动的灵敏性。据报道，0.4公顷林带，一年中可吸收并同化100000kg的污染物。1公顷柳杉林，每年可吸收720kg的二氧化硫。因此森林中的空气清新洁净。森林的负氧离子，能促进人体新陈代谢，使呼吸平稳、血压下降、精神旺盛以及提高人体的免疫力。

进入21世纪以来，经济社会的可持续发展成为我国的国策之一[21]，林业在国民经济可持续发展中的重要地位与作用日益显示出来[19,22]。只有按生态系统的要求进行森林经营，才能达到林业可持续发展的战略目标。

负氧离子是林地带给人类不可多得的自然资源，要实现负氧离子资源的合理开发和可持续利用，就要考虑到林业的可持续发展，这是前者可持续发展的基础。所以要做到林业的可持续发展，可以从以下几点考虑：①在发展阶段上，要实现由恢复和发展森林资源阶段向可持续发展阶段的转变；②在森林经营上，要实现产权制度的改革和由单目标经营向多目标经营的转变[23]；③在林业结构及产业结构上[24,25]，要实现由不合理向比较合理的转变；④在增长方式上，要实现由粗放经营向集约经营的转变。

在开发利用国家森林资源的同时，我们必须要有"再造秀美山川，为子孙后代造福"的思想转变，树立"一辈人绿十山，十辈人绿百川"和"前人栽树，后人乘凉"的无私奉献思想和道德理念。只有这样，才能真正地实现富国强民的伟大战略构想，才能推动整个社会走上生产发展、生活富裕和生态环境优良的文明发展之路。

农业是我国国民经济的支柱产业之一。我国有近20亿亩（1亩 = 666.67m^2）农田。种植业、畜牧业、水产业和乡镇企业等比较发达。为了促进果蔬、家畜的生长，已经有人研究并实现了负氧离子对果蔬保鲜及农畜的增产作用。目前国内外应用的保鲜方法主要分为化学法和物理法。物理法又可分为冷藏、窖藏、气调、辐射、调压等方法。化学法是指利用化学涂层、蒸熏剂、防腐剂等化学试剂，对果蔬进行涂果、熏蒸、浸泡等处理，以达到防腐保鲜的目的。化学法存在着二次污染及农药残留问题；物理法一方面无法完全排出耐低温细菌，造成病菌可以繁衍滋生，影响食用安全，另一方面需要大型机械设备，一次性投资大，资金回收周期长，能耗费用高。而用负氧离子保鲜法，则可以避免以上问题的出现，更重要的是，负氧离子是一种绿色保鲜剂，参与反应后自行还原为氧气，不会留下任何有毒的残留物。负氧离子对家畜还显现了一定积极的生物效应，可以调节动物的神经系统、内分泌和代谢。所以处于高浓度负氧离子环境下的家畜的增产较无负氧离子环境下的家畜极为明显。可见负氧离子参与农业养殖、生产环节是可行的，必将为农业的集约化、效益化生产带来动力。

四、为机械电子业的发展注入动力

机械电子工业已经成为我国的支柱产业之一。近些年我国的机械和电子产业均有较大幅度的稳定增长，这为开发利用负氧离子资源也提供了一定的物质和技术保障。开发新型的负氧离子发生器，会极大丰富和改善人们的生活。随着各种高端家电产品的繁荣及性能的不断提高，广大消费者在实实在在感受到产业发展和技术进步所带来的实惠的同时，还对新型产品寄予厚望。这就要求负氧离子发生器的生产商坚持技术创新和观念创新，密切注意国际市场动态，借鉴国外先进技术，推陈出新，为机械电子产业和国民经济的平稳快速增长作出积极贡献。

负氧离子资源的开发更多地会与其外延性产品联系起来，例如与照明、家用电器及电子类产品、建材、保健用品等均有关联。这就要求从负氧离子的产生技术到相应产品外观都要精益求精。技术要稳定、连续，外形美观、实用，安装方便，连续工作无需人员值守，同时无噪音干扰、无污染，负氧离子浓度高、故障率低、能耗低等。要做到如此高效、可靠、实用，必须要求我们拥有较好的机械、电子技术以辅助高质量产品的生产。由此在某种程度上促进电子产品升级换代，企业创新能力不断提高。新型的负氧离子产生装置[26,27] 不断推出，同时由于负氧离子的精确检测需要较为精密的仪器和成熟的技术，如光电流检测技术[28]、质谱检测[29]、激光汤姆森散射技术（laser Thomson scattering）[30]、光学放射频谱分析（optical emission spectroscopy）[31] 等，这些也会随着人们对负氧离子的逐步重视而得以进一步改进和提高。这些对形成门类齐全、产业链完善、技术力量相对雄厚的机械电子产业不失为一剂兴奋剂。高效节能、环保健康和个性时尚将成为今后机械电子产品的主流，负氧离子发生器也不例外。它的发展必定会给机械电子业的发展带来动力，同时后者的进步也会给前者的升级带来勃勃生机。

五、有利于推动我国环境资源产业和环保产业的发展

进入 20 世纪 90 年代后，随着我国经济的发展，公众对资源环境的问题越来越重视[32]。特别是联合国于 1992 年 6 月在巴西里约热内卢召开了环境与发展首脑会议。会议通过了《21 世纪议程》，并要求各国根据本国情况，制订各

自的可持续发展战略、计划和对策。1994年，我国颁布《中国21世纪议程——中国21世纪人口、环境与发展白皮书》，成为我国可持续发展的里程碑文件。党中央也高度重视资源工作，不断提升资源工作在国家生活中的地位。并且环保已经成为我国的基本国策之一[33]。所以环境资源产业和环保产业的发展是大势所趋。加强对负氧离子资源的开发利用和保护，充分发挥负氧离子资源的经济和社会价值，使负氧离子资源成为真正的经济资源，具有特别重要的意义。负氧离子资源是可再生资源，而且在我国比较丰富，具有极其广阔的开发应用前景。但是负氧离子资源的开发应该是有序的、科学的、有规划的。而这种合理的开发将对环境资源产业和环保产业的发展起到良好的推动作用。负氧离子不仅是安全、稳定、绿色的资源，而且通过一系列转换技术，参与到一系列的物理化学过程中去，可以产生意想不到的效果。但这需要深入研究负氧离子反应机理，拓宽负氧离子的应用范围。目前，世界各国，尤其是发达国家，都在致力于开发高效、无污染的资源利用技术，保护本国的能源资源，为实现国家经济的可持续发展提供根本保障。如果多开发绿色的替代资源，就可以实现资源的可持续利用。目前新的替代资源也是层出不穷，新能源、新材料不断涌现。所以如果负氧离子作为一种丰富廉价的资源能够替代某种相当稀缺、昂贵的资源，其意义是十分重大的。

环境资源产业是一个复合型的工业化环境生产系统，其所具有的可持续发展特性是建设小康社会的重要支撑力量[34,35]。目前环保产业所囊括的范围愈来愈广[36,37]，从自然资源开发和保护有关的生产服务企业、节能降耗技术、减排及降低产品有害物质含量有关技术的研究开发，到环境监测、污染治理等。负氧离子融入这四个方面之中，可以加快各相关企业的技术创新和设备革新，从而促进我国环保产业的发展。

但是我们又会看到，我国的状况还是比较严峻的，发达国家不同发展阶段、不同时期所出现的污染，在不同阶段所要解决的问题，在我们国家同时发生，这无形之中加大了环境治理的难度。无机污染与有机污染的问题同时出现，凸现了我国环境问题的复杂性。这就要求无论是环境资源产业还是环保产业都要改变思维，不仅把环境保护的因素融入生产全过程中，而且要提高资源的利用率，提高生产转化率，把"清洁生产"做好，把"循环经济"做大，提高经济增长的质量。所以负氧离子的开发与利用必须融入环境资源产业中的方方面面，有以下几点值得重视：①建立新型的负氧离子资源产业，包括产业框架结构、运作特点、市场组建、价值实现、政策支持等几个重要方面；

②负氧离子是一种无形生态产品，只有通过特殊的渠道才能进入商业市场，所以需要合适的存在状态和传输方式，这是它们的价值得到市场实现的关键条件；③大力宣传负氧离子资源的相关知识，扩大负氧离子的知名度；④国家有关部门应当出台有助于负氧离子资源产业发展的特殊政策，加大力度支持负氧离子的相关产业进入国际市场。

第七节　负氧离子开发和生态旅游的可持续发展

　　旅游业是以经济效益为重要目标。生态旅游同样不排除经济效益，它倡导在把对环境的负面效应减少到最小的同时，又争取尽可能大的经济效益。这不仅是经济发展的需要，也是取得生态资源及其环境保护资金的重要渠道。生态旅游在保护环境的前提下追求经济效益的行为应该得到鼓励和支持。旅游与环境是一个相互依赖又相生相克的关系。大多数旅游资源其本身便是旅游地环境的组成部分，所有旅游活动的开展无一不是以其环境为依托，故而旅游环境是构成旅游地总体旅游产品的最基本要求。它不仅是吸引旅游者来访的重要决定因素，而且其质量还影响来访游客的访问经历和满意程度。

　　生态旅游业发展前进的基础是自然资源，如果生态环境被破坏了，旅游业就成了无源之水、无本之木。所以，保护旅游资源不受破坏，使其被永续利用，实现生态旅游的可持续发展，是生态旅游业发展的生命线。20 世纪 90 年代开始，随着世界旅游"绿色旅游""生态旅游""重返自然"的时尚成为潮流，社会进一步认识到综合环境质量对生态旅游业发展的重要性，保存自然风貌，保护生态环境，成为旅游开发的基本原则。

　　在生态旅游热度逐步提升时，应坚持社会、经济与生态效益相协调的原则，对各景区景点制定科学合理的开发规划。不应以破坏生态环境为代价，不应过分追求经济效益，不应过分强调单位之间的利害得失，而应本着可持续发展的观念不放，既满足当代人需要，又要为子孙后代创造一个良好的生态环境。实现社会、生态和经济三大效益相协调、持续发展。为了保证生态旅游的可持续性发展，必须注意以下几个问题。

　　首先，要确定合理的环境容量。旅游环境容量是指当旅游环境结构不发生对当代人与后代人有害变化，并且不发生降低游人旅游质量与游兴的前提下，在一定时期内所接纳的最大的游客量。旅游生态环境的产生无不与旅游经营商和旅游者的经济利益息息相关。在发展旅游业的过程中，由于经营商过分追求经济效益而忽视生态环境保护，许多接待地生态环境受到破坏，从而造成游客的心理严重损伤，旅游地的形象大大受损，不利于旅游业的可持续发展。各旅游管理部门的当务之急是组织有关部门及专家学者对景区景点进行考察确定合理的环境容量，以保证生态旅游业健康、持续的发展。

其次，提高公众生态旅游意识。生态旅游开发不应以牺牲生态环境为代价，它要求人们合理地利用自然资源、保护自然资源和生态平衡。应通过广泛的宣传教育来提高公众的生态旅游意识。首先，对各主要景区景点所在地的政府官员、开发商、旅游管理人员和从业人员进行培训，使他们在开发经营中自觉运用生态学原理，推出真正的生态旅游产品；其次，提高游客的生态意识、环境意识和可持续发展意识，用生态学原则指导旅游活动；再次，对景区景点周围的居民和社会公众进行宣传，通过标本、图片、影视及宣传资料等普及生态旅游知识，使生态旅游真正成为人与自然和谐统一的桥梁，促进生态旅游业的可持续发展。

最后，健全法制，加强监督。国家有关部门制定了一系列环境保护的法令法规，2010年由国家旅游局提出，联合环保部和两家机构共同颁布GB/T 26362—2010《国家生态旅游示范区建设与运营规范》。2011年，国家"十二五"规划中提出"全面推动生态旅游"。国家旅游主管部门及相关部门健全生态旅游的法律法规体系及资格认证体系，命名了一批符合条件的法律法规体系及资格认证体系，命名了一批符合条件的生态旅游区。加强环境监测，通过反馈信息检验和判断生态环境质量是否符合有关规定，给决策部门提供防治措施。在景点景区建立相应的环境监测网络，归属管理机构中，其成员应有相关专家参与。监测手段除化学分析和物理测定外，更重要的是生物监测。监测范围主要包括重点资源保护区、分散游憩区等。内容涉及动植物生长繁衍情况、大气、水体及土壤污染的潜在危险及山地灾害情况等。通过监测，提出有针对性的、有效的防治措施。规范生态旅游市场，约束旅游经营者的行为，利用所建立生态环境信息反馈机制，监测该生态系统的稳定程度和生态旅游的功效。通过控制手段，尽量减轻对自然环境的影响程度。

参考文献

[1]　毛永文，李世涛.中国持续发展战略［M］.北京：中国科学技术出版社，1994.

[2]　国家计委, 国家科委. 中国21世纪议程——中国21世纪人口、环境与发展白皮书 [M]. 北京: 中国环境科学出版社, 1994.

[3]　田长广, 王颖. 现代旅游策划学新编 [M]. 南京: 南京大学出版社, 2020.

[4]　吴新民, 潘根兴. 自然资源价值的形成与评价方法浅议 [J]. 经济地理, 2003, 23 (3): 323-326.

[5]　汤芳. 自然资源的价值与有偿使用研究 [J]. 经济论坛, 2004 (20): 20-21.

[6]　陈征. 自然资源价值论 [J]. 经济评论, 2005 (1): 3-6.

[7]　杨爱荣. 我国生态旅游及其可持续发展对策研究 [J]. 集团经济研究, 2005 (7): 86-88.

[8]　王会欣. 生态旅游促进人与自然和谐 [J]. 中国林业, 2005 (5): 40.

[9]　佟敏, 黄清. 浅析我国生态旅游的发展及趋势 [J]. 中国林业企业, 2005 (3): 25-27.

[10]　苏迅, 方敏. 我国自然资源管理体制特点和发展趋势探讨 [J]. 中国矿业, 2004, 13 (12): 24-26.

[11]　郑易生, 钱薏红. 深度忧患: 当代中国的可持续发展问题 [M]. 北京: 今日中国出版社, 1998.

[12]　晏磊, 谭忡军. 论可持续发展的物质基础体系 [J]. 中国人口·资源与环境, 1998, 8 (4): 16-19.

[13]　徐辉. 法国编制实施《国家环境健康计划》[J]. 全球科技经济瞭望, 2004 (2): 11.

[14]　林晓红. 世界人口城市化速度加剧 [J]. 人口与计划生育, 2005 (6): 47-47.

[15]　路永忠, 陈波翀. 中国城市化快速发展的机制研究 [J]. 经济地理, 2005, 25 (4): 506-510, 514

[16]　环保总局. 五大措施应对快速城市化进程中的环境问题 [J]. 城市规划, 2005, 29 (7): 6-7.

[17]　翟宝辉, 王如松, 陈亮. 中国生态城市发展面临的主要问题与对策 [J]. 中国建材, 2005 (7): 31-33.

[18]　郑小贤. 中国森林资源和林业生态建设工程 [J]. 科学中国人, 2003 (8): 52-54.

[19]　王莹, 杨树旺. 我国林业资源与可持续发展 [J]. 中国环保产业, 2004 (4): 10-11.

[20]　薛静, 王青, 付雪婷, 等. 森林与健康 [J]. 国外医学 (医学地理分册), 2004, 25 (3): 109-112.

[21]　董锁成. 中国百年资源、环境与发展报告——1950—2050 年资源、环境与经济演变和对策 [M]. 武汉: 湖北科学技术出版社, 2002: 147-507.

[22]　刘晓光. 现代林业理论与我国林业发展道路的选择 [J]. 中国林业企业, 2005, 4: 12-14.

[23]　程逸. 深化产权制度改革推进林业可持续发展 [J]. 绿色中国 (公众版), 2005, 7: 70.

[24]　狄志林. 加强林业调查调整林业结构 [J]. 黑龙江林业, 2002, 9: 23.

[25]　付朝阳. 论林业产业结构的战略性调整 [J]. 中国林业, 2005, 5: 35-36.

[26]　Tanaka M, Miyake K, Sakudo N, et al. Development of a microwave ion-source for negative oxygen-ion beam production [J]. Review of Scientific Instruments, 1995, 66 (10): 4911-4915.

[27]　Ishikawa J. Negative-ion sources for modification of materials [J]. Review of Scientific Instruments, 1996, 67 (3): 1410-1415.

[28] Matsuda Y, Shuto K, Nagamatsu H, et al. Optogalvanic detection of oxygen negative ion in reactive sputtering process [J]. Surface and Coating Technology, 1998, 98 (1/2/3): 1420-1425.

[29] Sakai T, Fujiwara Y, Kaimai A, et al. Emission characteristics of negative oxygen ions into vacuum from cerium oxide [J]. Journal of Alloys and Compounds, 2006, 408/409/410/411/412: 1127-1131.

[30] Noguchi M, et al. Comparative studies of the laser Thomson scattering and Langmuir probe methods for measurements of negative ion density in a glow discharge plasma [J]. Plasma Sources Sci Technol, 2003, 12: 403-406.

[31] Ishikawa T, Hayashi D, Sasaki K, et al. Determination of negative ion density with optical emission spectroscopy in oxygen afterglow plasmas [J]. Appl Phys Lett, 1998, 72 (19): 2391-2393.

[32] 王峰. 浅议我国资源科学研究现状与发展趋势 [J]. 中国地质矿产经济, 2003 (12): 14-16.

[33] 郭晓静, 李慧勤. 我国自然资源可持续利用的理性思考 [J]. 中国矿业, 2004, 13 (12): 41-43.

[34] 王天津. 建立环境资源产业 走人与自然和谐发展之路 [J]. 中国审计, 2003 (16): 85-87.

[35] 王天津. 西部环境资源产业 [M]. 大连: 东北财经大学出版社, 2002.

[36] 赵鹏高. 中国环保产业政策现状和对策建议 [J]. 中国环保产业, 2005 (6): 7-9.

[37] 顾遥. 我国环保产业的绿色经济发展前景 [J]. 中国环境管理, 2004, 23 (3): 58-60.

第8章
空气负离子应用实例

保护大自然的生态平衡及人类的健康，不断探索和发现有益于人类生存的环境，已成为人们追求的共同目标。近两百年来，人们不断地探讨、研究氧的化学反应与存在方式，发现了空气负离子这个可使人类重返大自然的重要元素——生活"空气维生素"。而由于现代高层建筑星罗棋布，空调设施随之深入每座楼宇，计算机、家用空调、彩电已普及千家万户，这些电器释放出的大量不利于健康的空气正离子，使得人类赖以生存的空气环境受到了严重威胁。而此时空气负离子设备的问世及应用，恰到好处地解决了这些问题，使人类赖以生存的空气环境焕然一新。因此，深入研究空气负离子，充分认识空气负离子对地球上生物具有的生物和生理效应，是人类健康、长寿必不可少的因素。而对于科技工作者来说，如何研究、开发、应用空气负离子已成为氧科学研究的重要课题。

大量文献资料及医疗实践证明，人处于高浓度正离子环境中会出现呼吸困难、心跳加快、头痛烦躁、血压升高等症状，而空气负离子则可以促进新陈代谢，调节中枢神经的兴奋和抑制状态，从而改善心肺功能，改善空气质量，治疗各种皮肤病，美容养颜。除此之外，空气负离子还具有杀灭细菌等微生物用于贮藏果蔬、促使农作物增产及加快家畜生长发育等功能。人们还可以生产可产生空气负离子的产品如用于绿色环保的保健品、纺织品等。因此人们通过各种方法和手段，降低空气中的正离子，产生更多的空气负离子，并把产生的空气负离子用于人类活动的方方面面。本章主要涉及空气负离子在人们日常生活中的应用问题。

第二节 空气负离子在改善室内空气环境中的应用

随着现代工业化进程的不断加快，环境问题日益突出：空气质量下降，噪声污染严重，人口拥挤等。尤其在大城市，房屋建筑密度高，工作和居住的房屋密封性好，安装有空调等家用电器，室内外空气不能产生对流，以致室内空气质量恶化。一系列空气问题导致了人体免疫力和内分泌系统调节平衡的恢复功能减弱，使得大量人群的身心处于亚健康状态。空气负离子是影响人类健康的因素。一方面，空气负离子对人的中枢神经系统的活动有积极的影响，它能使人精神振奋、精力旺盛，注意力集中；另一方面，负离子不仅能使空气新鲜，而且由于它具有和空气中的灰尘、病毒、细菌等结合的非凡能力。因此它具有灭菌、防尘、防病、消毒和净化空气的作用[1,2]。下面主要涉及空气负离子在集成电路的净化室、电子计算机控制中心、电脑房间、潜艇、宇宙飞船的密封舱、医院的手术室以及商场、大会堂、多功能厅和影剧院等中央空调系统房间中改善空气品质方面的应用。

一、空调房间中空气负离子的应用

大家都知道，在装有空调的房间中由于缺乏新鲜空气，常常人们感到头昏、胸闷、精神不佳，甚至会呕吐，严重地影响工作效率。同时，空调的滤网、排风口等处由于长时间使用而不能得到定时的清洁，容易滋生螨虫、细菌等微生物，危及人们的身体健康，引发鼻炎、皮肤过敏等疾病[3]。尤其是在装有窗式空调、分体式空调的房间内这种现象更加严重。由于窗式空调机中只有一个小孔可以通点新鲜空气，而分体式空调没有这个小气孔，就更易使空调房间的人们发生各种疾患了。如果安装了空气负离子发生器，就可以在相当大的程度上解决空调房间空气环境差和"空调病"的问题。在空调房间出风口处设负离子发生器，在窗式、分体式空调器上或中央空调中使用负离子发生器替代送风系统，可以大量节省投资和能耗，可以使人们神采奕奕，从而提高工作效率，并且能够延年益寿。所以，在空调房间中广泛采用负离子发生器，既能提高经济效益又可保证人们的健康和提高身体素质。

潘雨顺[4] 对在空调房间中使用负离子技术进行了报道，并归纳如下：①在洁净室、精密仪器室、试验室等装有空调设备的场所或空气不流通的工作环境中使用负离子发生器可消除或减轻人体的不良感觉，使人感觉舒适，不易疲劳，从而提高工作效率；②对于劳动强度高、体力消耗大的人们，如运动员等，使用负离子可以迅速消除疲劳，促进身体健康；③对于工作要求严格，反应迅速的工作人员，如打字员、话务员、财务员、会计等，使用空气负离子，可使人头脑清醒、精神愉快，从而减少工作失误；④空气负离子对白细胞降低者有明显疗效，对于Ⅰ、Ⅱ期高血压、支气管炎、哮喘、肺炎、肺气肿、冠心病、脑血管病、心绞痛、眩晕、偏头痛、神经衰弱、溃疡病、糖尿病、贫血、烧伤、萎缩性鼻炎、上呼吸道感染症等疾病有一定的疗效；⑤经动物试验证明，对某些肿瘤细胞、癌细胞有一定抑制作用；⑥空调房间中应用负离子可改善空气环境，起到人体保健作用；⑦收看电视节目时，由于电视机荧光屏大量发射正离子，对人体十分有害，负离子能与正离子中和，即吸收正离子，维持空气中负离子的正常含量，保证人体健康；⑧在工业、农业、国防科技领域的空调房间中使用负离子，可为人们创造一个良好的小气候环境。地下坑道、车辆舱、深水设施、潜艇密封舱、宇宙飞船、电子计算机控制中心等处，尤其是在恒温潮湿无尘的环境中，空气中负离子的含量会大大减少，而使用了空气负离子发生器可调整室内空气中的负离子含量，改善在艰苦、恶劣条件下工作人员的空气环境。

随着纳米技术理论和高分子材料科学的发展，纳米级矿物粉末添加剂在化学纤维纺丝中的应用，为新型功能空调滤材的设计与选用提供了丰富的素材。负离子功能添加剂可赋予化学纤维织物促进空气中水分电离释放负离子的功能。实验证明[5] 用负离子功能纤维织成的针织物可用于直接蒸发冷却式空调，使室内空气在得到降温湿润的同时，负离子的浓度明显增加，从而改善了居室环境质量。

二、空气负离子在改善车辆内部空气中的应用

随着我国高铁运输线路的普及，人们在追求铁路运输速度快的同时，对列车车厢环境的要求也越来越高。但目前发展较快的空调列车在提供较适宜温度的同时，车内的空气污染却非常严重[6-8]。列车内的空气污染归纳起来主要有三种：一是有害气体，如人体呼吸产生的二氧化碳及吸烟产生的一氧化碳；二是有害微尘，如人员活动和通风产生的浮尘、烟尘；三是有害气味，如人体口

141

气和体臭、卫生间及人体排气所产生的氨气、硫化氢和二氧化碳以及化妆品气味等。

据报道[8]，列车上通常采用的举措就是通过高压电晕放电产生空气负离子：第一，空气负离子可以中和空气中带正电的尘埃，使其质量增加而坠落至地，具有清爽、新鲜的空气味道；第二，在用电晕法产生空气负离子的同时也产生了臭氧，它能在还原成氧气的过程中产生氧化性极强的氧原子，对空气中的病菌具有极强的杀伤力（在瞬间完成），适当浓度的臭氧同时还具有降尘作用，使空气清新自然，起到消除疲劳提神醒脑的效果；第三，空气负离子对微生物酶的活性具有极大的破坏性，因而具有很强的杀菌作用，而且能迅速消除各种异味，从而达到净化空气的目的。结合我国铁路旅客列车的具体情况进行对比，臭氧或空气负离子技术比较适合在空调列车硬座、软座及硬卧车厢环境条件下采用。徐世彬等[9]通过对铁路空调列车车内温度、空气质量的深入研究，提出了基于模糊数字 PID 的温控系统以及以回风通风、湿度调节、负离子发生器为主体的空气质量控制系统的车厢环境整改方案。

由此可见空气负离子发生器在火车车厢的环境净化方面拥有着良好的应用前景，在将来的某一天，我们坐火车时不再感受到火车上难闻的气味，呼吸着清新、自然的空气，这将缓解旅途的疲劳，那么坐车也将不再是那么辛苦的事了。

由于汽车的普及，车内的空气质量引发消费者越来越多的关注。糟糕的车内空气质量会增大人们罹患某些特定疾病的概率，因此控制与减少车内空气污染成为汽车生产设计商所追求的目标。为了净化车内空气，负离子发生器与空气过滤器结合的空气处理设备也出现在现代汽车的设计中[10]。空气过滤器配合上负离子对空气中微颗粒物的聚集和沉降作用，使车内的可吸入微颗粒物浓度迅速下降，并在很短的时间内达到车内空气优良状态[11]。

三、空气净化灯用于产生空气负离子的应用

空气负离子空气净化灯工作原理是：透过内置的高效空气负离子发生器产生负高压在碳纤维针尖电晕放电，释放大量带负电荷的负离子，与飘浮在空气中带正电荷的烟雾、粉尘等进行电极中和，使其自然沉积。其被确认是具有杀灭病菌及净化空气的有效手段。

除提供居室节能照明外，其另一主要机理在于负离子与细菌结合后，使细

菌产生结构的改变或能量的转移，导致细菌死亡，最终沉降于地面。空气负离子还能中和空气中的正离子，活化、净化空气，改善睡眠，促进新陈代谢，增强人体抗病能力，与空气中的灰尘、烟雾、病毒、细菌等结合，达到灭菌、除烟、除灰尘的作用[12]。空气负离子对支气管炎、支气管哮喘、肺气肿、心绞痛、眩晕、偏头痛、神经衰弱、溃疡病、糖尿病、贫血、烧伤、上呼吸道感染症等疾病有一定作用。

空气负离子空气净化灯还能消除在室内装修使用的混凝土、石膏板、大理石、花岗石、涂料、黏合剂等建材放射出来的有害气体如苯、甲苯、甲醛、酮、氡等；日常生活中剩菜剩饭酸臭味、吸烟所产生的尼古丁等对人身有害的气体；办公室里的复印机在工作中产生大量的二甲基、亚硝胺；电脑和激光打印机等现代办公设备，在工作中产生大量有机废气及电磁波。

四、空气负离子显示器在空气环境改善方面的应用

高科技的日新月异，现代人的生活节奏越来越快，网络与生活、工作密不可分。而随之产生的健康问题也不断地困扰着人们。据不完全统计，我国少年儿童的近视眼发病率逐年上升，在中学生中更高达 $50\% \sim 60\%$。另据报道，城市"上班族"亚健康现象极为普遍。众多"上班族"不同症状地出现视力下降、视疲劳、头痛、神经衰弱、颈椎疾病、消化系统紊乱、抵抗力下降等。而这种疾患在长时间的伏案工作、长时间使用电脑的人群中更为常见。人们都知道电脑会产生辐射而危害人体的健康。然而，电脑显示器所产生的另一个危害其实更为值得关注。那就是在电脑使用过程中产生的强大的正离子污染。一般显示器有 $20 \sim 27kV$ 的阳极正高压，该高压会产生很强的静电场，而这种静电场会大量吸收、中和带负电的微粒，并排斥带正电的微粒，使空气中正离子含量增加。人们长期生活在正离子浓度较高的环境内，身体会受到不同程度的损害。空气中正离子会引起人的失眠、头疼、心烦、血压升高等反应。因此，显示器附近的正离子污染必须清除，提供负离子，提高空气中负离子的含量是最有效的方法之一。

增加空气中，特别是显示器周边空气中的负离子含量对人体健康有着非常积极的意义。基于这样的前提，TCL的显示器 MF709 成为世界上第一个拥有空气负离子生成能力的显示器。这一技术也在逐渐获得推广与应用。

事实上，负离子，特别是空气负离子能够高效地中和空气中的正离子，减免正离子对人体的伤害。这是空气负离子对显示器使用环境和使用者最直接的

作用，但不是最主要的作用，更不是全部的作用。空气负离子对显示器使用者的作用是多方面的，归结起来，除了减少正离子浓度之外，还主要体现在两个方面。一方面在于清洁空气，间接地为人体提供健康；另一方面，它直接作用于人体内部各系统，直接改善人体的健康状况。第一方面的作用较直观而简单。空气负离子能够吸附、消除空气中的尘埃，并杀死空气中的有害病菌，使人们能够呼吸到清新的空气。

除以上主要说明的两种产品之外还包括一系列能够改善室内环境的产品，其中主要有：空气负离子空调、空气负离子暖气机、空气负离子空气净化器、空气负离子机箱等。我们有理由相信随着人类社会的发展和科技的进步，将会有更多的空气负离子产品涌入社会，在未来的某一天里，如果空气负离子浓度适当，显示器周围的空气质量能够达到森林中、瀑布附近的水准！试想一下，你轻松地操作着电脑，四周是郁郁葱葱，流水潺潺，空气清新、舒爽——那是怎样的感觉！

第三节　空气负离子在医疗保健方面的应用

根据近 30 多年的研究表明：空气负离子通过肺部的呼吸及神经和血液作用于人体，对人体会产生一系列有益的效应。①对呼吸系统的效应。使肺部功能改善，吸入负离子三秒钟后，使肺部吸入氧气增加 20％，排出二氧化碳约增加 14.5％。②对神经系统的效应。经负离子作用后，可使人精神振奋，提高工作效率，改善睡眠，有明显的镇静作用。③对心血管系统的效应。空气负离子有明显的降压作用，可以改善心肌功能，增加心肌营养，使周围毛细血管扩张，皮肤温升高。④对血液的效应。空气负离子可以使白细胞、红细胞和血小板增加，而血流减慢，球蛋白增加，pH 值升高，血凝时间缩短，血液黏稠度增加。⑤对免疫机能的效应。空气负离子能改变机体反应，增加机体抗病能力。⑥增强新陈代谢效应[13]，并能促使机体生长发育，加速骨骼成长。⑦在医疗保健方面最常见的是吸入空气负离子来治疗呼吸道疾病。对支气管炎、支气管哮喘、肺气肿等疾病都有疗效。下面我们重点介绍一下空气负离子用于辅助治疗疾病、美容和体育锻炼方面的应用实例。

一、空气负离子用于辅助治疗疾病

常见的空气负离子辅助治疗是指吸入空气负离子，治疗呼吸道疾病。国外

1300 例支气管哮喘病人，经空气负离子治疗，控制发作病人 55%，病情减轻35%，无效果 10%。负离子空气净化器的使用，能够降低屋尘螨及粉尘螨的浓度，避免受试者与尘螨过敏原的接触，同时，在一定程度上改善过敏性哮喘的症状[14]。

除此之外空气负离子还可用于治疗皮肤病[15]。例如：现有商品化的紫外负离子喷雾皮肤综合治疗仪集紫外光波、空气负离子、热蒸气喷雾、按摩四功能为一体，综合应用于皮肤病的治疗，而且治疗效果显著，适应证广，无任何副作用。雾疗治疗多种皮肤病具有收敛、止痛、止痒、抗炎、增强机体免疫力等作用。且见效快，效果好，喷雾前后如再配合用药可望取得更佳效果。

紫外负离子喷雾皮肤综合治疗仪治疗皮肤病，其作用机理主要是：在热喷雾及按摩作用下，可提高表面温度，促进皮肤血管扩张，加快血液循环，增强表面组织的新陈代谢，可使表皮和脂腺管中的皮脂黏稠度降低有利于皮肤表面的污秽、角质栓等物质的排泄和脱落；而紫外线具有杀菌及角质的剥脱作用，改善缺氧状态，且加速局部血液循环，促进单核巨噬系统及白细胞的吞噬能力，吸收脓液，清除发炎的丘疹或结节。在上述两种作用的基础上，负离子能刺激上皮再生，促进上皮愈合，通过中枢神经系统反馈，调整人体内分泌的活动。具有增强人体免疫力作用，防止感染。

除了可以治疗皮肤病之外，还可用于治疗带状疱疹[16]。带状疱疹是由水痘一带状疱疹病毒感染引起的，治疗方法甚多，疗效不一。带状疱疹病人在药物治疗的基础上，空气负离子喷雾辅助治疗具有起效快、疗程短、疗效显著、操作简单的优点。

负离子喷雾疗法通过负离子细胞内充电、细胞内供氧及神经调节机制、体液调节机制，促进单核巨噬系统及白细胞的吞噬能力，抑菌杀菌，促进炎症消退，紫外线照射可加强局部血液循环，改善局部营养状况，具有良好的止痛作用，同时能提高机体的免疫功能，增强皮肤的屏障作用。鱼腥草具有清热解毒、消痈排脓、利尿通淋作用。

随着现代医学新技术的发展，空气负离子疗法作为一种新的辅助方式在临床治疗与康复中初见成效，应用范围不断扩大，除防治支气管疾病，心脑血管疾病之外，近年来一些其他疾病领域也在逐步引用空气负离子作为辅助治疗，在养生方面也成为备受关注的新方法[17]。

二、空气负离子用于美容

在我国，黄褐斑发病率较高，给病人心理及生活带来很大影响，常用治疗方法有化学剥脱、纯中成药治疗等。但化学剥脱治疗可使面部出现短痕、色素沉着等严重的创作用，采用纯中成药内服治疗，起效慢，疗效欠佳。有报道[18] 称空气负离子喷雾加果酸霜面部按摩治疗黄褐斑有较好的疗效，并分析其作用可能与以下因素有关：①药物果酸霜，主要成分由苹果酸、曲酸、三七、姚红、白芍、白奁、白药、薏苡仁、珍珠等组成。其药理作用有活血、祛风通经、消斑、营养白面、抗皱等功效。②空气负离子喷雾，由于水雾以超声波的动量喷出，在自然常温下能充分渗透皮肤毛孔，打开皮肤障壁层和软化角质层，达到补充皮肤水分，促进血液循环，促进营养吸收，并使皮肤加速新陈代谢，防止衰老，使深层肌肤达到清洁和滋润皮肤的作用。③按摩与穴位按压，按摩是通过手法作用于面部各部位配合穴位按压，从而改变了疾病的病理生理过程，使症状得以缓解或消除。按摩还可改善皮肤的呼吸，有利于汗腺和皮脂腺的分泌。穴位强刺激还可使部分细胞产生组胺和类组胺药物，促使毛细血管扩张，促进淋巴血液循环，加速药物对皮肤的渗透，促进吸收而达到治疗目的。应用空气负离子喷雾加果酸霜面部按摩治疗黄褐斑是将先进的科学技术与传统医学相结合，具有良好效果的一种治疗方法。它可避免因口服药物所带来的副作用，病人感觉舒服而又乐于接受，治疗期间病人可避免疲劳，保持良好的精神状态及情绪。

三、空气负离子在体育锻炼中的应用

空气负离子具有如下诸多的优点：①可使人精神振奋，工作效率提高，还可改善睡眠，有明显的镇痛作用；②能激活肌体多种酶，促进新陈代谢；③增加肌体的抗病能力，可改变肌体的反应性，活化网状内皮系统的机能，增加肌体的抗病能力。音乐能使人产生兴奋、镇定、平衡三种情绪状态。音乐给予人的声波信息，可以用来消除大脑工作所带来的紧张，也可以帮助人们集中注意力，促使大脑的思想状态井然有序。因此，人们喜爱的曲子或一种具有特殊节奏的音乐，可以导致人体的放松而使大脑处于机敏状态。研究证明，无论是个人表演项目或直接对抗项目，通过音乐调节都可以获得良好效果。

空气负离子作为运动医学中消除疲劳的一种手段，音乐调节法作为心理训练的一部分，都正在不断地被人们研究和认识。恢复是运动训练中一个十分重要的问题，身心疲劳的消除被所有体育锻炼者高度重视。在有效消除疲劳的许多方法中，空气负离子和音乐调节法正在引起人们的极大关注，并已初步显示出良好的效果。

为此，陈晓光等[19] 采用空气负离子加音乐调节法，对体育学院 21 名运动员进行了消除疲劳的实验研究，调治时间则根据运动员的疲劳程度而定。他们的研究结果表明，能够反映运动员疲劳状态的 5 项心理测试指标，经统计处理显示出调理前后的显著差异。这一试验证明了传统的空气负离子加音乐调节法对运动员消除疲劳的效果，它对运动恢复过程能够起到积极的作用。

空气负离子不但对运动员的身体系统具有改善作用，同时它能够净化空气，在空气负离子含量较高的环境中进行训练，对于提高运动员的身体状况、提高其训练效果都具有重要作用[20]。

第四节　空气负离子在保鲜果蔬方面的应用

目前国内外应用的保鲜方法主要分化学法和物理法。物理法又可分为冷藏、窖藏、气调、辐照、调压等方法。物理方法中的冷藏、气调方法，是根据果蔬采后的生理特性，降低环境温度及果蔬体温，控制贮库中的 CO_2 和 O_2 的浓度，从而达到抑制果蔬的呼吸，延缓衰老的目的。该方法虽然保鲜效果较好，但一方面仍有耐低温细菌、病毒可以繁衍滋生，影响食用安全；另一方面需要大型的机械设备，一次性投资大，资金回收期长，能耗费用高，技术要求严格，不易被农民掌握。在我国目前经济运作状态下，不能产生较高的经济效益和社会效益。辐照法，是利用电离能辐射，轰击果蔬，引起其内部代谢产生变化，从而达到延缓果实后熟的目的。该方法虽然效率高，易于实现，操作自动化，但也同样存在一次性投资大等问题。化学法是指利用化学涂层、蒸熏剂、防腐剂等化学试剂，对果蔬进行涂果、熏蒸、浸泡等处理，以达到防腐保鲜的目的。化学方法虽然操作简便，成本低，但对果蔬产生第二次污染及有残毒等问题。

空气负离子能在空气消毒、病害防治和食品加工等行业发挥作用。静电电荷系统能显著减少不锈钢表面的微生物负荷，有望成为食品/禽类制品加工领域的补充处理技术。以正负离子的应用为基础的新型空气净化和杀菌技术（等离子束技术）在近几年有了很大发展[21]。夏静等[22] 在不同的果蔬品种上用不同的浓度处理上做了大量的研究。用 0.3×10^{-6} 浓度的空气负离子处理兰州雁滩乡产的冬果梨和金冠苹果。10 月上旬把贮藏在土窖中的梨和苹果放入开顶式熏气小室内，鼓入臭氧及空气负离子气，至翌年 2 月每月处理 1 次每次 1 小时，处理后放入土窖中保存。结果实验组梨比对照组烂果率减少 13.88%，金冠苹果烂果率减少 2.87%。延缓了果实硬度下降速度，延长了果实的贮藏时间。用浓度为 298×10^{-9} 的臭氧处理蘑菇、油冬菜、甜瓜和柑子。贮藏温度 9～11℃，蔬菜类贮藏 14 天，水果类贮藏 21 天，结果油冬菜黄叶减少11.8%，甜瓜腐烂率减少 25%，蘑菇开伞指数降低 13.3%，柑子腐烂率减少9.2%。用 2800mg/h 臭氧发生量的仪器处理平菇 30 分钟，贮藏 9 天，保鲜率80%，色泽和滋味无明显差异。另外还有葡萄、花椰菜、西瓜、番茄等多种果蔬品种用臭氧及空气负离子处理保鲜都收到显著效果。

万娅琼等[23] 认为空气负离子则是进入果蔬细胞中，中和正电荷，分解内源乙烯浓度，纯化酶活性，降低呼吸强度，从而减缓了营养物质在储存期间的转化。而臭氧能够彻底杀灭细菌和病菌，尤其是对大肠杆菌、赤痢菌、流感病毒等特别有效，一分钟去除率达到 99.99%。高浓度的臭氧能杀死霉菌，低浓度臭氧有抑制霉菌生长作用。臭氧除具有很强的防腐效果外，还能够氧化许多饱和、非饱的有机物质，因此，库内采用空气臭氧处理可以消除果蔬呼吸所释放出的乙烯、乙醇、乙醛等有害气体，延缓衰老，臭氧及空气负离子的协同作用所产生的生物学效应，使这一保鲜方法效果显著。

利用臭氧及空气负离子保鲜能延缓黄瓜的发霉腐烂和衰老，抑制呼吸强度，减少可溶性固形物和可滴定酸的下降，较好地保持水分[24]。此外，还具有清除库内异味、臭味和灭鼠、驱鼠的优点。臭氧及空气负离子在完成氧化后自行还原成氧气，不会留下任何有毒的残留物，这是该方法最大的优点！

随着"绿色食品"的兴起，人们对无污染、无公害、优质果蔬的需求逐年增加，而相反空气负离子保鲜技术以它独特的无残留、运用简便等优点，在这一领域独占鳌头。随着研究的不断深入、该方法已发展成为一个与冷藏、气调、土窖、水窖等配套使用的综合技术措施。并已在山东、安徽等地进入商业性营运。仅以 1993～1995 年为砀山贮藏梨、苹果（7500 万公斤）为例，采用该技术使果品消耗由 20%～30%降为 3%，直接减少经济损失亿元以上。臭氧和空气负离子混合气体保鲜，与目前其他保鲜技术相比，不仅效果佳，而且在降解果蔬表面微生物分泌的毒素、农残方面更胜一筹。众所周知，食品卫生中细菌易灭，毒素难除，臭氧和空气负离子是适应世界上绿色食品、有机食品的呼声应运而生，所以它的应用前景必然广阔[25]。

空气负离子保鲜机是利用高压负静电场产生的空气负离子和臭氧来达到保鲜的目的。空气负离子能够抑制蔬菜、水果代谢过程中酶的活力，减少果蔬内具有催熟作用的乙烯的生成量；同时臭氧还可以消毒灭菌和抑制并延缓有机物分解，这样就可以延长果蔬的储存期。采用这种保鲜机，可使果蔬在两个月后还鲜嫩如初，保鲜率在 95％以上[26]。

第五节　空气负离子在养殖业方面的应用

一、空气负离子促进肉仔鸡生长的作用

在畜牧生产中，尤其在封闭式高密度鸡舍中，空气环境更易恶化。在鸡舍内，起到消毒杀菌，促进鸡只新陈代谢，提高鸡只自身抗病能力等作用，增强了鸡只的消化功能，提高饲料转化率，产生显著的经济效益[27]。王玉平等[28]的试验证明，在鸡舍内每天保持 0.68 万～4.2 万/cm^3 的空气负离子浓度 6 小时，从第 3 周开始，试验组的每周累计体增重均高于对照组（$P < 0.05$ 或 0.01）。他们认为空气负离子促进增重主要是提高了饲料中的蛋白质代谢率，增加了体蛋白的沉积。再则，空气中空气负离子浓度增高，使空气环境得到改善，也有利于肉仔鸡的生长。虽然空气负离子浓度升高，对肉仔鸡的耗料量、能量代谢率没有明显影响，但是试验组的蛋白质代谢率高于对照组（$P < 0.05$）。说明空气中的空气负离子浓度升高，可提高鸡对食入氮的转化率。

实验研究发现[29]，试验组孵化器中氨和二氧化碳含量显著降低（$P < 0.05$），此结果可能与空气负离子的杀菌效应有关。因为空气负离子可减缓或抑制各种腐败菌对有机物的分解，从而减少了氨和二氧化碳的产生。还有人认为，空气负离子可使空气中存在的固体或液体微粒充电而达到一定的电势，然后这些微粒沿电力线运动，沉落在各种物体的表面。据此推测，由于氨和二氧化碳均可溶于水，细菌也往往在各种微粒之中，因此导致了试验组空气环境的改善。从他们的试验看，空气负离子不仅对鸡胚和雏鸡的生长发育有直接作用，而且有助于改善孵化和育雏过程中的空气。

这与顾景凯和王玉平[30] 的报道结果相一致。他们的报道中称，除了能促进肉仔鸡的生长外还能促进鸡胚的生长和发育。对于鸡胚的生长发育，现已发现，空气负离子可促进卡莱耳孵养瓶中鸡胚的生长，并能加强 α-酮戊二酸酯脱氢酶的活性，使碳水化合物的代谢向氧化方向移变，采用 10 万个/cm^3 的空气负离子对孵化器内的鸡种蛋每天作用 6 小时，可提高种蛋孵化率为 2％～

3%（$P < 0.01$）。还有人测定了在每立方厘米含 $15\sim30$ 万个空气负离子浓度下的孵化器内孵化时的环境卫生状况，结果表明，二氧化碳含量下降了 33%，氨下降了 63%，硫化氢下降 90%，尘埃下降 50%，微生物下降了 52%。

二、空气负离子对蚕的影响

人生活在有充足空气负离子（主要为 O_2^-）的洁净空气中，能提高免疫力。30 多年来，O_2^- 发生器用于临床和保健对多种病症显示出疗效。有关实验表明人工补充 O_2^- 对某些生物也有良好效应。在蚕业上，有过关于蚕用自控负离子加湿器使用方面的报道，它是单纯作为一种新型补湿工具进行的测试。李冬杰等[31,32]采用在蚕室人工补 O_2^- 的方法，从生态、生理角度研究其对蚕主要性状的效应，并探析在养蚕生产上应用的可能性。

首先，他们采用空气负离子发生器，使蓖麻蚕、家蚕 $1\sim5$ 龄幼虫生活在空气中含空气负离子浓度 $>5\times10^4$ 个/cm^3 的蚕室里，从生态、生理角度进行测试研究，并探讨在养蚕生产上应用的可能性。取得以下结果。

（1）空气负离子蓖麻蚕、家蚕比对照组生长发育速度显著地加快（$P < 0.01$），幼虫期分别减少 43.2 小时和 25.7 小时。养蚕期的缩短，能节省用工，降低成本。而蚕茧质量经多重比较非但不减且略有提高（$P > 0.5$）。蓖麻蚕、家蚕的全茧量分别增加 3.91% 和 1.57%，茧层量分别增加 5.09% 和 2.66%。

（2）空气负离子组蓖麻蚕 $4\sim5$ 龄进食快，消化吸收好，它比对照组的食下率 4 龄提高 12.84%（$P < 0.05$），5 龄提高 3.58%（$P > 0.05$）；消化率 4 龄提高 6.10%（$P > 0.05$），5 龄提高 6.99%（$P > 0.05$）。

（3）空气负离子组蚕的血淋巴中 H_2O_2 酶活力增强：蓖麻蚕、家蚕 5 龄盛食期分别是对照组的 5.37 倍和 1.50 倍。氧代谢产物——H_2O_2，裂解成的羟自由基是诱发某些病症和衰弱的重要因素之一，H_2O_2 酶能催化 H_2O_2 分解成水和氧，可稍减 H_2O_2 引起的机体组织损伤，益于蚕的健壮。

（4）空气负离子组蓖麻蚕的结茧率（$95.69\% \pm 5.39\%$）、虫蛹生命率（$93.31\% \pm 2.90\%$）比对照组（$86.18\% \pm 2.24\%$、$85.35\% \pm 7.11\%$）都显著提高（$P < 0.05$）。

（5）他们还根据植食性昆虫抓着力的大小可衡量其虫体强壮程度的原理，测定出空气负离子组蓖麻蚕 5 龄盛食期的相对抓着力（3.58 ± 0.45）比对照组（3.26 ± 0.53）提高 9.82%（$P > 0.05$）[31]。

（6）人工吹送空气负离子，每盒蓖麻蚕（1 万头）比对照组多产鲜茧

17.36％，茧壳增产 16.29％，茧层率几近相平。单位产量提高，饲叶亦有所增。计算饲料报酬得知：每百千克桑叶空气负离子组蓖麻蚕产鲜茧（9.28kg）比对照组（7.93kg）增产 17.02％，多收茧壳 16.51％。按此推算，生产同等质量的鲜茧，吹送空气负离子比对照组节省饲叶 14.51％。由此推断，空气负离子影响到蚕的营养支配比例，可能将较多养分用于建造蚕茧。

他们分析认为，蚕室人工补充空气负离子对蚕的生物性状、经济性状都具良好作用。其理由在于，蚕从气门吸入较多带负电荷的氧，提高了细胞的活力，增强了免疫力和 H_2O_2 酶的活性，因而提高了蚕体的强健度，生长发育加速，蚕进食快，消化吸收好，致使结茧比率增大，饲料报酬增多，产茧量增加，能够提高养蚕收益。除此之外，人工补充空气负离子为提高蚕良种繁育效率、生产优质、高产蚕种提供切实有效的办法。

为此，李冬杰等[33] 专门测试了 O_2^- 对其生命力、羽化、产卵的影响以及孵化的影响。实验结果表明，在蓖麻蚕、家蚕的 3 种处理中，实用孵化率和普通孵化率均高于对照组，在实用孵化率方面表现得更为突出。处理Ⅲ的实用孵化率显著高于处理Ⅰ和处理Ⅱ，极显著高于对照组，家蚕比对照组高 11.38％（$P<0.01$），蓖麻蚕高 9.08％（$P<0.01$）；处理Ⅰ和处理Ⅱ的孵化率也都高于对照组（$P<0.05$），但处理Ⅰ与处理Ⅱ之间差异不显著（$P<0.05$）。由此说明，蚕期和卵期都吹送 O_2^- 能极显著提高蚕卵实用孵化率；只在蚕期或卵期吹送 O_2^- 能显著提高实用孵化率，但蚕期处理和卵期处理对孵化率的增加效果相当。

羽化整齐度调查显示，家蚕处理组羽化齐一，只需 6 天，盛蛾期在出蛾后 3～5 天出现，最多一日出蛾率可达总数的 39.3％；对照组出蛾日数长，持续 8 天，盛蛾期在出蛾后 4～6 天才出现，最多一日出蛾率为总数的 35.0％。蓖麻蚕实验结果与家蚕趋势一致，表明 O_2^- 可以提高蛹的羽化整齐度。

浙江桐乡市实施负氧离子新型养蚕技术使蚕孵化率提高 8％以上，结茧率提高 5％以上，鲜茧产量增加 6％以上，茧层率提高 4％以上，为农户每张蚕增加经济收入 150 元以上。

第六节 空气负离子在提高黄瓜产量中的作用

在空气负离子对植物生长和结果的有效作用方面，王勋陵和崔书红[34] 的报道最引人注目。经空气负离子处理过的黄瓜植株，在商品收获量上比对照组增产 13.11%，延长采瓜时间，证明改善黄瓜所需空气的质量是提高产量、增加经济效益的一种新途径。根据他们的实验结果来看，被处理过的黄瓜，其增产的主要构成是结瓜植株的百分率和单株结瓜率的提高，就单株雌花数目反而不如对照组多，单棵结瓜率的提高只能来源于保花率、结实率和保果率的提高。他们认为，空气负离子之所以能提高黄瓜的产量，实际是促进了苗的生长、生殖器官的分化和结实率的提高，这些作用和生长激素及一些酶的效果非常相似，应该是空气负离子通过植物内源生长激素和某些酶的作用达到了最后增产效应的。

经空气负离子处理的植株，在幼苗时期蔗糖转化酶活性有所提高，在成株时则有所降低。这种酶能促使蔗糖水解为葡萄糖和果糖，供应呼吸代谢所需，以满足幼苗时旺盛生长、花芽提前分化额外增加能量的需要。从酶化学理论可知：有些酶需要加入某种离子或金属后活力才能提高。还有报道说，空气负离子能促进植物对铁的吸收和含铁酶的产生，同时空气负离子本身就是一种离子，很可能也可以提高酶活力。

空气负离子与生长激素两者之间有密切关系。第一，凡用空气负离子处理的材料，在幼苗时期生长受刺激，而成株生长则受抑制，这很符合生长素的作用规律，即幼苗时由顶芽合成的生长素还少、浓度低，低浓度促进生长；到成株时，合成的数量增加，并不断向下运输、累积，沿轴的年龄梯度向基部移动，提高了生长素的浓度，高浓度抑制生长。第二，经空气负离子处理过的植株，第一朵雌花主要出现在第 2 和第 3 节位上，对照组主要出现在第 3 节位上，正符合吲哚乙酸含量的增加可以降低第一朵雌花节位的说法。第三，通常认为植物结实，不论胚珠受精与否，传粉的刺激是不可缺少的。王勋陵和崔书红[34] 的实验获得保花、保果，结实率提高的效应正好与生长素所起的作用相吻合。由此可以推断，空气负离子可能对生长素的合成或增效有促进作用。这也是它对黄瓜增产的重要机理之一。

总之，用空气负离子处理黄瓜，能促进植物体内内源激素的合成或增效，能增强某些酶的活力，增进代谢机能，调整营养器官和生殖器官发育的适宜关系，提高植株保花率、结实率、保果率，达到最后增产效果。在大力发展塑料大棚蔬菜或花卉的今天，采用空气负离子来改善棚内空气质量是一项提高蔬菜、花卉产量和质量的经济、简便的技术措施，有进一步研究、推广的价值。

空气负离子在纺织品中的应用

随着人类社会工业化程度的日益提高，空气污染越来越严重，人们已经认识到，空气中负离子含量增加，对健康大有裨益。为使人类拥有幽雅而清新的生活环境，国内外学者对环保材料、功能材料做了大量研究。纺织品中的负离子能够直接作用于人体的中枢神经与血液循环，具有增强机体免疫力、舒缓身心疲劳、调节空气、抑菌杀菌等功效。近年来有关空气中负离子的产生与作用机理、负离子的功效、负离子纺织品的制备等内容已有大量研究，应用前景广阔[35]。可将空气离子化，对人体产生一种犹如森林浴的松弛作用，甚至能获得洗温泉浴的效果。

电气石能够自发地产生空气负离子[36]，穿着经过电气石微粒整理后的服装，可在人体周围形成空气负离子的聚集。且电气石是永久性释放负离子的天然矿物材料，与人工获得负离子的方法相比，电气石释放空气负离子不耗能，不产生臭氧和活性氧，制成的服装或者装饰用纺织品，可以改善周围大环境和人体小环境的空气质量[37]，是理想的绿色环境友好材料。由于电气石的热电性，将改性电气石微粒添加到化纤中，制成各种空气负离子纺织品，在服用过程中与人体水分子及周围空气中的水分子发生电解作用，产生空气负离子，与空气中带正电荷的有害混合物中和，使人感到舒服；同时也可与人体分泌物、身体上的寄生物及有害细菌结合，起到杀菌、除臭的功效。

利用电气石产生空气负离子的方法多种多样：其一，采用纳米级电气石和一种激发剂混入聚酯原液中生产出特殊涤纶，能源源不断产生空气负离子的织物；其二，将放射性矿石（电气石）微粉化后混炼加入，附着在织物上或将放射性矿微粉与远红外矿石粉分层附着在织物上，以提高织物的负离子化效果，其 A4 纸大小的织物在空气中产生的负离子为 150 个/cm^3，接近森林中负离子的效果。目前这些方法生产的负离子功能纤维分为短纤维和黏胶长丝纤维等。

（1）负离子涤纶短纤维[38]主要用来做内衣、短裤、护膝、护腕等。开发负离子功能纤维主要有共混法和共聚法。共混法是采用负离子母粒与普通聚酯切片混合均匀后通过螺杆挤出进行纺丝；共聚法是把负离子添加剂在聚合过程中加入，制成负离子切片后纺丝。一般共聚法所得切片中添加剂分布均匀，纺丝成形性好。

除了纺织品外还有一系列的带有空气负离子的保健产品涌入了社会，其中包括空气负离子健康枕、空气负离子笔、空气负离子乖乖猫、空气负离子涂料、空气负离子漆、空气负离子护眼灯等，这些空气负离子产品为我们的生活带来了帮助。

（2）从国内外空气负离子纤维的产品来看，开发成功并用于生产的均局限于合成纤维。由于合成纤维本身的特性，其产品多用于制作秋冬用滑雪衫、运动服、工作服、防寒服、风衣、各种轻薄型冬季服装、窗帘、地毯、睡袋等；在内衣及贴身服饰用品方面，因其舒适性欠佳而应用较少。因不能贴身使用，其特殊功能大打折扣。而开发空气负离子黏胶长丝，利用黏胶长丝接近棉的性能，以及华丽、吸湿、透气、悬垂性好、手感丰富、穿着舒适等特性，与其他纤维交织、包覆、混织，可以弥补空气负离子合成纤维应用上的缺陷。鹿红岩和孙立[39]报道了使用空气负离子纳米材料混入黏胶中，成功地开发出空气负离子黏胶长丝，填补了黏胶长丝品种的空白。

空气负离子黏胶长丝产生的空气负离子具有较高的活性，有很强的氧化还原作用，能破坏细菌的细胞膜或细胞原生质活性酶的活性，从而达到抗菌和杀菌的目的。空气负离子对于人体循环系统可起到扩张毛细血管、增强血液循环、促进新陈代谢、增强淋巴液循环的作用；可使细胞细化，使老死细胞排泄或赋予再生能力；可增强细胞能量、功能、活力，调节人体生态平衡、保证人体皮肤吸收所需的活性氧分而延缓肌肤老化和减轻身体疲劳。空气负离子具有较好的保健理疗、热效应、排湿透气、抑制感冒病毒、杀灭大肠杆菌和结核菌等功效。

随着人们对负离子产生机理以及制备技术的认识，相信负离子纤维及其纺织品必将具有很高的经济价值和广阔的市场前景。

第八节　大自然的空气负离子给我们生活带来更大的受益

尽管人类用各种方法产生空气负离子用于提高环境质量或者用于保健等，但非自然产生的空气负离子毕竟比不上自然环境中产生的空气负离子，自然界产生的通常是一些带电的氧气分子结合空气的露水而成，所以你常常会感觉到清晨在树林之间空气清新；当瀑布从高空落下，水分与空气摩擦产生大量带电的水分子，再结合空气中氧气会产生大量负离子，所以你站在巨大瀑布前面感到空气湿润甘甜，心情舒畅。

浓荫蔽日、鸟语花香、空气清新的植物园、各类公园，被称之为天然"氧吧"，是都市人吸氧、"清肺"的好去处[40]。

有研究表明[41]，当绿色在人们的视野中占到25％以上时，能消除心理和眼睛的疲劳，身心感到愉悦，神经得以松弛，可使烦躁、压抑、紧张的心理状态得到改善。园林内树木茂密、花草遍地，形成一种局部的湿润凉爽的小气候，气温要比周围地带低2～4℃，是夏日休闲避暑的好去处。树木还有吸尘杀菌的功能，可以称之为空气"净化器"。一亩树木一年可吸附各种灰尘20～60公斤，许多树木散发的芳香物质具有一定的杀菌作用。到森林里来做"森林浴"是现代十分流行的一种保健方式，经科学家研究表明，一亩松柏每天可以分泌200g针对结核、伤寒、痢疾、白喉杆菌的杀菌素。每亩森林每天可以吸收67公斤二氧化碳，制造49公斤氧气，可共65人一天之需。可以毫不夸张地说，森林是天然"氧吧"。树木在呼吸的时候还会散发出一种称为"松烯"的香精成分，它能够刺激人的大脑皮层消除神经紧张，松弛全身肌肉，令人心旷神怡。树林的空气中含有较多的空气负离子，吸入人体后有调节神经功能的作用，能镇静、止喘、降压和消除疲劳，有"空气维生素"之称。大自然把植物鲜花造就得多姿多彩精美绝伦，使鲜花成为美的代表，象征千姿百娇、姹紫嫣红的花卉，一直以来与人们的健康就有不解之缘。我国古代医学名著《神农本草经》和《本草纲目》中就记载着数百种花卉的医疗功能。如今在都市人返璞归真的潮流中，以各种方式亲近鲜花又成为一种强身健体的新时尚。观赏鲜花不仅可以使人怡情爽性，而且对身心健康大有神益。

森林浴（Green shower）在国外有多种称呼，如德国称之为"自然韵律疗法"，苏联叫作"芬多精（Phyfonic）科学"，而法国则称为"空气负离子浴"（Negative ion shower），它指的是人们在森林中享受清新的绿色，呼吸洁净的空气和林中负离子，达到疗养保健的目的[42]。有的国家则对那些患有孤独忧郁症、严重失眠症、高血压的老人，采取了"园艺疗法"，让他们在花园中参加劳动，一边为花草松土、浇水、剪枝，一边闻着花香，吸着花木释放出的负氧离子，在谈笑风生中轻松地驱除了疾病。被钢筋水泥长久包围的都市人，如果能经常在树林、鲜花丛中走一走，一定会使工作生活的压力得到释放，疲惫的身心得到舒展。

参考文献

[1] Jiang S Y, Ma A, Ramachandran S. Plant-based release system of negative air ions and its application on particulate matter removal [J] . Indoor Air, 2021, 31 (2) ： 574-586.

[2] Liu S, Huang Q Y, Wu Y, et al. Metabolic linkages between indoor negative air ions, particulate matter and cardiorespiratory function: A randomized, double-blind crossover study among children [J] . Environment International, 2020, 138:105663.

[3] 亓玉栋.空调系统与室内空气品质 [J] .环境与健康杂志, 2006, 23 (4)： 380-382.

[4] 潘雨顺.浅谈负氧离子及其在空调房间中的应用 [J] .通风除尘, 1996 (2):28-30.

[5] 文力, 段亚峰, 程学忠,等.负离子功能针织物在直接蒸发冷却式空调中的应用 [J] .产业用纺织品, 2006, 193 ,24 (10) :23-27.

[6] 傅彦斌.静置轿车内空气中挥发性有机物污染研究 [J] .广东化工, 2021, 48 (3) :123-125.

[7] Kumar P, Hama S, Nogueira T, et al. In-car particulate matter exposure across ten global cities [J] .Science of the Total Environment, 2021, 750:141395.

[8] 赵如进.空调旅客列车空气净化及增氧问题的探讨 [J] .铁道运输与经济, 2002, 24 (1)： 36-38.

[9] 徐世彬, 王再英.铁路空调列车车厢环境改造研究 [J] .铁道机车车辆, 2005, 25 (4) :39-40.

[10] 李凡, 刘凯, 王泉杰,等, 车载空气净化器设计研究 [J] .汽车实用技术, 2018 (9) :65-68.

[11] 谢琼丹, 黄英凡.负离子发生器车内微颗粒净化效率研究 [J] .汽车实用技术, 2020 (5)： 79-83.

[12] 袁月, 王帅玉, 黄春, 等.针对室内"微环境"PM2.5问题的生态体验设计探索 [J] .成都师范学院学报, 2017, 33 (9)： 70-75.

[13] Bowers B, Flory R, Ametepe J, et al. Controlled trial evaluation of exposure duration to negative air ions for the treatment of seasonal affective disorder [J] . Psychiatry Research, 2018, 259: 7-14.

[14] 罗嘉莹, 陈钊, 陈嘉丽, 等.负离子空气净化器对儿童过敏性哮喘的疗效评估 [J] .国际呼吸杂志, 2019 (7)： 500-503。

[15] 狄海燕.紫外负离子喷雾治疗皮肤病疗效观察 [J] .皮肤病与性病, 1995, 17 (2)： 4-6.

[16] 毛秀娟.负氧离子喷雾疗法在带状疱疹治疗中的护理 [J] .护理与康复, 2004, 3 (1)： 32.

[17] 马璨, 楚医峰, 殷晓轩.空气负离子临床应用与中医环境养生 [J] .中医药临床杂志, 2016, 28 (5)： 628-630.

[18] 黄丽.负氧离子喷雾加果酸霜面部按摩治疗黄褐斑 [J] .今日科技, 2000, 9: 35.

[19] 陈晓光, 许亮, 李莹.负氧离子加音乐调节在体育锻炼中消除运动疲劳的研究 [J] .平原大学学报, 2003, 20:87-88.

[20] 宛钟娜, 丁向东.空气负离子对运动训练的影响研究 [J] .当代体育科技, 2016, 6 (20)： 22-23.

［21］　杨乔木，谢春，闫博文，等.植物精油蒸气与空气负离子在食品保藏中的应用研究进展［J］.食品与发酵工业，2013，39（3）：147-152.

［22］　夏静，姚自鸣，宋学芬，等.果蔬保鲜延贮中臭氧及负氧离子应用研究［J］.北方园艺，1998，118：38-39.

［23］　万娅琼，夏静，姚自鸣.臭氧及负氧离子技术在果蔬贮藏保鲜上的应用［J］.安徽农业科学，2001，29（4）：556-557.

［24］　王茜，王清章，李洁，等.空气电离生成气对黄瓜常温保鲜的影响［J］.食品工业科技，2011，32（5）：348-351.

［25］　滕斌，王俊.臭氧及负氧离子技术在果蔬贮藏保鲜上的应用［J］.粮油加工与食品机械，2001，4：5-8.

［26］　李荣.负离子保鲜机［J］.包装与食品机械，2004，22（3）：60.

［27］　张田田，廉明霄.负离子在肉鸡生产中的应用观察［J］.中国畜禽种业，2013，9（4）：140-141.

［28］　王玉平，顾景凯，裴树毅.空气中负氧离子浓度对肉仔鸡生长的影响［J］.兽医大学学报，1992，12（2）：199-201.

［29］　顾景凯，郭城，刘兆，等.空气负氧离子对鸡胚和雏鸡生长发育的影响［J］.兽医大学学报，1990，10（4）：392-396.

［30］　顾景凯，王玉平.空气负氧离子对鸡的生物效应［J］.吉林畜牧兽医，1991，3（1）：32-34.

［31］　李冬杰，刘廷印，城彦芬，等.负离子对蚕的影响［J］.华北农学报，1994，9（2）：124-128.

［32］　李冬杰，刘廷印，臧彦芬，等.负氢离子对蚕主要性状的效应［J］.中国农业科学，1993，26（6）：86-88.

［33］　李冬杰，魏景芳，李世杰，等.O_2^-（负氧离子）对蓖麻蚕和家蚕繁殖力的影响［J］.沈阳农业大学学报，2003，34（1）：43-45.

［34］　王勋陵，崔书红.负氧离子改善黄瓜生长发育期间空气质量的研究［J］.农村生态环境，1992（2）：44-47.

［35］　杨述斌，刘敏，曹学.负离子功能纺织品的研究及应用［J］.纺织科技进展，2020（8）：1-3.

［36］　刘强，陈衍夏，施亦东，等.电气石纳米材料在卫生保健纺织品领域的应用［J］.印染，2004，30（7）：16-18.

［37］　李俊，蔡京昊，方志财.负离子纤维材料的功能性研究［J］.材料导报，2014，28（S1）：295-296，306.

［38］　杨瑞玲，曹新.负离子涤纶短纤维的研制［J］.合成纤维，2002，31（5）：29-33.

［39］　鹿红岩，孙立.负氧离子粘胶长丝开发研究［J］.人造纤维，2003，33（3）：2-6.

［40］　何芳永.浅谈森林浴的科学原理［J］.四川粮勘设计，1999（3）：23-25.

［41］　Zhu S X，Hu F F，He S Y，et al.Comprehensive evaluation of healthcare benefits of different forest types：A case study in Shimen National Forest Park，China［J］.Forests，2021，12：207.

［42］　张凤喜.请到园林来洗肺［J］.大家健康，2003（7）：25.

第9章
负氧离子发生器及其应用

第一节　引　言

　　大气中的氧分子捕获了一个电子之后就形成负氧离子。自然界中促使负氧离子形成的因素有很多，譬如强烈的紫外线和宇宙射线照射，大气中的闪电和强电场，瀑布、喷泉、雨水撞击、浪花拍岸，以及绿色植物的光合作用，等。已证明负氧离子对环境有显著的改善及调节作用，可以促进人体新陈代谢，提高免疫力，调节机能平衡，同时在医疗方面对脑部疾患、皮肤病、神经衰弱、炎症、烧伤、哮喘等有辅助治疗功效。人们对负氧离子的研究由来已久，特别是对其产生及反应活性已经有越来越多的文献报道[1-4]。研究发现，只有当空气中负氧离子的浓度不低于 1000 个$/cm^3$ 时，才会有显著净化空气、调节身心、治愈疾病的功效。现今城市生活节奏加快，交通拥挤，绿化面积少，空气污染严重，负氧离子含量大大低于人们所需的水平，因此人们想到以人工的方法产生负氧离子，以改善家居、私人场所或公共环境的空气质量，让无处不在的负氧离子真正成为人们健康的伴侣和守护者。负氧离子发生器由此应运而生，并被愈来愈广泛地应用到人们生活和工作的各个角落。本章首先介绍了负氧离子发生器的产生及发展，继而详细描述了负氧离子发生器的基本工作原理及结构，并简要概述了有关负氧离子发生器的基本使用常识，最后对负氧离子发生器的应用及其发展前景进行了展望。

第二节　产生负氧离子的方法

在城市居住环境中，高浓度的负氧离子只有人工才能产生。只有高效而又简便的负氧离子产生方法才能应用到负氧离子发生器中。顾名思义，负氧离子发生器就是运用负氧离子的发生机理，将机械能、热能、电能等转化为化学能即产生负氧离子的装置。它可以使人们在自然作用之外制造高浓度的负氧离子。由于不同的负氧离子发生器采用了不同的负氧离子产生机理，因此有必要了解一下当前能够人工产生负氧离子的方法。目前人工可以产生负氧离子的方法主要有以下几种[5-7]。

（1）紫外线照射法：从石英汞灯产生的紫外线可以电离空气，产生的电子与空气中的氧气结合，形成了负氧离子。

（2）热离子发射法：当某些金属合金或金属氧化物材料被加热至一定温度时会发射电子，发射的电子数由热离子发射特性和温度决定。这些被发射出的电子通过对氧和小灰尘粒子的附着产生负氧离子。

（3）放射物质辐射法：放射性物质可以产生空气负离子。其中放射 α 粒子的放射性同位素是最有效的离子发射器，如钋 210 的一个 α 粒子，可以产生约 150000 个离子对。它可以把氮和氧的电子排除出来。在所得的离子中，负氧离子占绝对优势。

（4）电荷分离法：当细微的灰尘粒子被吹经空气管道时便会发生电荷分离现象。进入管道的灰尘粒子与管壁接触，失掉一个电子，电子附着到其他粒子上便形成了空气负离子，其中附着在氧上的即为负氧离子。

（5）电晕放电法：在两个电极间加有较高的电位差，其中一个电极是直径很小的针尖，则环绕该针状电极的高电场会产生大量的正、负离子，如针尖状电极是负极，正离子则很快被吸收，负离子被排斥到相反的电极，产生了电晕放电的负氧离子。

（6）高压水喷射法：从喷嘴向空气中喷出一股微细水流，它在散裂开时，可形成负氧离子。现在的强力负氧离子喷泉，可以形成在数万平方米上空的负电性气候环境。其可以安装在城市广场、公园、宾馆酒店、疗养院和楼堂亭阁的喷水池上，以及现代化的音乐喷泉水池上，微型的可安装在庭院别墅，形成负氧离子疗养区。

（7）电气石产生负氧离子：电气石是以含硼为特征的铝、钠、铁、锂环状结构的硅酸盐矿物质，化学式为 $NaR_3Al_6Si_6B_3O_{27}(OH)_4$。其中 Na 可局部被钾和钙代替，OH 可被氟代替。R 位置同质多相广泛，主要有 4 种组分：R 为镁时为镁电气石，R 为铁时为黑电气石，R 为锂、铝共混时为锂电气石，R 为锰时则为锰电气石。即使不处于外界电场中，电气石晶体在沿其三次对称轴的两端也会积聚一定量的异性电荷，产生异性两极。由于电气石本身具有压电性和热电效应，因此在温度、压力变化的情况下，可以引起电气石晶体的电势差，使周围的空气发生电离，被击中的电子附着于邻近的水和氧分子，并使其转化为负氧离子。

（8）负离子激励剂：利用光线或紫外线照射光触媒材料，或者利用天然矿物激励剂，激发能量使空气中的水分子电离，产生负氧离子。

（9）固态氧化物离子源（Solid oxide ion source，SOIS）[8]：这是材料学研究所取得的成果。在空气电极表面，氧分子结合一个电子成为氧化物离子，然后借助其电位梯度通过离子导体迁移到发射面。当向发射面施加正电场后，负氧离子即向真空发射，并以质谱进行定性。新材料作为负氧离子产生的载体，必将在丰富负氧离子产生机理的同时，为开发实用、高效的负氧离子发生器提供更为广泛的选择。另外发现在金刚石表面氧可以发生表面电离而产生负氧离子[9]。

目前，从实用性、经济性、可靠性以及普适性等方面进行综合比对，一般采用第五到第八种方法来产生负氧离子，其中以电晕放电法最为常见。

第三节　负氧离子发生器的产生及发展

为了保护自然生态平衡和人类的健康，提高人们的生活质量，并不断净化人类生存的空气环境，人们始终不懈探索负氧离子的存在及其作用机制，距今已有近二百年的历史。而负氧离子发生器也有近百年的历史。1889 年德国科学家埃尔斯特和格特尔发现了空气负离子的存在，为负氧离子的研究奠定了基础。1902 年阿沙马斯等肯定了空气负离子存在的生物意义，继而 1932 年美国 RCA 公司汉姆逊发明了世界上第一台医用空气负离子发生器，成为负氧离子发生器的雏形。早期的静电治疗机便是能产生极高浓度的负氧离子发生器。其工作原理是把 $5\sim7kV$ 负直流高压施放在金属针或碳化纤维上，把针尖附近的空气电离成负氧离子[10]。但其工作电压高达 $60kV$，离子浓度只有每立方厘米 100 个左右。半个多世纪以来，由于电子技术的飞速发展，实现了电子元件的小型化，欧、美、日各国已经从研究阶段进入了普遍应用阶段。自 1978 年伊朗的沙哈瓦特博士引进我国第一台负离子发生器至今，负氧离子的研究在我国经历了 20 世纪 80 年代初、90 年代初两个发展高潮。20 世纪 80 年代负氧离子发生器开始在我国出现，90 年代开始大量地开发和应用。20 世纪 80 年代产品多是简单的负氧离子发生器，近年来的产品已具有清新、除臭、杀菌、保鲜以及改善环境和治疗疾病的功能。进入 21 世纪的今天，负氧离子及其发生器的相关研究仍然方兴未艾[11,12]。现今制造的负氧离子发生器多种多样，主要类型有水空气型、电空气型、高压静电场型和水雾冷风型。其原理基本上都是先产生高压直流电，再利用尖端放电，使空气电离而产生负氧离子。在我国随着经济的发展和人民生活水平的提高，人们对工作、生活环境的要求也随之提高。因此以除去室内空气中污染物，改善和提高室内空气质量为目的的负氧离子发生器，如加有活性炭的吸附、过滤材料、静电除尘装置，有的加风扇，有的加香味，有的加计时，有的加转动功能。使用电源有交流、直流电源，可分别用于室内、车内以及公共环境。近年来，我国已有不少厂家生产负氧离子发生装置，并在各行业领域广泛使用，而且家用小型的负氧离子发生器也已普遍生产。例如国内生产的负氧离子空气净化机，不仅促使空气离子化，还能把产生的正离子吸收掉，只放出负氧离子，并且产生的负氧离子浓度高达 600 万～3500 万个/cm^3，在 $20m^2$ 的房间内平均浓度可达到 3000～20000 个/cm^3。如今家电市场上，负氧离子空调、负氧离子暖气机、负氧离子空气净化器、负氧离子护眼灯、负氧离子氧吧等，品种多样，样式不断推陈出新，功能也不断完善。

目前市场上流行的负氧离子发生器大多数是采用电晕法产生负氧离子的，鉴于此种负氧离子发生器的主导地位，下文简单介绍一下电晕放电法负氧离子发生器的基本工作原理。

第四节　负氧离子发生器的基本工作原理及结构——以电晕放电法负氧离子发生器为例

电晕放电法负氧离子发生器基本由两部分组成[5,6]，即高压发生电路与负氧离子发射电极（图 9-1）。高压发生电路有多种程式，一般多数采用振荡电路。在接通电源后，电路即发生起振，经升压、整流、滤波后，就得到需要的

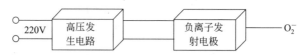

图 9-1　电晕放电法负氧离子发生器基本框架图

负高压。另外也可以采用将市电直接倍压整流以得到所需直流负高压或是先采用将市电升压再倍压整流的电路程式。负氧离子发射电极主要分为闭合式与开

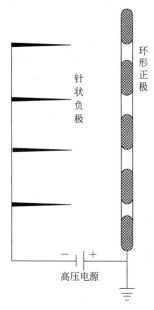

图 9-2　高压源电极示意图

放式两大类。闭合式电极为双极性，一般呈针尖状，正极采用圆环形，如图 9-2 所示。采用闭合式电极的负离子浓度不高，扩散性能差而臭氧浓度较高。开放式电极多采用针状的负极，而周围物体、大地就相当于正极。开放式电极的电场对环境有一定影响，其放电电压为 $3\sim10kV$ 上下，产生的负氧离子浓度较高。发生器通过利用脉冲、振荡电器将低电压升至直流负高压，利用碳毛刷尖端直流高压产生高电晕，高速地放出大量的电子，而电子由于寿命极短（纳秒级）无法长久存在于空气中，且由于氧的电子亲和能远大于二氧化碳、氮气等其他气体的亲和能，故空气电离的大量自由电子大部分为氧分子所俘获而形成负氧离子。这些负氧离子受到负高压的电场排斥力而离去。设计时往往在负极后面加上风机，负氧离子即在电场和风力的作用下，在环形正电极的缝隙中徐徐不断地排出，形成含有大量负氧离子的清新空气。在发射电极装置中，近年来广泛使用的导电纤维，代替了以往的针状电极，且比后者产生的负氧离子浓度高，且无臭氧产生。新材料的尝试及使用，使得负氧离子发生器可采用较低的发射电压，并获得较高浓度的负氧离子，从而减轻了高压电场对人体和周围环境的干扰，真正地做到了绿色环保。

电晕放电法负氧离子发生器的工作电路如图 9-3 所示[13]，其中二极管 $VD_1\sim VD_4$、变压器 B_1、电容器 C_1 组成普通桥式整流滤波电路，电阻 R_1、发光二极管 LED 组成电源指示电路，电阻 R_2、电容器 C_2、晶体管 VT 和行输出变压器 B_2 的低压绕组组成电感三点式振荡电路。振荡波形非线性很强，B_2 低压绕组中电流变化率非常大，致使 B_2 高压绕组中感应出很高的电压，该

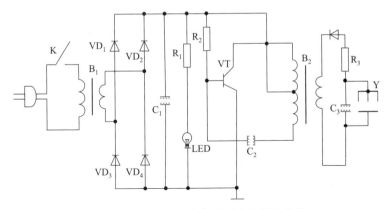

图 9-3　电晕放电法负氧离子发生器电路图

电压经高压硅堆整流，再经过由电阻 R_3 和电容器 C_3 组成的高压滤波电路后，在放电针 Y 和受电板孔 U 之间形成一稳定的 $8\sim10\mathrm{kV}$ 直流高压（Y 板为负、U 板为正），使针尖释放出大量电子。电子在电场的作用下，与其他一些分子碰撞并被俘获，结合成带负电荷的负离子，它们在负高压的排斥下背离尖端而去，形成负氧离子风。

　　实验证明[14]，要提高空气中负氧离子的浓度，必须对负氧离子发生器施加适当高电压。因为只有激发原子，才能使电子附着在原子上产生负氧离子。所以，要增加负氧离子的浓度，实际上是依靠负氧离子发生器电极所产生的电压，使电子动能达到一定的值，以保证原子激发而不被电离来实现的。激发原子所必需的电子能量称为激发能，可用激发电位 U_0 来表示。使一个常态电子电离所需的最小能量称为电离能 U_i。实验证实，运动电子在电场中电离某一元素的电位 U_i 要比激发它的电位 U_0 大。这说明电子激发中性氧分子，使之变为负氧离子所需要的电压，要比使它电离的电压小。但是在强电场的持续作用下[5]，空气不断发生电离，生成大量成对的正、负离子。若在导电尖端施加负高压，正离子由于受到负高压吸引而向导电尖端移动，并最终与之中和。大量的负离子则在负高压的排斥下背离导体尖端而去，形成负氧离子风。在高压电场中的自由电子受电场力作用，获得一定的动能。当电场强度较弱时，自由电子具有的动能小，就发生生成负氧离子的反应：

$$e^- + O_2 \longrightarrow O_2^-　　　　　　　　(9\text{-}1)$$

如果电场强度过强，使自由电子具有的动能过大，就会生成臭氧：

$$e^- + O^+ \longrightarrow {}^1O_2　　　　　　　　(9\text{-}2)$$

$$^1O_2 \longrightarrow O+O \qquad (9\text{-}3)$$

$$O+O_2+M \longrightarrow O_3+M \qquad (9\text{-}4)$$

其中，M 为能量传递体。因此在运用电晕法设计负氧离子发生器时，绝不能无限制地提高电场强度，否则会产生高浓度的臭氧分子及一些有害气体，从而对生物体产生有害的影响。一般情况下用大气离子浓度测试仪测试在距离电极 30cm 处的负氧离子浓度如图 9-4 所示。

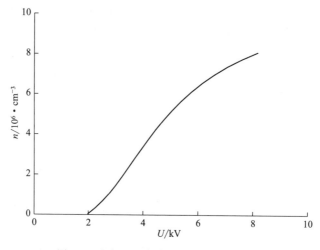

图 9-4　电极电压与负氧离子浓度的关系

开放式结构的特点是静电场的正极是整个自然空间，这有利于负离子向空间扩散[15]。电晕极的曲率半径表明电晕针的尖锐程度。当曲率半径和高压为定值时，电场强度值主要取决于电晕极和参考点的间距。高压电场本身是一个高效的离子收集器，负离子发生器在工作时，电离出来的正离子以极快的速度向负极移动，被电极接收，而负离子则被排斥到相反的电极，向空间扩散。

第五节　负氧离子发生器的评价方法与使用注意事项

一、评价方法

对负氧离子发生器的质量好坏进行评价时，首先要考察的一个重要技术指标是它产生的负氧离子浓度。由于在负氧离子发生器正前方不同距离处空气中的负氧离子浓度都不一样，因此，对负氧离子的浓度分布必须进行近似的理论分析，以便于测试[6]。

在负氧离子发生器中排出的负氧离子流中，包含有传导电流和运流电流，即

$$j = \sigma E + \rho V \tag{9-5}$$

其中，σ 为空气的电导率；ρ 为负氧离子体密度。根据电荷守恒定律，有

$$\nabla \cdot j + \frac{\partial \rho}{\partial t} = 0 \tag{9-6}$$

将式(9-6) 代入式(9-5)，得

$$\nabla \cdot (\sigma E + \rho V) + \frac{\partial \rho}{\partial t} = 0 \tag{9-7}$$

运用高斯定理：$\nabla \cdot D = \rho$ 和 $D = \varepsilon E$。可以得到一个仅含 ρ 的方程

$$\nabla \cdot (\rho V) + \frac{\sigma}{\varepsilon} \rho + \frac{\partial \rho}{\partial t} = 0 \tag{9-8}$$

当负氧离子流以恒速 $V = \nu \, j$ 运动构成一个稳态系统时，由于 $\frac{\partial \rho}{\partial t} = 0$，则上式变为

$$\nabla \cdot (\rho V) + \frac{\sigma}{\varepsilon} \rho = 0 \tag{9-9}$$

即

$$\frac{\mathrm{d}\rho}{\mathrm{d}x} + \frac{\sigma}{\varepsilon \nu} \rho = 0 \tag{9-10}$$

上式的指数衰减解为

$$\rho = \rho_0 \mathrm{e}^{-\frac{\sigma}{\varepsilon \nu} x} \tag{9-11}$$

由于 $n = \frac{\rho}{e}$，$n_0 = \frac{\rho_0}{e}$，故负氧离子浓度为

$$n = n_0 \mathrm{e}^{-\frac{\sigma}{\varepsilon \nu} x} \tag{9-12}$$

上式表明，稳态系统的负氧离子浓度 n 从零距离开始随距离增大指数地减小，如图 9-5 所示。当负氧离子发生器停止工作后，即 $V = 0$，则式(9-9) 变为

$$\frac{\mathrm{d}\rho}{\mathrm{d}t} + \frac{\sigma}{\varepsilon} \rho = 0 \tag{9-13}$$

上式的解为
$$\rho = \rho_0' \mathrm{e}^{-\frac{\sigma}{\varepsilon} t}$$

以 $n_0' = \frac{\rho_0'}{e}$，$\tau = \frac{\varepsilon}{\sigma}$ 代入，则为

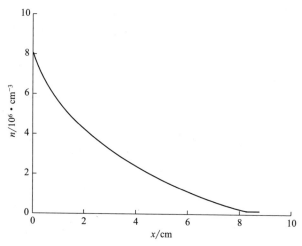

图 9-5　负氧离子浓度与发生器距离的关系

$$n = n'_0 e^{-\frac{t}{\tau}}$$

式中，n'_0 为停机时某距离处的负氧离子浓度；τ 为弛豫时间。

上式表明，在空间任一点的负氧离子浓度在关机后是随时间衰减的。

其次可以以卫生学检测标准来评价负氧离子发生器的主要性能和净化效果[16,17]。这个评价过程的特点是：①选用可模拟实际应用面积为主的实验场所，作为实验组和对照组；②只制造香烟烟雾作颗粒物污染浓度，其余均以室内本身低浓度作为实验，使之更接近正常室内环境；③采用活性炭和聚丙烯合成膜吸附过滤，且与负氧离子发射装置综合一体的空气净化器。通过对负离子发生量、噪声的测试、产生臭氧含量的监测和对烟雾和可吸入颗粒物的去除效果进行评价。所得结果均对照 DB 34/121—1995《负离子发生器卫生要求》，要低于标准值才可以。

再次，在日常生活中，也有一些巧妙的方法可以帮助我们检查负氧离子发生器是否工作正常并对其性能进行简单的评价，这些方法有[18]：

（1）接通电源后无机械噪声，将袖珍收音机打开，音量开大，在距发生器 30cm 以外，不产生明显干扰；发生器与电视机同时使用时，电视屏幕上不出现雪花；

（2）在一个开放的空间里，将负氧离子发生器接通电源后，在距其碳刷正前 20cm 或 30cm 处，利用空气离子浓度测试仪测得其浓度，一般可达 100 万个/cm³；

（3）把手放在输出高压线碳刷前 5cm，如果感觉到一股凉风，说明工作正常；

（4）取一个有盖的透明容器，将烟尘置于其中，再将负氧离子发生器放入其中，盖上通电 10 秒钟后，发现容器内烟尘消失；

（5）在黑暗的房间里，将发生器置于离墙 40cm 以外桌面上，周围不放置任何物品，手持一支 8W 的新日光灯管，其中一手握住灯管的金属部位，另一手拿干燥的手帕裹住灯管中间部位，来回快速摩擦数次，然后将另一端金属部位接近负氧离子发生器的出口，性能好的产品，能在 30～500mm 的距离处，使灯管闪出微弱亮光；如果在距离发生器 5cm 至 10cm 处才能出现亮光，说明性能较差；

（6）用普通测电笔慢慢靠近出风口的负氧离子发生器的针尖，但不要与针尖接触，如果测电笔中的氖泡开始发红，就说明负氧离子发生器有负高压存在，能产生负氧离子；

（7）利用万用表测量，接通发生器电源，将一块万用表打在 10mA 量程上，一手捏住正表笔的金属部分，另一只手握住负表笔的绝缘部分，将负表笔的尖端慢慢靠近发生器出气口，随着两者之间距离逐渐缩小，万用表指示逐渐增大，表示空气中的负离子被表笔接收，形成电流；

（8）负氧离子发生器还必须具备可靠的安全性，外部凡可接触到的地方，都不应有漏电现象；要有足够的发送率；不产生高频电磁场；臭氧累积浓度不应大于 0.04mg/L，在密闭房间连续开机 24 小时，不应产生明显的臭氧味。

二、使用注意事项[18]

（1）空气中的负氧离子易被周围物体吸收，在负氧离子发生器附近尽量不要放置太多物品。

（2）负氧离子在扩散过程中会落到绝缘物上积累起来，电压逐渐升高，形成不易察觉的火花放电而引起危险，所以在易燃、易爆物品的场合，需谨慎使用。

（3）在具有高阻抗放大器的电器的房间，最好不要使用负氧离子发生器，电荷的积累有可能导致这些电子元部件失效。

（4）开机后不准把手伸入面罩，以防高压打手，更不能把金属类导体伸入面罩触及钢针，否则容易出现危险。

（5）使用一段时间后要对发生器进行维护，譬如在风扇轴加油，以保证发生器的正常工作。

（6）应放在清洁、干净、通风的室内使用。

第六节　负氧离子发生器的主要作用及功效

据最近的一项调查表明[19]：国内城市居民每天在室内工作、学习和生活的时间长达 21.5 小时，占全天时间的 90%。平日里，我们的肺呼吸的同时又充当了过滤器。据专家介绍，长期工作、生活在空气污染严重的居室内，可导致人体多系统、多脏器、多组织、多细胞的健康损害，引起呼吸系统刺激症状与皮肤黏膜刺激症状，表现为咳嗽、气短、哮喘等。对室内空气质量，政府有关部门开始日益重视，国家质量监督局、卫生部、国家环保总局等部门制定发布的《室内空气质量标准》已于 2003 年 3 月 1 日开始实施。这也为负氧离子发生器打开了更为广阔的应用市场。负氧离子发生器可以源源不断地产生大量的负氧离子，对人们的生活环境起到了良好的改善作用，对人体有不可多得的益处。源源不断的负氧离子风被吸入人体之后，肺功能得以改善，因为负氧离子可促使肺部多吸收 20% 的氧气，而多排出 15% 的二氧化碳；激活肌体多种酶，促进人体新陈代谢；改变肌体反应能力，活跃网状内皮系统的机能，增强肌体免疫力；可使人精神振奋，工作效率提高，还可改善睡眠，有明显的镇痛作用；环境中的病毒、细菌被大量杀死，烟尘的危害也因为下沉而得以降低；中和电视、电脑的高压静电，在其前面形成一层负氧离子保护层有效减少电视、电脑产生的高压静电对眼睛的伤害，有效预防近视。

第七节　负氧离子发生器的应用

负氧离子发生器已经广泛地应用于生活与科技的各个方面。并且与车、房、家电、公共场所等的配套设施一起为人们营造了健康、舒适的环境。可以说负氧离子发生器已经深入到生活的方方面面，所以本节按照不同的应用类型给负氧离子发生器进行简要分类，并浅谈一下负氧离子发生器在人们生活中的应用。

（1）用于疾病的辅助治疗（负氧离子治疗仪）。负氧离子对许多疾病都有明显的辅助疗效，国内不少医院使用负氧离子治疗哮喘、慢性支气管炎；烧伤病人用负氧离子治疗，可加速创面愈合；在新生婴儿室使用，可减少细菌，预防新生儿感染；肿瘤病人化疗后白细胞减少，使用负氧离子后，白细胞可望升高；高血压病人使用后，血压可轻度下降。由于国外对负氧离子的认识和应用较我国为早，所以应用范围比较广泛，在欧洲有的医师积累了数万名病人的治疗经验。结果表明总有效率在70%以上。能用负离子治疗的疾病，还包括萎缩性鼻炎、萎缩性胃炎、花粉症、神经性皮炎、神经官能症和某些关节病等。临床上还有用于治疗忧郁症和经期综合征的报告。另外用负氧离子喷雾治疗面部黄褐斑[20]和带状疱疹[21,22]也有积极的效果。

（2）瓜果蔬菜的防腐保鲜（负氧离子防腐机）[23-26]。蔬菜水果是鲜活食品，采收后易腐烂，为延长保鲜期，各国科研人员发明了多种保鲜新技术，其中电子技术保鲜法是利用高压负静电场所产生的负氧离子和臭氧来达到目的的。负氧离子可使瓜果蔬菜进行代谢的酶发生钝化，从而有效地抑制贮藏食品的呼吸作用，并分解果蔬贮藏过程中产生的具有催熟作用的代谢废物如醇类、醛类、乙烯、芳香类等物质；同时臭氧既是一种强氧化剂，又是一种良好的消毒剂和杀菌剂，既可杀灭消除蔬果上的微生物及其分泌的毒素，又能抑制并延缓蔬果有机物的水解。臭氧与负氧离子共同作用有极好的果蔬保鲜功能，可以抑制果蔬的新陈代谢及病原菌的滋生蔓延，延缓了瓜果蔬菜的后熟衰老，促进创伤愈合，增强抗病力，防止腐烂变质，达到保鲜、消除异味、延长贮存时间和扩大外运范围的效果。

（3）消除运动疲劳，减轻赛场紧张感（负氧离子理疗仪）[27]。负氧离子作为运动医学中消除疲劳的一种手段，正不断地被人们研究和认识。负氧离子发生器在迅速消除运动员疲劳、缓解临场疼痛、促进睡眠、稳定情绪、临场较快集中精力、抗外界声音干扰等方面有明显的作用。

（4）在建筑物中的广泛使用（负氧离子暖气机、负氧离子空气净化器）。目前，以人造负氧离子提高环境中负氧离子浓度，以维持适当的正负离子平衡，从而改善空气环境质量，正日益受到人们关注。因为负氧离子对消除悬浮在环境中的10μm以下的飘尘及各种有毒、有害的气溶胶，以及抑制细菌、霉菌有其独到之处；同时简易、经济可行是其他一切超净过滤装置及所有净化过程不可比拟的。宾馆配有负氧离子发生器，以改善房间的空气环境。另在超净室、精密仪器室等装有空调设备的场所或空气不流通的工作环境中使用负氧离子发生器可消除或减轻人体的不良感觉，从而提高工作效率。工业、农业、国防科技领域空调房间中广泛使用氧负离子发生器，可为人们创造一个良好的小气候环境，可用于地下坑道、车辆舱内、深水设施、潜艇密封舱、宇宙飞船、电子计算机控制中心等处。以及用于商场、大会堂、多功能厅和影剧院等中央空调系统房间中改善空气品质，可对由室内封闭空气不流通造成的头晕、疲乏、胸闷、烦躁等症状起到减轻作用。

（5）微型负氧离子空气净化器（USB口发生器）。USB接口空气净化器利用高压放电释放负氧离子原理净化空气、消除静电。它的特点是小巧实用（质量只有20～30g），USB接口即插即用，可以直接插到电脑主机的USB口上作为驱动。采用压电石英方式电离空气，环境友好，安全，无噪声，负氧离子发生量大。

（6）在家蚕饲养以及农业饲养中的应用（农用负氧离子发生器）。可以提高蚕的良种繁育效率，提高蚕体强壮度，促进蚕消化吸收，产茧量增加，提高养蚕效益，提高生产质量[28]；对家禽及牲畜起到良好的生物效应，在家禽及牲畜的防病治病、降低饲料消耗、增重、产蛋和孵化率提高等方面有着较为广泛的应用[29,30]。必将会成为工厂化、集约化饲养业又一增产的新途径，有望取得理想的经济效益、社会效益和环境效益。

（7）在环保照明及保视中的应用（负氧离子空气净化照明灯，负氧离子护眼灯）。此类负氧离子发生器属于照明类里一种绿色环保产品，是现代居室同时具备空气净化和节能照明的产品。除了可以提供居室节能照明，还可以发射负氧离子与细菌结合，导致细菌死亡，最终沉降于地面。同时负氧离子空气净化灯还能消除在室内装修使用的混凝土、石膏板、大理石、花岗石、涂料、黏合剂等建材放射出来的有害气体如甲醛、酮、苯、甲苯、氡等。日常生活中剩菜剩饭的酸臭味，吸烟所产生的尼古丁等对人身有害的气体，复印机在工作中产生的二甲基亚硝胺，电脑、激光打印机等现代办公设备在工作中产生大量有机废气，等，均可得到有效的消除。

（8）负氧离子氧吧系列（家居或车用负氧离子氧吧）。氧吧系列对居家环境有显著的影响。一般情况下氧吧与柔光灯或书写台灯结合，不仅可以起到良好的装饰作用，而且可以清洁室内空气。而车用负氧离子氧吧[31]在排除空气中烟雾和有害气体等方面有良好的效果，有利于改善工作环境。它可以产生有效浓度的负氧离子，对烟雾造成的一氧化碳、二氧化碳浓度升高具有有效而显著的降低作用，进而达到减少污染、净化空气的效果。据公安部统计，2020年全国汽车保有量已经达到2.8亿辆。由此可见，汽车车内空气污染问题还是应该引起足够重视的。作为一种汽车用品，可以想象负氧离子发生器的广阔需求及消费前景。

（9）杀菌或消毒作用（负氧离子消毒机或消毒车）。目前的负氧离子消毒机主要是通过长期保持稳定的正电场，细菌通过时，因细胞膜均呈负电荷而被破坏，从而达到杀灭细菌的目的，一般可以使细菌特别是枯草菌和霉菌的存活率大幅下降。另外大功率负氧离子杀菌消毒车集臭氧和紫外线杀菌于一体，对微生物病菌具有极强的消杀作用并能高效、快捷地消除空气中对人体有害的蒸汽、烟、雾等。通过负氧离子发生器的电离、分解、吸附、炭化、除异味等多重功能，有效除掉空气中的有害物质，达到快速高效的杀菌消毒作用[32]。

（10）电脑显示器专用负氧离子发生器[33]。传统显示器均有 20～27kV 的阳极正高压，该高压产生吸附作用很强的静电场，大量吸收中和带负电的微粒，排斥带正电的微粒，使空气中正离子比例升高，人们长期生活在这种环境内容易出现"电脑病"症状。而在显示器中安装了负氧离子发生器后，只要显示器开始工作，在仅 12V 直流低压供电的情况下，负氧离子发生器就向外发射负氧离子，从而消除大量的正离子，为电脑操作者创造了一个良好的工作小环境。

（11）其他类型的负氧离子发生器。此外还有专供中央空调风盘使用的负氧离子发生器和美肤美容用的负氧离子嫩肤器等。

第八节　负氧离子发生器的应用前景

从产生到发展，负氧离子发生器在实际应用领域有着巨大的发展机会和发展前景。作为一种新兴的高科技产品，它不同于传统产品，具有全方位去除室内环境污染的特点，可以对大面积的污染源或污染物进行清除，兼有高效的杀菌作用。随着经济发展及人们生活水平的提高，大众对绿色环保型消费品的需求越来越旺，要求自然也就更高。除了要继续强化上文所述的种种功能以外，负氧离子发生器还应该在清除有害气体和悬浮颗粒物上增加新的功能。特别是与新型材料结合，增加负氧离子的释放量的同时，顺应时代的潮流，如节约能源、自身净化等。另外负氧离子发生器的加工工艺的好坏及生产成本的高低也是决定它能否进入千家万户的因素之一。

无论是用于环境改善还是用于医疗，负氧离子发生器都必须做到先进、稳定、有保障。经过 30 年的努力，国内一些公司已经初具规模并有较为适用的产品，多种型号规格的负氧离子发生器得到研制并推广，这是产业发展的基础，说明国内负氧离子发生器的市场已经开始走上快车道。但是目前此行业还缺少统一的规范和标准来作为指导生产以及进行产品质量监督的重要依据，使科技成果从实验室走向批量生产，并走出国门。事实证明，只有建立了规范的产品标准，才能构成高新技术产业化发展的技术基础和支撑。尤其在当代科学技术迅猛发展的情况下，新的产业和新的经济增长点不断生成，只要能做到以下几点，负氧离子发生器的制造商就可以抓住机遇，迎头赶上，真正地生产出与国外同类产品相媲美的产品。

（1）行业主管部门应制定相应的法规与标准，从多方面给予企业扶持。

（2）大公司大企业应积极介入。20世纪整个80～90年代相当长的时间内，国内负氧离子发生器的生产只是在一些技术、资金、人才实力并不很强的中小型公司进行，这种格局造成产品的设计规划、研究开发、生产制造、系统集成、售后服务全盘滞后。所以需要有一批大公司涉足这一领域，产业有了领头羊，有望局面有所改观。

（3）技术创新。目前绝大多数的负氧离子发生器都是以电晕放电法为基础设计制造的，而其他可产生负氧离子发生器的方法应用则很少。这与制造成本有关系，但更多的是因为制造技术相对落后。只有进行不断的技术创新，利用高新技术改组、改造和提升负氧离子发生器技术与仪器设备行业的技术水平和竞争能力，加强国际竞争力。

（4）依据实际需要，按照不同场景的需求，分门别类地做成系列产品方能符合市场客观需求。市场需要各种各样的负氧离子发生器，应各自分流，创建特色，形成系列，分出档次，造就品牌，满足不同人的喜好。产品的质量和企业的信誉是最好的名片，这样才能吸引用户，维持市场的长久性和稳定性。

将负氧离子发生器应用推广至广阔的市场中，结合医养健康产业和绿色环保产业的发展需求，必定会赢得积极的响应，完全有形成大产业的可能。而且我国的负氧离子发生器的市场已经发展到了一个新时期，走专业分工、走行业联合、走产业发展、走服务优先、走质量为本的前进道路，是中国负氧离子发生器产业的生存发展胜利之本。对于我们这样人口众多的国家而言，具有重大的发展潜能和诱人前景。

第九节　小　结

近些年我国的电子产业有较大幅度的稳定增长，这为开发制造负氧离子发生器提供了一定的物质和技术保障。开发新型的负氧离子发生器，会极大丰富和改善人们的生活。随着各种高端家电产品的繁荣及性能不断提高，广大消费者在实实在在感受到产业发展和技术进步所带来的实惠的同时，还对新型产品寄予厚望。这就要求负氧离子发生器的生产商坚持技术创新和观念创新，密切注意国际市场动态，借鉴国外先进技术，不断推陈出新。同时，随着科技的迅猛发展、环境意识的不断深化以及空气离子测试仪器的完善，人们的认知水平会不断提高，对负氧离子作用机理的研究也会不断深入。负氧离子发生器作为一类绿色环保而又实用的装置，其潜在的价值肯定会被逐渐发掘出来并被人们加以充分利用。这对于建立一个舒适的生存环境，提升人类的生命价值具有积极的作用。我们相信负氧离子发生器会有助于提高我们的工作效率，改善我们的生活质量，增强我们的体魄，丰富我们的知识园地，最终为全国人民和全人类造福。

参考文献

[1] Bowes M, Bradley J W. The behaviour of negative oxygen ions in the afterglow of a reactive HiPIMS discharge [J]. Journal of Physics D: Applied Physics, 2014, 47（26）: 265202.

[2] Nguyen H C, Trinh T T, Le T, et al. The mechanisms of negative oxygen ion formation from Al-doped ZnO target and the improvements in electrical and optical properties of thin films using off-axis dc magnetron sputtering at low temperature [J]. Semiconductor Science and Technology, 2011, 26（10）: 105022.

[3] Katsch H M, Manthey C, Wagner J A, et al. Negative ions in argon - oxygen discharges [J]. Surface and Coatings Technology, 2005, 200（1/2/3/4）: 831-834.

[4] Sun Y X, Hakoda T, Chmielewski A G, et al. Mechanism of 1, 1-dichloroethylene decomposition in humid air under electron beam irradiation [J]. Radiation Physics and Chemistry, 2001, 62（4）: 353-360.

[5] 潘雨顺. 空气环境与负氧离子在空调制冷房间中的应用 [J]. 四川制冷, 1996（4）: 2-8.

[6] 陈俊衡, 贾兆平, 何宝鹏. 负氧离子发生器 [J]. 大学物理, 1991, 10（2）: 32-34.

[7] 刘强, 陈衍夏, 施亦东, 等. 电气石纳米材料在卫生保健纺织品领域的应用 [J]. 印染, 2004, 30（7）: 16-19.

[8] Fujiwara Y, Kaimai A, Hong J O, et al. An oxygen negative ion source of a new concept using solid oxide electrolytes [J]. J Electrochem Soc, 2003, 150（2）: E117-E124.

[9] Wurz P, Schletti R, Aellig M R. Hydrogen and oxygen negative ion production by surface ionization using diamond surfaces [J]. Surface Science, 1997, 373（1）: 56-66.

[10] 从继信. 神奇的负氧离子 [J]. 解放军健康, 2003（3）: 39.

[11] Chen C H, Huang B R, Lin T S, et al. A new negative ion generator using ZnO nanowire array [J]. Journal of The Electrochemical Society, 2006, 153（10）: G894.

[12] Imtiaz M A, Mieno T. High density fluorine negative-ion source generated by utilizing magnetized SF_6 [J]. Journal of Modern Physics, 2014, 5（2）: 89-91.

[13] 陈宝才, 郭丽窈. 强力负氧离子发生器 [J]. 电工技术, 1998（5）: 36-37.

[14] 张景昌. 空气中负氧离子的形成及其浓度衰减的规律 [J]. 纺织基础科学学报, 1994, 7（4）: 306-309, 318.

［15］ 方华.空气负氧离子净化器的制作［J］.家庭电子，1996（8）：6.

［16］ 徐业林，张庆.免过敏室内空气净化器卫生学检测研究［J］.现代预防医学，2000，27（2）：236-238.

［17］ 郭慧宇，孙文，宋嘉森，等.负氧离子发生器的辅助空气净化效果实测［J］.环境工程，2019，37（2）：130-132，174.

［18］ 袁国珍.氧负离子及其发生器［J］.北京电子，2002（11）：45-46.

［19］ 凌忠平.净化器市场迎来健康新商机［J］.沿海企业与科技，2005（1）：32.

［20］ 黄丽.负氧离子喷雾加果酸霜面部按摩治疗黄褐斑［J］.今日科技，2000（9）：35.

［21］ 毛秀娟.负氧离子喷雾疗法在带状疱疹治疗中的护理［J］.护理与康复，2004，3（1）：32.

［22］ 蔡正坤，胡亚莹.紫外线负离子喷雾治疗带状疱疹疗效观察［J］.皮肤病与性病，2003，25（1）：21-22.

［23］ 万娅琼，夏静，姚自鸣.臭氧及负氧离子技术在果蔬贮藏保鲜上的应用［J］.安徽农业科学，2001，29（4）：556-557.

［24］ 高海生，梁建兰，柴菊华.果蔬贮藏保鲜产业现状、研究进展与科技支持［J］.食品与发酵工业，2008，34（9）：118-123.

［25］ 滕斌，王俊.果蔬贮藏保鲜技术的现状与展望［J］.粮油加工与食品机械，2001（4）：5-8.

［26］ 黄双进，庞杰.花椰菜保鲜技术及其发展方向［J］.农业科技通讯，2004（3）：36-37.

［27］ 陈晓光，许亮，李莹.负氧离子加音乐调节在体育锻炼中消除运动疲劳的研究［J］.平原大学学报，2003，20（2）：87-88.

［28］ 李冬杰，魏景芳，李世杰，等.O_2^-（负氧离子）对蓖麻蚕和家蚕繁殖力的影响［J］.沈阳农业大学学报，2003，34（1）：43-45.

［29］ 刘国信.冬季养猪必须重视改善舍内空气质量［J］.饲料与畜牧，2017（24）：44-47.

［30］ 吴荣杰.防控猪病——从猪舍的空气质量控制做起［J］.今日养猪业，2011（5）：36-37.

［31］ 赵锋.车载空气负氧离子仪的设计［J］.焦作大学学报，2019，33（3）：70-72.

［32］ 杨绘敏，王涛.空气消毒净化新技术在医院工程中的应用［J］.洁净与空调技术，2018（3）：89-92.

［33］ 佚名.负氧离子发生器与显示器［J］.电子与电脑，2002（12）：111.

第10章
空气负离子检测技术及相关的测定方法

第一节 引　言

　　空气中负离子的发现与应用是从 19 世纪末才开始的事情：1889 年德国科学家埃尔斯特和格特尔发现了空气负离子的存在；随后，德国物理学家菲利浦·莱昂纳德博士首先在学术上证明了空气负离子对人体的功效，并且他认为在地球的自然环境中，瀑布周围是存在空气负离子最多的地方；1902 年，阿沙马斯等阐述了空气负离子存在的生物意义；1903 年，俄罗斯学者发表了采用空气负离子治疗疾病的论文。

　　空气离子对人体的影响比较容易验证。曾有一位德国医生就把自己关进一间空气负离子浓度高的小屋内，自我感觉非常舒适；而随着小屋内空气正离子浓度的增大，则感觉胸闷、头晕、烦躁不安等；从而来测验空气正、负离子对人体的影响。1932 年，美国 RCA 公司汉姆逊发明了世界上第一台医用空气负离子发生器，在病房中产生空气负离子。由此，空气负离子研究在欧、美、日等各国经历了半个多世纪的发展、应用阶段。在我国，空气离子研究的最早年代尚无据可查。战争年代，解放区战地医院曾采用过空气气雾疗法；20世纪 40 年代，海军医学科学院为解决舰艇舱室密闭环境和相关航海员的疾病问题，自制了简单的空气离子发生器与测量仪[1]；随后的十年，空气离子的概念开始出现在卫生学教科书及有关翻译文稿中；我国空气负离子发生器的前身——生物滤器（Biological filter），是 1978 年由伊朗的沙哈瓦特博士引进的；随着电子工业的蓬勃发展，上海、西安、漳州等地的厂家先后研制出多种类型的空气离子发生器，如电晕型、水型、放射元素型等系列产品。如今，空气负离子的研究在我国已经历了 20 世纪 80 年代、90 年代两个发展高潮，为促进我国空气离子研究工作奠定了夯实的基础。21 世纪初由于室内空气污染的出现，空气负离子的研究又出现了新的发展高潮。近代生物医学的进展、动物实验的研究结果、环境意识的深化以及空气离子检测仪器的完善，推动着对空气负离子作用机理的深入化研究。不过目前国内针对空气负离子的研究仍然侧重于自然或作业环境中空气负离子浓度的测定，空气负离子与人员健康调查，空气负离子治疗疾病及对某些生物化物质（酶等）的影响等几个方面。

自然界中空气负离子产生主要有三大机制：一是大气受到紫外线、宇宙射线、放射性物质、雷电、风暴等因素的影响发生物质分子电离产生负离子，这是空气负离子的主要来源；二是在瀑布冲击、海浪推卷及暴雨跌失等自然过程中，水在重力作用下高速流动，水分子裂解产生大量负离子；三是在森林中，树木、枝叶尖端放电及绿色植物光合作用形成的光电效应使空气电离，产生空气负离子。这也就是人们为什么在雷雨后、瀑布旁、森林中会感到心旷神怡、精神饱满、心情愉悦的一个原因。一般情况下，在大部分区域中，空气中负离子含量都会比正离子低 20% 左右。这可能是由于受到大气自身电场的影响：大气电离层相对地面约为 30 万 V 的正电压，在地表上的平均电场约为 120V/m，因而地球表面始终处于负的电位；结果，空气负离子受到地面排斥，正离子则受到地面的吸引，所以空气中负离子浓度会比正离子的浓度大些。

有些时候，我们可以采用一些简单的方法验证空气中负离子的存在，比如：①把手放在输出高压线探头前数厘米处，就会感觉到一股凉风；②可以取一个有盖的透明容器，罩上烟尘，再将负离子发生器放入其中，盖上容器，通电数秒钟后，就会发现容器内烟尘消失；③将一台负离子发生器放置于有异味的环境中，过一段时间，就会发现异味明显被消除。

而空气负离子浓度的准确测定还是一个技术难关，需要克服。目前，国际上空气负离子浓度的计量单位是以每立方厘米空间的负离子个数（即"个/cm^3"）表示的。空气离子所携带的电荷基本上是单位电量，极其微小，寿命又短，容易受到外界因素的影响而使其浓度变化或者成为大离子。要准确测量它，负离子测量仪必须包括一个离子收集器和一个能捕获离子收集器电量发生变化的测定计（如图 10-1）。由于这些仪器灵敏度很高，因而要求其绝缘性非常好，否则就很容易受到环境因素和人为因素的影响而造成测量的误差，甚至测不到本来应该存在的离子。这就要求除了精密的仪器性能之外，实验人员也要对仪器以及被测对象的性质有一定的了解，针对不同的测试对象，要建立一套正确的测试方法。

图 10-1　空气离子测量仪示意图

2019 年我国颁布实施了 GB/T 18809—2019《空气离子测量仪通用规范》新标准，但是国内外对空气负离子检测方法尚未建立统一的标准，各个国家甚至各个企业生产的检测仪器由于所采用的检测技术的不同以及仪器设计结构的差异，检测数据都会有很大的变化。所以在检测空气负离子浓度之前，有必要对目前存在的一些空气负离子检测技术及其相关的测定方法进行介绍与评价。在概念上，所谓的动态法、静态法主要是指空气离子检测仪检测的量为电流或者电荷，因为从物理意义上，电荷的定向运动形成电流，而静止的电荷只造成一定的电压差。本文主要通过介绍不同的空气离子检测仪，引出对其测量原理、仪器结构以及仪器的使用等方面的叙述和评价。

第二节　动态法空气离子检测仪 [2, 3]

社会上常用的空气离子测量仪大都采用动态法测定空气中的离子浓度，具体而言就是利用空气离子收集器收集空气离子携带的电荷，通过测量这些电荷形成的电流和取样空气流量换算出离子浓度。目前从国外进口的这些空气离子测量仪主要产自日本和美国，例如日本生产的 KEC-8002 型空气离子测定仪和美国 Alpha 有限公司产的 Air Ion Counter 型空气离子测定仪。国内也有数家公司从事生产和加工空气离子测量仪，主要有漳州市连腾电子技术有限公司、北京清博益康科技有限公司、石家庄数英仪器有限公司（原石家庄无线电四厂）和上海申发检测仪器有限公司（原上海申发检测仪器厂）等，所生产的仪器型号包括漳州市连腾电子技术有限公司生产的 DLY 系列"大气离子测量仪"以及由上海申发检测仪器厂生产的"大气离子浓度测量仪"等。

一、测量原理

在动态法空气离子检测仪中，比较通用的空气离子收集器为平行板电容式收集器。该收集器的收集板与极化板为相互平行的两组金属板，也可以采用多组极板结构，类似于电容器的结构。空气离子收集器的收集板和极化板之间始终保持着极化（正、负）电势，通过一个微电流计测量空气离子所形成的电流，从而监控收集板上空气负离子的浓度，其结构如图 10-2 所示。

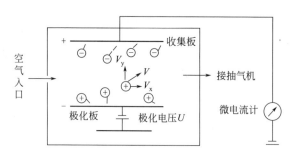

图 10-2　空气离子检测示意图

空气中正、负离子随取样气流进入收集器后，在收集板与极化板之间的极化电场作用下，按不同极性分别向收集板和极化板偏转。收集板上收集到的电荷通过微电流计落地，形成一股电流 I；极化板上的电荷通过极化电源落地中和，不影响测量。改变极化电压的极性可以改变收集板收集到的离子的极性，从而改变所测量离子的极性。在具体计算过程中，一般认为，每个空气离子只带 1 个单位的电荷。因此单位体积空气离子数目（即离子浓度）可以通过计算获得。

空气离子大小不一，按微粒直径大小的不同可分为小离子、中离子、大离子 3 类；其在单位强度（V/m）电场作用下的移动速度称之为离子迁移率，它是分辨被测离子直径大小的一个重要参数。在极化电场作用下，空气离子跃迁时的平均速度（即迁移速度）不但与极化电场的强度成正比，而且与离子直径有密切关系。由于假定空气离子所带电荷相同，因此空气离子直径越小，其迁移速度就越快，迁移速度与离子大小的关系如图 10-3 所示。

通过改变离子的迁移速度，可以测得不同大小的离子浓度。相邻两个迁移速度之间的离子浓度读数差值就是迁移速度在这两个数字之间的离子浓度数。根据离子迁移速度的定义和离子收集器的结构，可以推导出离子迁移速度的计

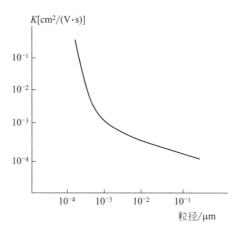

图 10-3 迁移率与离子大小的关系

算公式:

$$K = \frac{d^2 V_x}{LU} \tag{10-1}$$

式中, K 为收集器离子迁移率极限, $[cm^2/(V \cdot s)]$; d 为收集板与极化板之间的垂直距离, cm; V_x 为收集器中气流速度在轴向的分量, cm/s; L 为收集板的有效长度, cm; U 为极化电压, V。

二、仪器构造

空气离子测量仪主要由空气离子收集器和微电流放大器两个部分组成, 它们直接控制着测量结果的准确程度和检测灵敏度。此外, 空气离子测量仪还包括 A/D 转换器、极化电源、供电电源等数个辅助设备部分。

(1) 空气离子收集器。典型的平行板型离子收集器是 1950 年发明于美国斯坦福大学的 Wesix 型离子收集器, 由于其具有许多优点, 目前在市场上占有绝对的统治地位。该收集器所涉及的原理比较简单, 即由抽气机将空气抽入收集器中, 同时用一个平行板型电场收集这些被抽取气体中的离子, 以形成一股离子电流。但由于空气收集器结构关系到空气中离子能否收集完全, 能否完全被收集板所捕获, 从而直接影响到检测结果的可靠性和准确性, 所以空气收集器设计要充分考虑到实际测量的需要。一般而言, 在不影响离子迁移率 K 的前提下尽量使极化板与收集板之间的距离 d 较小, 收集板截面积 a 相对大一些, 从而增大取样量, 提高灵敏度。平行板电场属于均匀电场, 不但可以用于收集空气离子测定其浓度, 而且还可以用来测定离子的迁移率。为了克服平行板电场的"边缘效应"，一般让收集板稍微超前于极化板，使整个电场更加均匀。另外，收集器还要处于绝缘状态，以免外部环境因素的影响。

（2）微电流放大器。微电流放大器是空气离子测量仪的关键性部件之一，直接控制着测量结果的准确程度和检测限，一般采用的是全反馈式直流放大器。

图 10-4　反馈放大器理想模型

所谓反馈是指将放大电路输出端的电压或者电流，通过一定的方式，返回到放大器的输入端，对输入端产生作用的现象。引入反馈后，整个系统构成了一个回路，其放大电路的理想模型示意图如图 10-4 所示（"理想"是指信号只沿图示反馈环中箭头方向传输）。图中，$\overline{X}_i$、$\overline{X}'_i$、$\overline{X}_f$、$\overline{X}_o$ 分别表示输入量、基本放大器的净输入量、反馈信号和输出量。

引入反馈后，放大器的输入端同时受输入信号和反馈信号作用；此时，电路可根据输出信号的变化控制基本放大器的净输入信号的大小，从而自动调节放大器的放大过程，以改善放大器的性能，从而保持输出电压或电流的稳定性。以 $F = \dfrac{\overline{X}_f}{\overline{X}_o}$ 表明反馈量中包含了多少输出量，故 $|F| \leqslant 1$；当 $|F| = 1$ 时，称该反馈网络为全反馈。如果全反馈网络仅能馈送直流信号，则只存在直流反馈，当然稳定的也只有直流信号，也就是微电流放大器所需要的全反馈式直流放大器，其工作原理如图 10-5 所示。

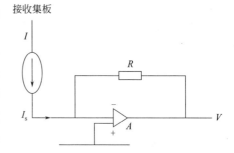

图 10-5　微电流放大器结构示意图

当满足 $I_s \gg I$ 的条件时，有下面公式成立：

$$V = -IR \qquad (10\text{-}2)$$

式中，I 为输入电流；V 为输出电压；R 为反馈电阻。

根据公式（10-2）可以得到被测电流 I 的数值。另外，仪器的响应速度基本上取决于反馈电阻 R 的数值以及与它们并联的电容 A（包括分布电容量）。较快的响应速度对于观测离子浓度的变化是有利的；然而在实际环境测量中，由于风、空气流动等各种因素的影响，离子浓度波动较大，往往容易造成读数跳动不定，无法读取的毛病。在这种情况下，采用较长的响应时间会得到更平稳的读数。

（3）其他辅助设备部分。为了使空气离子测量仪正常工作，除了上述关键器件外，还需要数个辅助部分。

在空气离子测量仪中，需要两种直流供电电源：为极化板供电的极化电源，它一般采用"悬空供电方式"，基本上不消耗电能，可以使用很长时间；为直流放大器、风机、数字显示器供电的直流电源，它可以采用电池供电。

A/D 转换器是指能将模拟量转换为数字量的电路。其工作基本过程如图 10-6 所示，模拟电子开关 K 在采样脉冲 CP_S 的控制下重复接通、断开的过程，从而达到模拟量→数字量的转换。K 接通时，$u_i(t)$ 对 C 充电，为采集信息过程；K 断开时，C 上的电压保持不变，为保持过程。在保持过程中，采样的模拟电压经数字化编码电路转换成一组 n 位的二进制数输出。该转换器使得微电流放大器所产生的模拟量能顺利地以数据形式显示出来。

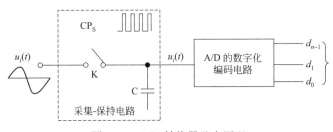

图 10-6　A/D 转换器基本原理

（4）应用。现如今社会上充斥着大量的各种型号的空气离子测量仪，其基本的工作原理都如上所述，由空气离子收集器收集空气中的离子，然后采用微电流放大器进行放大检测。在选择购买空气离子测量仪时，具体应着重考虑以下几个问题。

① 根据具体项目的实际需要，选择空气离子测量仪检测离子浓度的测量上限。针对目前各种项目的需求，空气离子测量仪检测上限只要达到 10^9 个/cm³ 就足够了，超过这个限度是没有必要的。

② 所需要的离子浓度最小分辨率，亦即空气离子检测仪器的灵敏度极限。如果在实际实验过程中，要求进行空气本底离子浓度值的测试，则要求选用分辨率优于 20 个/cm³ 的仪器，否则就会出现由于灵敏度不够而影响测量的情况。

③ 所选择空气离子检测仪的离子迁移率测量范围。对于不同结构的离子测量仪，离子迁移率具有不同的含义。例如采用单级离子收集器的仪器所指的是离子迁移率的极限值，这意味着，迁移率比这个极限值大的小离子都会被收

集到（注意：离子越大，迁移率越小）。另外，还有一种二级式平行板收集器，其第一级收集板较短，用于收集小离子；第二级收集板较长，用于收集中、大离子；前后两级极板都是独立的，可以分别施加不同的极化电压。为了加宽离子迁移率覆盖的范围，这种离子收集器还使用了两种不同的抽气速度：测量小离子、中离子时抽气速率较高，约 1.8 m/s；测量大离子时抽气速率较低，为 0.5 m/s。这样可使得离子迁移率测试范围覆盖大、中、小离子。

④ 响应时间，是指被测量的气体从开始被抽入收集器到仪器数据指示稳定所需要的时间，各种空气离子检测仪器有所不同。在野外测试或被测的离子源存在较大波动的情况下，最好选用响应时间长一些的仪器；但如果对观察离子衰减时间、离子寿命等一些速度变化迅速的项目，就需要响应时间较短的仪器，否则就观察不到衰减的过程。一般的情况下，响应时间可在 5～20 秒的范围内选择。

⑤ 测量误差，主要包括离子浓度测试误差和离子迁移率标定误差两个方面。离子浓度测试误差主要由微电流计的误差和抽气速率误差组成。前者一般在 5% 左右，后者在 10% 左右，因此离子测量仪的浓度误差大致在 10%～15%。离子迁移率标定误差主要由极化电压误差和抽气速率与极板间距的误差构成，一般为 10%～20%。

⑥ 抽气速率，是指仪器所使用的抽气机气流速率，和仪器的取样量直接相关。取样量大的灵敏度一般较高，适宜对较大空间范围的空气进行测试。取样量较小的灵敏度较低，也较易受外界气流干扰；但同时它对被测对象影响也较小，适合用于那些不允许大量采样的场合。

⑦ 测量对象。空气离子测量仪的测试对象，大体上可分为人造离子源和自然离子源。人造离子源主要有各种电晕式离子发生器、水激式离子发生器及放射源离子发生器等。自然离子源，主要有地表放射性物质、放射性气体、宇宙线、天然瀑布等。不同离子源所产生的离子浓度相差甚大，离子源周围的离子浓度梯度的分布也有很大不同。

在人造离子源中，电晕法产生的离子浓度比较高；但是随着扩散距离的增加，离子浓度会急剧衰减。不带吹风装置的离子源浓度衰减速率比带风机的要快很多，其扩散距离较紧，空间分布电场也比较弱。水激式离子发生器所产生的离子浓度一般在数十万个/cm^3，其寿命比电晕法产生的离子寿命要长得多，浓度梯度（空间电场）也比较小；另一个特点就是这种离子的迁移率主要分布在 0.4 $cm^2/(V \cdot s)$ 左右，与其他类型的空气离子发生器有所不同。

　　各种不同类型的空气离子发生器所产生离子浓度梯度的分布相差很大。为了比较它们的性能，应该规定一个合理的测试距离。从实用的角度出发，并考虑尽量减少测量仪器对原有离子分布状况造成改变，可以选在距离离子发生器30～50cm处进行测试；在保证测试环境气流稳定的情况下，后者似乎更为合适。

　　同时，自然离子源根据其空间位置，又可分为室内、室外、城里、野外等各种自然条件。在室外进行测试，主要考虑如何避免环境因素的影响，应避免风直接吹到收集器的入口或出口，以免加快或减弱抽气速率。在有风的情况下应尽量使收集器入口气流方向与风向垂直，最大限度地减弱外界风对测量结果可能造成的影响。室内测量时，要考虑如何避免室内电器对测试的干扰，还要考虑墙壁桌面等材料是否会吸附离子电荷，造成静电干扰。一般不希望使用塑料等高绝缘性材料做实验室的桌面、墙壁，因为这些材料很容易吸附电荷形成附加电场，从而对测量结果造成影响。在湿度大的环境中要避免因连续测量而使仪器受潮；此时，除了采取驱除潮湿措施外，最好采取间断性测试的方法，这时就可以利用仪器自身的驱潮器使其恢复功能，保持正常测量的性能。

　　在具体测定空气中负离子浓度的项目中，针对空气中不同大小的离子检测，空气离子测量仪一般都设置 3 种不同的离子迁移率供其选择，既可单独使用，也可组合使用。比如对于 DLY-3G-232 型大气离子测量仪（福建省漳州市东南电子技术研究所制造），是一种带有 RS-232 接口的大气离子专用测量仪器，可用于测量空气本底值和各种空气离子发生器所产生的各种正、负极性离子（主要用于测量小离子）。

　　在进行实际检测时，DLY-3G-232 型大气离子测量仪使用步骤和需要注意的事项如下。

　　① 使用前的准备工作。需要把倍率开关置于最高档（$\times 10^6$）；"离子极性"开关置于"0"。

　　② 驱除潮湿。新购买的仪器或者已经闲置很长时间的仪器，可以用电热吹风机对准离子收集器进风口吹热风进行驱潮，吹热气时应对准收集器绝缘物。如果微电流计部分也受潮，应同时对其吹热风驱潮。驱潮处理后的仪器应待其冷却后才能接通电源工作。若无电热吹风机，可将仪器通电，利用其自身的驱潮器进行驱潮。

　　③ 校正零点。将"离子极性"开关置于"0"位，"迁移率"置于"1"档，"倍率"开关置"10"档，按下"调零"按键，调整显示零。每次开机前或极性转换挡位时必须打在高档，比如 10^4 或者 10^6，以免冲击表头。

④ 回位。"离子极性"开关转到"＋"极，"倍率"开关置"10"档，稍等看其是否回零。若数值为 0～10 表示机器正常，若数值超过 10 则需要干燥驱潮。

⑤ 空气离子迁移率。将迁移率旋钮对准不同的刻度，从而即可测得不同空气离子浓度值。直接从仪器上读出的空气离子浓度数值，反映的是大于所设定迁移率值的较小离子的总数。

⑥ 空气离子浓度测量。按所要进行的测量项目定好离子极性、离子迁移率；调好零点；开启风机开关，等数据稳定后再读数。

在使用过程中要注意加强对仪器的维护：①为了保证测量数据的准确，应经常校正零点；定期校准抽气风速和微电流计的灵敏度。②测量中若有停歇或间断时，应将风机关上，以节省电力；定期测量电池的电压，及时更换电池或充电。③防止灰尘和腐蚀性气体进入收集器，否则将造成测量误差，每次测量完成应及时关掉抽风机。④若仪器受到有害气体或油污的污染，经驱潮后仍无法正常使用时，应进行清洗。清洗时，把收集器里面的收集板、极化板和绝缘用的特氟隆板拆出来，放在蒸馏水或去离子水中浸泡、煮沸或采用超声波清洗器清洗数次，最后用氟氯烷洗一次，置烘箱烘干。

空气离子浓度及迁移率的变化受到很多复杂因素的影响，要掌握它的规律还要做更深入、更细致的观察和研究工作。目前有关大气中离子的测定数据已有大量的积累，正在逐渐形成数据库形式。已有的测量数据能够表明：周围环境的清洁程度制约着空气离子的迁移率，在清洁的环境里产生的空气离子多数为小离子，其迁移率较大；在污染的空气中则会出现不少中、大离子，其迁移率要小得多。在这两种情况下，离子迁移率的分布趋势明显不同。今后应加强有关中、大离子测量的研究，搞清楚它们与小离子浓度变化之间的关系，以及与各种环境因素之间的关系。离子迁移率分布图的绘制可以反映空气中各种大小不同悬浮颗粒的数目以及它们之间的比例，可以作为评价空气质量的依据之一。

（5）其他类型的离子收集器。除了目前比较流行的平行板型电容离子收集器之外，在空气离子测量仪发展的初期阶段，还采用过圆筒型的离子收集器。最有名的圆筒型收集器是 1902 年设计的 Ebert 收集器，其由两个同心圆筒组成，内部圆筒作为极化筒，外部圆筒作为收集筒，具体结构如图 10-7 所示。

图 10-7　圆筒型离子收集器结构

　　这种收集器的结构比较简单，常用于简单的便携式测量装置，适用于体积较小的测量项目。但它还存在几个缺点：①圆筒型离子收集器入口的绝缘支架会吸附空气离子，形成一个排斥电场，阻止离子进入收集器。②该收集器灵敏度较低，不适合作空气本底测量。③圆筒型电场为不均匀电场，不适于测量离子的迁移率。④"空间电荷效应"严重。所谓"空间电荷效应"是指当被测的离子源浓度较高时，由于大量的离子堆积在收集筒表面而形成的一个排斥电场，阻碍后来的离子向收集筒运动，使得收集到的离子流小于实际值。

　　为了克服上述第一个弊端，可以改进该圆筒型离子收集器结构，去掉前端绝缘支架，使之悬置。另外，为了减弱圆筒型电场的非均匀性影响，可以将中心电极的半径 r 加大，使之比较接近外圆筒半径 R。但是这同时会导致两个方面的问题：①收集器横截面积减少；②中心电极横截面增大，会阻碍气流进入收集区，从而使其形成湍流。这时，可考虑将中心电极的两端打通，使空气能顺利地通过，以确保收集区域的气流是平流状态的，从而克服后一个弊端。

　　圆筒型离子收集器的临界迁移率为：

$$K = \frac{V_x L_n (R/r)}{\pi L U} \tag{10-3}$$

　　式中，K 为收集器离子迁移率极限，$[cm^2/(V \cdot s)]$；V_x 为收集器中气流速度的轴向分量，cm/s；L 为内圆筒长度，cm；U 为极化电压 V；R 为外圆筒半径，cm；r 为内圆筒半径，cm。

第三节　静态法空气离子检测仪[4]

　　在本章第二部分所叙述的空气离子检测器中，涉及微电流的测量，由于信号噪声的干扰，电流漂移过大，因此不太适合用于对室内环境空气中负离子浓度的检测及各种负离子产生设备和材料的评价。由于不涉及微电流的测量，静态法空气离子检测仪相对解决了现有技术的不足，提供一种抗干扰能力强、测量精确的测试方法，是集自动连续检测、数据储存、数据处理为一体的微机控制自动检测系统。

一、测量原理

　　所谓"静态法"，就是指测定离子采集器上的电荷，而不像前述动态法空气离子测量仪测定离子所形成的电流。在设计该空气离子检测仪时，采用一种计算机控制的、应用静态法可以在线连续监测空气离子浓度的电路设计和测量方法。其测试系统由空气离子采集器、电荷秤、控制电路、计算机及其支持测量和数据记录处理的软件系统等构成。

所谓的电荷秤，就是一个Ⅱ形金属丝被弹性丝悬挂置于一个均匀电场中。该Ⅱ形金属丝上固定有反光平面镜，一旦有直流电源提供电能的聚光灯，光束就直接照在平面镜上。平面镜的反射光照到两块光电池上，光电池因接收光信号能量不同，产生的光电流不同。Ⅱ形金属丝和采集器由导线相连，从而捕获采集器电荷的变化。电荷秤在整个系统中具有关键作用，其作用就是通过将离子采集器上的电荷量转换为光信号，然后再将光信号转换成电信号，起到了把空气离子采集器与计算机采集电路隔离的作用，使得采集器上的电荷不会通过采集电路放电，这样计算机就可以监测采集器极板上的带电量。因此，该方法克服了因为直接测定电流而导致测定数据受电流噪声干扰而不准确的特点，具有分辨率高、数据可靠的优点。

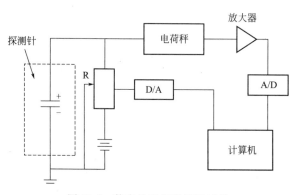

图 10-8　静态法空气离子测试仪

静态测试空气离子浓度的基本方法是采用带电体（初始电量 Q_0）在空气中自由放电，并通过对带电体剩余电荷（Q）与放电时间（t）的关系（Q-t）进行科学分析，从而得出带电体周围空气中离子浓度的测量方法，设计原理如图10-8所示。具体而言：①对空气离子采集器的二极板加载电压，使其带有特定的电量。②随着采集器捕获空气中相反电荷离子数的增多，该电压逐渐衰减，亦即电荷量发生变化，衰减的快慢由空气中的离子浓度而定。③采集器上的电量变化反映在电荷秤的Ⅱ形金属丝上。由于Ⅱ形金属丝带电量的不同，会在电场中产生不同的旋转角度，从而引起平面镜的反射光线偏转。反射光的旋转角度不同导致照射在光电池上的能量不同，产生的光电流也发生变化。这样光电池采集到的光能就直接反映出空气离子采集器上电量的变化，然后再将光信号转化为电信号，经过计算机处理即可得出被测离子浓度。通过控制加在采集器上的电压的极性，可以选择测定正离子或者负离子，同时通过计算机程序控制对采集器电容器定时充电，就可以对电容器上的电荷变化实现实时监测。

二、测试软件系统及其功能简介

冀志江等[4] 所研发的空气离子静态测定仪，所使用的测试软件系统也均由其自主开发，现将该系统介绍如下。该测试软件采用 windows 式设计，界面友好，方便测试，整个测试进程除有数字显示、文字提示外还带有图形显示，比较人性化。

在测试过程中，电荷秤的初始状态需要手动调整，其他过程则可以使用鼠标和键盘进行自动操作。所保存的数据，包括基本的测试信息（测试人、测试时间、测试条件、被测样品等）、经分析后的测试结果以及原始测试数据。另外，连续测试功能还能够在没有人工干预的情况下对被测空间进行连续的测量，以分析被测空间离子浓度随时间的变化关系。具体介绍如下。

（1）手动控制：主要是帮助用户对测试状态进行调整，包括电荷秤的初始状态、充电显示、放电显示、捕获观察、测试挡位选择等。

（2）单次测试：对所测空间只进行一次测试，测试结束后对测试结果进行保存。由空气离子具有一定的寿命，因此对一些能够产生空气离子的材料进行评价时，不仅要测试其瞬时产生空气离子能力，还要对其积累结果进行测定，这时单次测试就显得非常实用而有效。

（3）连续测试：对被测空间的空气离子进行周期性捕捉，能够在无人操作情况下进行连续测量。主要用于测试空气离子随时间的变化关系及被测材料产生空气离子的能力。

（4）定时测试：设定测试时间，可以在无人操作情况下进行测试。

（5）数据查询：对保存后的测试数据进行检索。

在具体测定空气中离子浓度时，通过计算机控制指令给离子采集器充电，并由计算机直接采集离子采集器上电荷的电量变化，采集时间 10 分钟左右，通过计算机程序即可计算出空气离子的浓度。

三、数据处理理论

该空气离子检测仪在检测过程中，采集器上的电量随着时间变化的数据将会被记录。采用数值分析计算软件对数据进行分析，剔除由随机出现的干扰信号导致的粗大误差，然后进行放电曲线拟合。利用电磁学理论，根据放电曲线计算出采集器采集的电量，然后根据气体分子运动理论和电磁学理论计算出空气离子浓度。

第四节　便携式空气离子检测仪 [5,6]

随着健康意识的加强，环境意识的提高，越来越多公共场所、办公室、住宅区内及运输交通工具车厢内，大量使用空气负离子发生器，以改善人们工作和休闲场所的环境空气质量，起到保健和治疗的作用。但是，某些空气离子发生器因为质量低或受到损坏，虽然开启，却不能产生负离子或者产生的负离子很少，负离子浓度很低，起不到改善环境、保健或治疗的作用。因此，对空气负离子发生器产生的负离子浓度进行检测是有必要的。现有的空气离子检测仪都是一些比较大型号的仪器，不便于携带，并且价格也比较昂贵。基于此，一种小型、便携、简易以及价廉的空气离子检测仪应运而生，其特别适合用于空气负离子发生器所产生的负离子浓度的检测。

一、空气离子闪光检测器

空气离子闪光检测器主要用于检测空气负离子发生器在开机后是否正常，工作效率的高低以及粗略检测空气负离子发生器所产生负离子的浓度。其基本

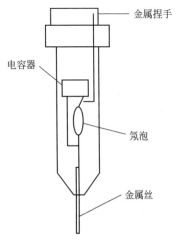

原理是：采用电容器与氖泡并联，并联电路的两端分别与金属针和金属捏手相连，空气中离子造成的电场微电量通过金属探针使电容器充电，电容器的另一端通过人手接触的金属捏手、人体及大地形成一个回路。当电容器上的充电电压达到氖泡起辉电压时，电容器则通过氖泡放电而氖泡发出闪光，根据氖泡刚开始起辉和起辉后闪光的频率，可以粗略地估计出被测地点的离子浓度值，分辨率大概为 100 万个/cm^3，其工作原理示意图如图 10-9 所示。

金属捏手

电容器

氖泡

金属丝

图 10-9　空气离子闪光检测器

在设计该空气离子闪光检测器时，采用笔形外观，便于携带。具体使用时，类似于电笔用法，用手捏住金属捏手，使探针接近空气负离子发生器，如果看到氖泡起辉和闪光，即可断定，探针所在位置，空气负离子已达到一定的浓度，从而判断出空气负离子发生器的工作效率。另外，可以用空气离子闪光检测器与空气离子测试仪对照，测出其标定曲线。这样该检测器的闪光次数与空气离子浓度的对应关系就确定下来，从而可以粗略测出离子浓度。

二、静电法便携式空气离子检测仪

该便携式空气离子检测仪主要采用了类似于静电法空气离子检测仪的测量原理，用来检测空气中的离子浓度和极性。但由于其采用了笔形设计，使得检测仪体积变小，易于携带，适用于空气离子发生器性能的评定。

静电法便携式空气离子检测仪基本结构采用了镀有金属的石英细丝静电检测器与测量电极相连。当带有小弹簧的充电触头向测量电极充电时，石英细丝由于同性电荷排斥效应张开；随着测量电极接受空气中相反极性的离子，测量电极上的带电量逐渐减少，石英细丝张开的角度就会变小；同时，采用显微镜系统监控石英细丝的位置变化。其结构示意图如图 10-10 所示。由该便携式空气离子检测仪的基本工作原理可以看出，石英细丝及显微镜在整个系统中起着关键作用。由其示意图可以看出，在整个结构中，石英细丝处于绝缘体保护之中，以避免受到外界因素的影响，从而降低干扰，提高检测的灵敏度。

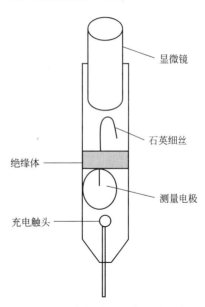

图 10-10　便携式空气离子检测仪

另外，显微镜由物镜、目镜及标尺构成。其中，物镜与目镜同轴，通过二者配合，观察石英细丝在标尺上的位置变化。采用已知量的电荷标定石英细丝在标尺的位置，就能粗略地定量该便携式空气离子检测仪所检测的空气离子浓度值。

在测量空气负离子浓度时，首先通过充电触头向测量电极充以 200V 左右的正电压，此时石英细丝由于同性电荷排斥，将会张开一定角度，由显微镜系统记录其位置。然后随着测量电极接受空气中负离子，带电量逐渐减少，细丝张开的角度变小，由显微镜系统读出其位置变化。最后，通过数据处理即可知道单位时间内所接受的空气负离子量。采用相同的方法，如果要测量空气中正离子的含量，就可以向测量电极充负电压进行实验。该测量仪所用的充电器为一节 1.5V 电池，通过一个三极管振荡经变压器变成交流电压，再使用二极管整流输出电压在 70~250V 范围内可调的直流高压。

第五节　改进型动态法空气离子检测仪[7]

在动态法空气离子检测仪中，空气离子收集器的收集板基本上都是平行于极化板，比如平行板电容器式离子收集器中两平行板分别作为收集板和极化板，而圆筒形电容式收集器中，内外两圆柱分别作为收集板和极化板。也有些空气离子收集器中，收集板位于圆柱形排斥电极的中央或位于两个排斥电极之间的中部。特别是后面这种情况，会增加离子检测器的厚度，使得检测装置本身的尺寸增加；另外，结构本身引起清洁困难，同时由于空气抽吸风扇抽吸空气的方向与空气同路的方向相同，这种结构也会增加检测装置本身的厚度。为了解决这些问题，该动态法空气离子检测仪对离子收集器做了相应的变动，可以尽可能使离子检测器处的空气通过速率始终保持不变，从而提高空气离子测量的可靠性，同时能便于对离子检测器进行清洁。

该离子检测器结构具有如下部分：空气离子收集器的收集板和位于其相邻位置上的若干个极化板，这些电极被置于空气通路的同一侧，在相向的另一侧设置有一个极化板；空气被抽吸风扇从一端抽入，并从另一端被排出。其具体示意图如图 10-11 所示，其中在收集板相向的一侧，设计一个窗口可以自由打开，清洗该离子检测器的内部。同时为了避免离子收集器受到静电的影响，在

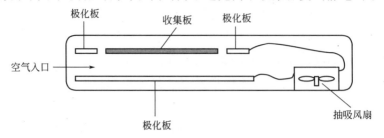

图 10-11　改进型空气离子检测器

离子检测器外表面依次构筑树脂材料和导电材料，该双层壁结构有利于收集器不受静电的影响。为了避免由电路及其导线的存在所引起的噪声，在具体设计该测量仪时，将离子检测电路的检测部件配置在临近电荷收集器电极的触点位置，从而提高检测的灵敏度。

在空气流通的过程中，收集板和极化板都具有平坦的侧表面结构而没有凸起或凹陷部分，从而抑制空气通过时的扰动并减小测量数据的波动，以便能精确测量离子数量。可以通过调节空气入口的横截面面积，来调节空气通过的速率，比如增大入口的截面积，能降低流过空气的速率。另外，在空气抽吸风扇的正前方或者正后方，设置一个有空气量的调整部件，可以对空气抽吸调解而不会对离子检测器有任何不利的影响，从而在控制空气通路中的气体量时，不影响测量的结果。空气通路及抽吸系统的设计，可以增加测量的可靠性并提高检测结果的精度。

具体测量空气中的负离子含量时，首先是极化板充电带负电荷，收集板相应地带正电荷。空气在抽吸风扇的驱动下通过离子收集器。这样，空气中的负离子受到极化板的排斥，更易于被收集板所收集，同时，正离子被吸引至带负电的极化板上，并被其中和。最后，被离子收集器收集板所捕获的电荷转换成电压进行测量。相同的原理，当极化板和收集板分别充上正电荷和负电荷时，该离子测量仪即可检测空气中的正离子含量。

该检测仪还将正负离子数据通过图形和数值显示出来，这样使得操作者能简单识别正负离子之间的平衡，比较直观。同时，除了空气离子状态外，通过设置各种传感器和定时器 IC，还可以显示其他参数，例如温度、相对湿度、日期、时间以及大气压等。更深入地采用数字显示技术，还可以显示电池耗尽、检测部件异常（如由于杂质颗粒引起的问题）以及不同工作环境的警告。这样一来，该空气离子检测仪提供给使用者的信息，不仅包含空气离子测量的结果，还有许多其他的有用信息。

第六节　其他相关检测技术

对负氧离子浓度的检测，除了上述空气中负氧离子浓度检测技术外，还存在等离子体中负氧离子浓度检测技术，包括朗格缪尔探针法（Langmuir probe method）、离子质谱分析（Ion mass spectroscopy analysis）、光致分离技术

（Photodetachment techniques）、激光 Thomson 散射技术（Laser Thomson scattering）、光学放射频谱分析（Optical emission spectroscopy）等几种技术方法。

所谓等离子体，是指由大量自由电子和离子组成、整体上近似电中性的物质状态，具有较大的电导率。当气体的温度足够高时，气体的分子或原子电离成正离子和自由电子，电离气体就是典型的等离子体。在等离子体中负离子浓度的检测技术中，朗格缪尔探针技术[8-10] 是最经济、实用的工具，但其检测结果的可信性是个问题；离子质谱技术[11] 对于分析负离子的成分具有一定的优势，但在计算负离子绝对浓度方面还存在一定的困难；光学放射频谱分析[12] 由于采用了传统的可见放射光谱技术，比较经济实用，在制造过程中易满足不同的等离子体源需求；而对检测负离子的绝对浓度而言，光致分离技术[13] 是最可信赖的方法。

朗格缪尔探针最初是由朗格缪尔于 1926 年提出的，具有简单实用的优点，主要用于测量电子温度、密度，等离子体空间电位以及电子能量分布函数等。其工作原理是在等离子体中直接插入赋予一定电位的探针，根据电子与离子冲突导致的电流变化来获得等离子体参数。目前，朗格缪尔单探针和复合探针已经广泛用于等离子体的诊断技术，但是它们的应用却受限于低压、非磁场等情况。并且朗格缪尔探针法用于测定负离子的浓度是复杂的，在很多情况下，这种方法测定的结果与理论数据或者采用其他方法测定的负离子密度都有差异。经典的朗格缪尔探针法理论上采用 Druyvesteyn 公式计算所需参数。在较低气压和小内径探针的情况下，当 $\lambda_e \gg r_p + d$（λ_e 为电子的自由程；r_p 为探针内径；d 为探针鞘层膜厚）时，朗格缪尔探针被改进用于测定等离子体中电子能量分布函数（EEDF）；该方法还被改进用于氧等离子体中负氧离子的研究。

空气负离子在许多研究领域都受到关注，特别是天体物理、大气离子化学、气体放电和生命科学等。尽管现在市场上存在各种针对空气离子浓度测量的仪器，但有关空气离子成分的质谱测定结果还非常少。B-W Koo 等[11] 研制开发了一种回旋加速质谱仪，对等离子体中正、负离子的形态进行了分析测定。

光致分离技术是一种间接检测的方法，需要把负离子转化为其他的形态进行检测，然后根据纪录的数据推断出负离子的密度和温度。通常光致分离设备的结构组成是一束或多束激光定向穿过等离子体区，选择性地光致分离所检测的负离子。这会导致光原子核、光电子在空间和时间上出现变化，从而检测到光致分离产生的微粒。推断这些依赖于空间和时间变化的信号，可以得到背景负离子的密度和温度。该技术主要包括两个方面：①提供技术手段采集信号；②允许运用一种模型从采集的信号中提取密度和温度信息。因此，为了得到可靠的检测结果，该技术特别注意光致分离出的电子。

第七节　展　望

我国对空气离子的研究正处于方兴未艾的局面。我们必须正视现实，以科学的态度、先进的技术和严密的设计，对空气离子进行深入研究。采用系统工程的方法进行总体规划，做好具体布置，方见成效。而空气离子检测器的研发，是进行空气负离子研究、开发、应用很重要的一部分，是制约进一步研究空气离子的瓶颈技术。准确地测定环境中空气负离子的浓度，在开发生态旅游、调查人类生活、工作环境的舒适度等方面具有重要意义；准确地测定各种离子发生器及负离子材料所产生的空气负离子浓度，对评价仪器和材料的性能、作用等具有不可忽视的意义；特别地，准确地测定空气负离子浓度，对空气疗法、负离子作用机理等方面的研究，促进人类健康，具有非常重要的作用。

目前，已有相关的研究建立了标准空气离子发生装置用于空气负离子测量仪的校准和量值溯源工作[14,15]，但是我国还没有统一空气离子检测器的计量标准，以及测试的标准方法。应该以现在国内的几个主要生产厂家为基础，邀请有关专家，成立计量标化组织，重点统一计量标准，提高仪器质量，增强测试的灵敏度、精确度与稳定性。研制离子成分分析谱仪、离子迁移率、野外测量仪，制订相关的测量规范。期望有关部门早日建立、完善该标准，使进入市场的产品的质量早日得到保证，使空气负离子的研究更上一个新里程。

参考文献

[1]　李安伯.我国空气离子研究工作面临的新挑战[J].工业卫生与职业病，1991，17（6）：372-373.

[2]　徐先，仇远华.空气离子测量仪[J].电子技术，1995，22（12）：13-15.

[3]　周晓香.空气负离子及其浓度观测简介[J].江西气象科技，2002，25（2）：46-47.

[4] 冀志江, 王静, 金宗哲, 等. 室内空气负离子的评价及测试设备 [J] . 中国环境卫生, 2003, 6
       (1/2/3) : 86-89.

[5] 金振寰. 空气离子闪光测试器: CN199020000051. 3 [P] . 1990-09-19.

[6] 王克礼, 张化一. 笔型便携式空气离子检测仪: CN87204876 [P] . 1988-02-24.

[7] 相木良昭, 高桥俊一. 空气离子测量装置: CN02124456. 1 [P] . 2003-02-19.

[8] Popov T K, Gateva S V. Second derivative Langmuir probe measurements of negative oxy-
       gen ion concentration taking into account the plasma depletion caused by negative ion sink
       on the probe surface [J] . Plasma Sources Sci Technol, 2001, 10:614-620.

[9] Noguchi M, HIrao T, Shindo M, et al. Comparative studies of the laser Thomson scatter-
       ing and Langmuir probe methods for measurements of negative ion density in a glow dis-
       charge plasma [J] . Plasma Sources Sci Technol, 2003, 12:403-406.

[10] Amemiya H. Plasmas with negative ions-probe measurements and charge equilibrium [J] .
        J Phys D: Appl Phys, 1990, 23:999-1014.

[11] Koo B-W, Hershkowitz N, Yan S, et al. Design and operation of an Omegatron mass spec-
        trometer for measurements of positive and negative ion species in electron cyclotron reso-
        nance plasmas [J] . Plasma Sources Sci Technol, 2000, 9:97-107.

[12] Ishikawa T, Hayashi D, Sasaki K, et al. Determination of negative ion density with optical
        emission spectroscopy in oxygen afterglow plasmas [J] . Appl Phys Lett, 1998, 72 (19) :
        2391-2393.

[13] Bacal M. Photodetachment diagnostic techniques for measuring negative ion densities and
        temperatures in plasmas [J] . Review of Scientific Instruments, 2000, 71 (11) : 3981-4006.

[14] 于志强. 空气负离子测量仪检测系统的研究 [J] . 计量技术, 2015, 6:3-8.

[15] 于志强, 谢磊雷, 王璐. 负离子检测发生源设计 [J] . 中国建材科技, 2020, 29 (4) : 13-14.

第11章
不同形态空气负离子质谱甄别技术

第一节　引　言

　　各种空气负离子具有其特定的形态，对空气负离子形态的甄别是进行空气负离子性质研究的基础。传统的空气负离子检测技术包括空气离子测定仪[1]、郎格缪尔探针法[2]、光致分离技术[3]、激光 Thomson 散射技术和光学放射频谱分析[4] 等几种技术方法，然而以上各种技术由于其局限性，不能有效用于空气负离子的形态甄别。而质谱这种测量离子质荷比的分析方法，具有灵敏度高、样品用量少、分析速度快、多点多组分检测和实时检测分析的优势，能够通过特征质荷比峰来对空气负离子的形态进行甄别，是空气负离子有力的分析工具。目前，质谱取代传统检测方法成为空气负离子形态甄别的重要手段，国内外已有部分实验室采用质谱分析手段对空气负离子进行了一定研究，取得了一些成果，让人们对空气负离子的形态有更深的认识。建立的空气负离子质谱甄别平台能够进一步应用于空气负离子形成的机理推断、负离子参与化学反应的实时监控、质谱新型离子源等方面，具有非常广阔的应用前景。随着对空气负离子研究的进一步深入，对质谱检测平台提出了更高的要求，对更小分子量负离子的质谱灵敏检测、对空气负离子浓度的定量分析、负离子细胞培养质谱分析平台的建立以及便携式质谱的开发应用是未来空气负离子质谱检测的发展趋势。

第二节　空气负离子形态概述

一、空气负离子形态

通过自然界或人工方法产生的空气负离子，其种类较多且复杂，需要对这些空气负离子进行高效分辨分离以进行后续研究。各种气态负离子特有的形态使其能够显著区别其他负离子，因此，通过对各种空气负离子的形态甄别以进行区分显得至为关键。空气负离子的形态是指气态负离子所具有的空间排布和特征状态。具体来说，空气负离子的形态体现在空气负离子的粒径、质荷比和离子迁移率等特征参数上，通过对粒径、质荷比和离子迁移率的测定以实现对空气负离子的形态甄别。其中目前没有仪器可以实现对空气负离子粒径的检测，一般通过各原子半径来进行粗略估计，质荷比通过质谱获取，离子迁移率可以通过离子迁移谱进行测量，根据质谱在化合物鉴定方面特有的优势，这里采用质谱检测空气负离子，根据得到的质荷比对空气负离子的形态进行甄别[5-7]。

二、空气负离子形态分类

空气主要由氮气、氧气、二氧化碳以及水蒸气组成，在该气体氛围中产生的气态负离子中有且只含有碳、氢、氧和氮四种元素，各种气态负离子是通过空气中的氧气分子与电子结合以及一系列后续的离子分子反应而形成的，各种空气负离子具体的形成过程如图 11-1 所示，可以看出电子的能量对空气负离子的形成影响较大。根据各种负离子所含元素种类及原子个数的不同，且形成的空气负离子容易与水分子形成加合离子，按分子通式空气负离子的统计分类如下：$O^- \cdot (H_2O)_n$，$O_2^- \cdot (H_2O)_n$，$O_2H^- \cdot (H_2O)_n$，$O_3^- \cdot (H_2O)_n$，$OH^- \cdot (H_2O)_n$，$CO_3^- \cdot (H_2O)_n$，$HCO_3^- \cdot (H_2O)_n$，$CO_4^- \cdot (H_2O)_n$，$HCO_4^- \cdot (H_2O)_n$，$NO_2^- \cdot (H_2O)_n$，$NO_3^- \cdot (H_2O)_n$，HNO_3^- 和 $NO_3^- \cdot (HNO_3)$ 等。当空气中混有微量气体比如 SO_2、NH_3 等气体时，由于此类反应活性较强气体的加入，会引发一系列更加复杂的分子离子反应，从而产生出种类更加繁多的负离子形态[8]。

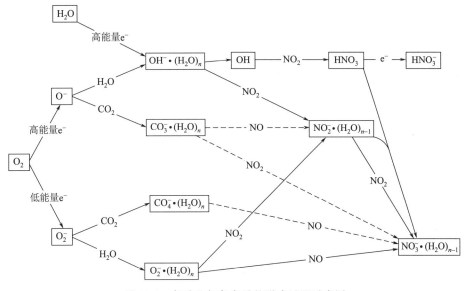

图 11-1　各种空气负离子的形成过程示意图

第三节　质谱技术

一、质谱简介与特性

自 20 世纪初以来，质谱技术经历了飞速的发展，从化学电离源质谱到快原子轰击、电喷雾和基质辅助激光解吸附质谱的出现，质谱各方面的性能得到了显著的提高，能够用于更广范围化合物特别是高极性、难挥发和热不稳定样品的检测，被广泛应用于化合物分子结构的鉴定及定性定量分析，成为分析化学中一种非常重要的分析手段，随着生物质谱的飞速发展，其已成为现代科学前沿的热点之一[9]。质谱仪器一般由样品导入系统、离子源、质量分析器、检测器和数据处理系统等部分组成，通过将样品分子电离，产生具有不同质荷比的带电离子，经加速电场的作用，形成离子束而进入质量分析器。这些混合离子在质量分析器中电场或磁场的作用下发生空间上或时间上分离而被检测，质谱分析是一种测量离子质荷比的分析方法，具有特异性强、灵敏度高、样品用量少、分析速度快、多点多组分检测、自动化程度高和实时检测鉴定的优势，广泛应用于化学化工、环境科学、医药科学、生命科学和材料科学等领域固、液、气态样品的检测分析，为相关领域的突破和发展起到了至关重要的作用[10]。在空气负离子检测方面，由于离子本身带电而不需要考虑电离难易的问题，质谱在进行负离子直接进样检测方面成为可能。此外质谱独特离子鉴定的优势，可以能够成为空气负离子有力的分析工具。

二、空气负离子质谱检测原理

由于空气负离子本身带有电荷，而不需要通过质谱离子源进一步电离，只需要直接导入质谱进样口简称（质谱口）进行检测。各种空气负离子由于所含元素和原子个数的不同，且都带有特定单位的负电荷，具有特定的质荷比，这些具有不同质荷比的离子在气流或电场力的作用下进入质谱口，后经加速电场的作用，形成离子束，进入质量分析器，在电场或磁场的作用下发生相反的速度色散，具有不同质荷比的离子发生分离而分别聚焦，从而被检测器收集，通过得到的电信号转换出含有各种质荷比的质谱图，对质谱图的特征峰进行分析鉴定出各种空气负离子，从而实现对空气负离子的形态甄别，其具体的检测原理如图 11-2 所示。

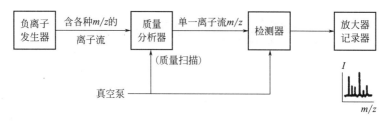

图 11-2 空气负离子检测原理示意图

三、装置结构、操作及应用条件

空气负离子的质谱检测装置包括空气负离子发生器和敞开式质谱两大部分。其中敞开式质谱主要包括质量分析器和检测器两个部分。质量分析器是质谱仪的重要组成部分，位于离子源和检测器之间，对进入的各种质荷比的气态负离子进行质量扫描，从而将空气负离子按照 m/z 的大小进行分离而分别聚焦。检测器能够对从质量分析器分选来的离子进行记录成谱。空气负离子发生器控制合适的气体流速及电压，使其能够产生稳定且浓度适中的气态负离子，由于空气负离子的寿命有限，且质谱进样口的孔径极小，为使产生的负离子及时进入质谱口而被检测到，需要将空气负离子发生器的负离子释放端裸露出且以合适距离正对质谱口，产生的空气负离子通过自然扩散或者在气流和电场力的共同作用下被导入质谱进样口。质谱采用敞开式，不使用其自带的离子源，运用负离子检测模式，将反吹气关闭，避免对空气负离子产生干扰及尽可能不影响负离子进入质谱进样口的效率，将分子量检测范围设置为10～2000进行全扫描。在每次检测之前，使空气负离子质谱检测系统稳定运行一段时间，排除外界环境和装置本身的干扰，并记录此时的质谱图作为背景峰。然后运行质谱，开始对产生的空气负离子进行实时检测，待质谱信号稳定后记录数据，每次采集数据半小时以上，将得到的质谱图与背景峰对比并结合空气负离子的质谱特征峰进行后续的数据处理分析，从而完成对空气负离子的形态甄别。

采用质谱对空气负离子进行检测时，为了保证质谱的安全性及检测的可行性，需要满足一定的条件。对空气负离子发生器而言，为了保证产生的空气负离子能够及时进入质谱进样口，且进入质谱进样口的空气负离子含量能够产生稳定较高的质谱信号，需要尽可能提高空气负离子的传输效率，这就要求空气负离子发生器的离子释放端尽可能在装置外部，使产生的空气负离子能够在电场或者气流的共同作用下进入质谱进样口而被检测。然而，在使用电晕放电尖端产生空气负离子时，避免尖端与质谱进样口距离太近，以防止短路对质谱仪器造成损坏。此外，应保证检测周围环境尽可能稳定且空气较为清洁，使得空气负离子产生稳定且可信的质谱信号。在对自然界中空气负离子进行检测时，由于自然界中空气负离子浓度较低，这些负离子在通过扩散作用进入质谱进样口的量极其微小，需要在质谱进样口前搭建一个负离子导入装置，通过抽气将自然界中分散的空气负离子有效导入质谱。

四、研究历史及现状

采用质谱对空气负离子的研究起步较晚，主要研究成果集中在最近20多年，且绝大部分关于空气负离子的研究集中在国外实验室，国内对空气负离子的质谱研究较少，空气负离子对环境和生命科学的重大应用前景，要求我国科学工作者应加大对空气负离子的质谱研究。目前采用质谱进行空气负离子研究时，空气负离子多采用负电晕放电的方式产生，极少部分采用放射源和氪灯来产生空气负离子，这主要是由于电晕放电过程具有易操作性、产生空气负离子含量高和对人体安全性等优势，然而该过程易产生臭氧和氮氧化合物也是急需解决的问题。在用质谱研究电晕放电[11]过程形成的气态负离子方面已经有许多相关研究，然而产生的负离子在这些研究中差异特别显著，这主要是由电晕放电过程对周围环境的敏感性引起的。放电气体的组成、尖端电压、环境温度、气体流动状态和离子形成时间这些环境因素对电晕放电过程中空气负离子的影响是比较显著的，研究清楚这些因素对负离子形成机理的影响有助于产生特定的负离子。此外，空气负离子作为活性离子，与其他有机化合物相互反应机理的研究也是空气负离子质谱研究的一大热点。

空气负离子形成机理的研究是空气负离子质谱研究最基础的部分，目前以环境因素对电晕放电过程产生空气负离子影响的研究为主。在放电气体组成对气态负离子形成影响方面已有许多报道，Jan D. Skalny 等[12-15] 分别采用空气、二氧化碳和一氧化二氮气氛，研究在电晕放电过程中相应负离子的产生。当使用空气进行电晕放电时，主要离子峰是 CO_3^-，还会产生 O^-、O_2^-、O_3^-、CO_4^- 和 NO_2^- 等少量负离子，这些离子会显著受到微量臭氧、氮氧化物和水蒸气的影响。当使用含有 $50mg/L$ 水蒸气的高纯二氧化碳来研究时，质谱结果显示生成 CO_3^-、CO_4^-、O_2^-、HCO_3^- 和 HCO_4^- 及其水合物主要负离子。当使用含有少于 0.1% 水蒸气的 N_2O 气体时，能够检测到 NO^-、NO_2^-、NO_3^- 以及 HNO_3^- 与 N_2O、NO、NO_2、H_2O 和 HNO_3 形成的加合物等复杂成分离子。Sabo 等[16-22] 首次结合离子迁移谱和质谱，通过空气负离子的质荷比和离子迁移率两个参数，对该气态负离子进行更加准确的定性分析，分别在氮气、氧气、二氧化碳、氮气/氧气以及氮气/二氧化碳混合气体中进行负离子的形成机理研究。Horvath 等[23] 采用氩气/氮气/甲烷混合气体进行点面式电晕放电，采用质谱检测分析该过程中主要产生 CN^- 负离子。Hvelplund 等在含有 SO_2、NH_3 和水蒸气的空气中进行电晕放电实验，检测出 O_2^-（HNO_3）（H_2O）、$SO_4^- \cdot (H_2O)_n$、$HSO_4^- \cdot (H_2O)_n$ 和 $NO_3^- \cdot (H_2O)_n$ 这些负离子[24]。在电压、温度对气态负离子形成影响方面，Sekimoto 等研究了针尖端的电压对产生的负离子的影响[25,26]，在较低电压 $-1.9kV$ 下，主要检测到 $OH^- \cdot (H_2O)_n$，电压增加到 $-2.3kV$ 时，会同时检测到 $OH^- \cdot (H_2O)_n$ 和 $O_2H^- \cdot (H_2O)_n$，在较高电压 $-3.5kV$ 条件下，会形成 NO_3^- 和其含水化合物 $NO_3^-(H_2O)_n$，这表明电压的高低对其影响比较显著。该课题组还研究了质谱进样口温度与水合负离子大小分布的关系，随着温度的升高，水合负离子分布总体向着低质荷比区域移动，这主要是由于负离子在进入质谱真空区发生绝热膨胀时冷却不足而抑制了较大水合离子的形成。此外，在气体流动状态和离子形成时间对气态负离子形成影响方面，Sabo 等研究了顺流进样和逆流进样的情况对电晕过程中产生负离子的影响[27]，在标准流动模式下，能够检测到 $NO_2^- \cdot (HNO_3)$，$NO_3^- \cdot (HNO_3)$ 和 $NO_3^- \cdot (HNO_3)_2$ 的存在，甚至在低至 $5mg/L$ 的水蒸气条件下上述负离子依然存在；而采用逆流进样的模式时，检测到的主要负离子是 $O_2^- \cdot (H_2O)_n (n = 0, 1, 2)$，这主要是由于逆流进样及时将生成的 O_3 和氮氧化合物与 O_2^- 分离，从而能够提高 O_2^- 的含量。Nagato 等将空气电晕放电产生的负离子经历不同的反应时间来观察离子的转变[28]，一个显著特征是 NO_3^- 为主峰，这显示早期生成的负离子显著受到尖端生成臭氧和氮氧化合物的影响，水蒸气同样对 NO_3^- 的形成起着重要作用，水分子参与的离子分子反应生成的羟基自由基进而生成 HNO_3，其能加速初始离子转变为 NO_3^-，因此，NO_3^- 和 $NO_3^- \cdot HNO_3$ 是终态离子，另外的一个终态离子是 $HCO_3^- \cdot HNO_3$。Ninomiya 等研制了一种小型介质阻挡放电电离源（m-DBD）[29]，并将其与直流电晕与交流电晕放电进行了比较，介质阻挡放电电离源能够得到更多的分析物碎片离子。

气态负离子与有机化合物的相互作用是目前研究的一大热点，是对空气负离子形成机理研究的延伸，通过质谱对反应过程产生的中间产物的检测可进行相关机理推测。Wu 等[30] 采用氯仿、甲苯和乙二炔与空气负离子相互反应，通过 GC-MSD 进行定性分析得出，通常 CO_2 和 H_2O 为最终反应产物。Viidanoja 等[31] 研究了气态负离子 OH^-、O_2^-、O_3^-、CO_4^-、$CO_3^- \cdot H_2O$、NO_3^-、$NO_3^- \cdot H_2O$、NO_2^- 与甲酸、乙酸的气相分子离子反应，这些反应过程是通过质子转移和加合而进行的。此外，该课题组还研究了 CO_3^-、$CO_3^- \cdot H_2O$、NO_3^-、$NO_3^- \cdot H_2O$、NO_2^-、$NO_2^- \cdot H_2O$ 和 O_3^- 气态负离子与丙酸、铬酸、乙醛酸、丙酮酸和蒎酮酸的反应，这些反应同样遵循上述的反应机理。Sekimoto 课题组[32,33] 用大气压电晕放电电离质谱研究了空气负离子与各种有机化合物的相互作用，在负离子模式下会产生 O_2^-、HCO_3^-、$COO^- \cdot (COOH)$、NO_2^-、NO_3^- 和 $NO_3^- \cdot (HNO_3)$ 这些负离子，这些离子会选择性地与带有各种官能团的脂肪族或者芳香族化合物相互作用，这种加合物的形成取决于负离子与有机物间的亲和力。Seto 等[34] 利用逆流进样装置，将尖端产生的 O_3 和氮氧化合物及时与 O_2^- 分开，从而产生含有较高含量 O_2^- 的气体，其能够将芥子气、路易斯气电离从而被质谱检测出来。Ewing[35] 采用大气压流动管进样方式，空气在尖端主要产生 NO_3^- 和 $NO_3^- \cdot HNO_3$ 这两种负离子，它们能够将空气中混有的季戊四醇四硝酸酯、三硝基苯甲酰胺等物质电离而进入质谱进行检测。Sabo 等将离子迁移谱与质谱结合来研究电晕放电尖端产生的 O_2^-、Cl^-、$N_2O_2^-$、NO_3^- 和 $NO_3^- \cdot (HNO_3)$ 多种活性离子与三硝基甲苯的相互反应[36,37]。Shasha 等[38,39] 使用掺杂辅助负光致电离技术来交替产生高纯度的 $CO_3^- \cdot (H_2O)_n$ 和 $O_2^- \cdot (H_2O)_n$ 活性离子,通过其来电离三硝基甲苯、三次甲基三硝基胺等多种气态爆炸物,显示出对各种爆炸物优异的鉴定能力。本书笔者也搭建了一个包含空气负离子发生器、室内有机污染物喷雾装置和质谱检测器的集成系统[40],能够对空气负离子与室内有机污染物之间的化学反应进行实时监控分析,该集成系统可扩展到研究更广泛负离子和化合物之间的相互作用。

第四节　空气负离子质谱谱图解析

一、解析原理

空气负离子通常是通过空气中的氧气分子与电子结合以及一系列后续的离子分子反应而形成的,空气中中性分子主要包括氮气、氧气、二氧化碳和水分子,根据质量守恒定律,可知在形成的空气负离子中有且只可能含有碳、氢、氧、氮元素,并且空气负离子比较容易形成带有一个单位的负电荷,可以得到空气负离子 M^- 的质荷比:

$$m/z = 12a + b + 16c + 14d \tag{11-1}$$

其中,a,b,c,d 分别为形成的空气负离子中含有的碳原子、氢原子、氧原子、氮原子的个数。

考虑到空气中水蒸气的存在,这些形成的空气负离子常与水分子结合形成水合负离子,可以将式(11-1) 式变换得到:

$$m/z = 12a + (b-2e) + 16(c-e) + 14d + 18e \tag{11-2}$$

其中,e 为空气负离子中含有水分子的个数。

通过质谱分析检测得到的某种空气负离子的质荷比,结合公式(11-2) 和 a,b,c,d,e 均为自然数的条件下,对质荷比为 $12a + (b-2e) + 16(c-e) + 14d$ 部分进行合理分子式推测,且保证碳、氢、氧、氮原子形成的化合物满足价键理论。当该空气负离子质荷比较大,不便于推测分析时,需要对该空气负离子进行二级质谱检测,可以得到低分子量的子离子峰,通过上述同样方法对该子离子进行甄别，从而便于反推出母离子峰，必要时可以进行三级以上质谱检测分析。因而，用质谱的方法按公式(11-2)可以对该空气负离子的形态进行有效甄别。

二、各种典型空气负离子特征峰

对于不同的空气负离子，其含有特定的元素及原子个数，故各种空气负离子都有一个特定的质荷比 m/z。将空气负离子进行质谱分析，正是对离子质荷比的检测，即为该离子的质谱特征峰。对各种典型空气负离子特征峰总结归纳如表 11-1 所示，可以将未知负离子质谱检测结果与下表质谱特征峰比对，能够有效快速地对待测空气负离子形态进行甄别。

表 11-1 各种空气负离子对应的质谱特征峰

空气负离子	质荷比 m/z
$O^- \cdot (H_2O)_n$	$16+18n$
$O_2^- \cdot (H_2O)_n$	$32+18n$
$O_2H^- \cdot (H_2O)_n$	$33+18n$
$O_3^- \cdot (H_2O)_n$	$48+18n$
$OH^- \cdot (H_2O)_n$	$17+18n$
$CO_3^- \cdot (H_2O)_n$	$60+18n$
$HCO_3^- \cdot (H_2O)_n$	$61+18n$
$CO_4^- \cdot (H_2O)_n$	$76+18n$
$HCO_4^- \cdot (H_2O)_n$	$77+18n$
$NO_2^- \cdot (H_2O)_n$	$46+18n$
$NO_3^- \cdot (H_2O)_n$	$62+18n$
HNO_3^-	63
$NO_3^- \cdot (HNO_3)$	125

第五节 质谱甄别技术的应用

一、空气负离子形成的机理推断

空气负离子是通过一系列复杂的分子离子反应而形成的，特别是当空气中引入一些其他如二氧化硫、氮氧化合物等活性气体物质时，导致形成空气负离子的机理将更加复杂。能够实验对一系列反应中各种离子的灵敏捕捉及对各种离子浓度的监控，是空气负离子形成机理合理推导的关键。而空气负离子质谱甄别技术，由于具有灵敏度高、原位实时检测分析的能力，能够对成分复杂的空气负离子进行鉴定，是进行机理推断的有效手段。空气负离子的形成对周围环境比较敏感。放电气体的组成、尖端电压、环境温度、气体流动状态和离子形成时间这些环境因素对空气负离子的影响是比较显著的，通过改变这些影响因素，质谱监测空气负离子种类及信号强度随时间变化，从而能够对空气负离子形成机理进行推断。根据空气负离子形成机理，通过控制条件，来选择性地高效产生某种单一活性负离子，可以对得到的高纯负离子的性质和应用进行进一步研究，避免混合离子性质研究时机理的不确定性，是空气负离子进行其他研究的基础。

二、负离子参与化学反应的实时监控

空气负离子作为一种活性离子，具有与其他化合物相互反应的可能性，分析空气负离子的化学反应活性是其未来研究的一大趋势。研究二者化学反应问题时，需要在之前的单独空气负离子质谱甄别装置中引入与空气负离子相互反应的化合物，为了便于反应和检测，化合物采用气态的形式与空气负离子进行反应。目前，主要是通过对化合物加热产生气态形式来参与反应，其反应装置图如图 11-3 所示。

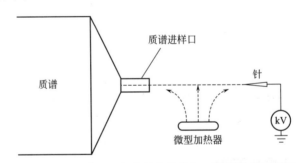

图 11-3 空气负离子与有机化合物相互反应装置示意图

用于与空气负离子相互反应的化合物，特别是室内有机污染物，引起了人们的广泛关注。据研究表明，空气负离子对室内污染物如醛类、苯同系物类和酯类等，具有一定的降解效果，然而空气负离子降解室内污染物的机理目前并不明确，因而关于空气负离子对这些化合物降解机理的研究尤为迫切。通过这种相互反应质谱检测平台的建立，能够检测出降解过程中形成的不稳定中间产物离子，通过对反应物及产物离子的信号强度随时间变化的监控，能够合理地对这些相互反应机理进行推测。根据相应的化学反应机理，可以对负离子降解有机物反应速率及转化率进行调控，选出最优种类的空气负离子来对室内污染物进行降解，具有非常重要的应用前景。

三、质谱新型离子源

常规的电喷雾离子源作为新近发展起来的一种产生气相离子的软电离技术，往往能得到相应的分子离子峰，对物质的结构进行解析时尤为方便，然而电喷雾离子源会显著受到真空度、电势、溶剂的挥发性、溶液的导电性、电解质的浓度等参数的影响，在应用电喷雾质谱时会有一定的限制范围，在某些化合物中，像糖类其电离能力较差而不易被检测。空气负离子作为一种活性离子，可以产生较大的浓度，能够对特定的有机化合物进行高效选择性电离，具有优异的检测灵敏度和特异性，有望成为一种新型质谱离子源，从而弥补常规电喷雾质谱在一些化合物检测方面的不足。空气负离子对有机化合物电离的机理包括质子转移或形成结合离子两种方式，其具体的电离方式为：

$$M+R^-+P \longrightarrow [M+R]^-+P \tag{11-3}$$

$$[M+R]^- \longrightarrow [M-H]^-+RH \tag{11-4}$$

其中，M 为待测物；R^- 为空气负离子；P 为参与反应的第三体，如 O_2 或 N_2 分子；H 为氢原子。

空气负离子 R^- 与待测物 M 具有一定的亲合力使得加合离子 $[M+R]^-$ 形成，而当待测物具有较高的夺质子能力时，会导致去质子化合物 $[M-H]^-$ 的形成。空气负离子的种类较多，各种不同的空气负离子能够对特异性的化合物进行高效电离，通过得到的加合离子峰或去质子峰能够对待测物的分子结构进行快速鉴定，可以建立一种通过改变条件选择性产生某种空气负离子的离子源，能够对化合物进行全方位有效电离，对质谱离子源的发展具有非常广阔的前景。

第六节　应用前景及展望

一、针对更小分子量空气负离子的灵敏检测

空气负离子中的低分子量离子，其迁移速度快，具有较高的反应活性，对

这些小分量空气活性负离子的甄别就变得尤为重要。然而，大部分质谱仪采用液态样品进样，通过对液态样品离子化使待测样品分子带电来进行检测，其检测分子量范围的设置是基于液态样品检测问题而制定的，为了克服低分子量溶剂分子的背景干扰，最低分子量检测值往往较高，另外采用飞行时间质谱进行检测时，由于小分子量离子运动距离短，不能到达检测器，飞行时间质谱在对复杂空气离子成分检测时往往只检测到高分子量空气负离子，而低分子量空气负离子则没有质谱信号。尽可能地降低质谱最低分子量检测值并且不增加背景干扰成为未来质谱发展的一个重大挑战。此外，对于一些能够检测到低分子量空气负离子的质谱，其对低分子量空气负离子的灵敏度和检测限较差，在低分子量负离子的质谱检测方法上有待进一步完善。常规衍生化手段是一个可行的方法，通过将小分子量负离子衍生成较大分子量离子，能够满足质谱离子检测量程范围和提高检测的灵敏度。而通过对某种气态负离子进行分离而富集，从而提高质谱灵敏度也是另外一种切实可行的方法，有待进一步研究。总之，通过仪器改进和分析方法的完善实现质谱对低分子量空气负离子的灵敏检测，对研究低分子量高活性空气负离子的性质及应用是重要的基础。

二、空气负离子浓度的定量分析

在进行空气负离子性质的研究时，空气负离子的浓度是一个重要参数，对其浓度能够进行准确的测定是进行其他研究的前提。目前空气负离子浓度测定的仪器有空气离子计数仪，其是通过吸引空气负离子通过带电的平行极化电极板根据收集到的电荷量来进行计数的，根据检测原理可知，空气离子计数仪只能对空气负离子的总浓度进行检测，而对各种气态负离子的分浓度无法定量。而质谱在定性定量方面的显著优势，有望被用来解决空气负离子中各种离子的定量问题，传统的质谱分析方法通过标准品对待测样品进行定量，但对空气负离子而言，由于其寿命短，不稳定，难以产生单一含量的高纯负离子，因而不能得到该标准品，空气负离子不能采用传统分析方法对其进行定量。目前可行的一种思路是采用质谱与空气负离子计数仪结合，可以对其中的负离子进行粗略定量，根据质谱图中各种负离子的质谱峰强度算出其某种负离子 M^- 的百分含量 x，空气离子计数仪测得总浓度为 N，可以得出该种负离子 M^- 的浓度为 xN，然而由于质谱检测器对各种负离子的响应系数是不同的，根据质谱峰强度算出的离子百分含量是不精确的。此外，质谱和空气负离子计数仪不是同时对同一样品检测也会造成一定的定量误差。未来亟须开发出利用单独质谱对空气负离子实现快速定量的检测方法，对负离子性质的研究和质谱定量分析方法的发展均具有重大的意义。

三、空气负离子细胞培养质谱分析

临床效果发现空气负离子能够显著改善"三高症"，改善心功能、消化功能，对造血内分泌系统有良好的作用，可调节大脑皮质兴奋抑制过程，对解除疲劳、烦躁、紧张，降低血压都较为有效，对癌症肿瘤患者均有一定的治疗效果[41-43]。为了揭示空气负离子参与此过程的机理，需要在细胞水平研究空气负离子的作用过程。之前 Kellogg 等[44] 采用气态负离子培养白色葡萄球菌，结果表明空气负离子可以在一定程度上有效破坏细菌的细胞膜，从而在空气中产生杀菌的作用。刘梦蝶等[45] 研究了空气放电处理对尖孢镰刀菌的影响，空气放电使得尖孢镰刀菌细胞膜通透性及完整性改变，导致尖孢镰刀菌的分解代谢受到抑制，ATP 供应减少，影响细胞活力，从而达到抑菌效果。但目前这些研究仅局限于对原核细胞的少量研究，推测在含有空气负离子的气氛下进行细胞培养时，空气负离子可能直接被细胞吸收或者溶于培养基进一步被吸收，可能会引起细胞分泌物或者细胞膜上物质的变化，通过检测这些物质含量的变化对空气负离子对细胞的作用机理进行合理推断。质谱在化合物鉴定方面显著的优势，使其能够成为检测在空气负离子细胞培养过程中物质变化的有力工具，这就迫切需要建立一种可靠的空气负离子细胞培养质谱分析平台。然而，细胞及培养基成分的复杂性，会对空气负离子作用过程产生物质的质谱检测造成严重干扰，会形成较强的离子抑制并且不利于质谱图解析。另外，在这种作用过程中产生新物质的含量可能会比较低，需要采取合适的分离富集手段，以实现质谱的灵敏检测。

四、便携式质谱的开发与应用

随着环境的逐渐恶化，空气负离子由于具有降解有毒有害污染气体、有效去除雾霾和改善人体健康等显著优点，引起人们越来越广泛的关注，各种各样的空气负离子发生器开始大量投入使用[46-48]。为了保证空气负离子发生器起到良好改善环境的效果，需要随时随地对室内室外环境中的空气负离子进行快速监测。传统实验室用质谱，由于其体积庞大，移动性很差，维护费用高，很难满足实时检测的要求，因而，需要开发一种便携式的质谱，能够随时随地快速地对空气负离子进行检测，满足未来空气负离子检测需求。将传统庞大体积质谱变得小巧轻便，这就对空气负离子的质谱导入技术和质量分析技术方面提出了更高的要求。由于户外环境中空气负离子含量远小于实验室用含量，如何将寿命较短的空气负离子及时高效导入质谱并被检测是一大关键。此外，在对空气负离子实时检测过程中，由于外界环境复杂，如何保证质谱检测的低噪声、高稳定性和避免环境中其他物质进入质谱对其损害将是便携式质谱开发所要重点解决的问题。

参考文献

[1] Carlson S. Modeling the Atomic Universe [J]. Scientific American, 1999: 281.

[2] Agnello R, Bechu S, Furno I, et al. Negative ion characterization in a helicon plasma source for fusion neutral beams by cavity ring-down spectroscopy and Langmuir probe laser photodetachment [J]. Nuclear Fusion, 2020, 60: 026007.

[3] Bacal M. Photodetachment diagnostic techniques for measuring negative ion densities and temperatures in plasmas [J]. Review of Scientific Instruments, 2000, 71 (11): 3981-4006.

[4] Zaniol B, Barbisan M, Bruno D, et al. First measurements of optical emission spectroscopy on SPIDER negative ion source [J]. Review of Scientific Instruments, 2020, 91: 013103.

[5] Ghislain M, Costarramone N, Pigot T. High frequency air monitoring by selected ion flow tube-mass spectrometry (SIFT-MS): Influence of the matrix for simultaneous analysis of VOCs, CO_2, ozone and water [J]. Microchem J. 2020, 153: 104435.

[6] 邢高娃, 李宇, 林金明. 空气负离子产生方法及其检测技术的研究进展 [J]. 分析试验室, 2019, 38 (1): 112-118.

[7] Guo H, Chen J, Wang L, et al. A highly efficient triboelectric negative air ion generator [J]. Nature Sustainability, 2020, 4: 147-153.

[8] 马云慧. 空气负离子应用研究新进展 [J]. 宝鸡文理学院学报（自然科学版）, 2010, 30 (1): 42-51.

[9] Safronova M S. Mass spectrometry for future atomic clocks [J]. Nature, 2020, 581: 35.

[10] Lin L, Li Y, Khan M, et al. Real-time characterization of negative air ions-induced decomposition of indoor organic contaminants by mass spectrometry [J]. Chem Commun, 2018, 76: 10687.

[11] Hill C A, Thomas C L P. A pulsed corona discharge switchable high resolution ion mobility spectrometer-mass spectrometer [J]. Analyst, 2003, 128 (128): 55-60.

[12] Skalny J D, Mikoviny T, Matejcik S, et al. An analysis of mass spectrometric study of negative ions extracted from negative corona discharge in air [J]. International Journal of Mass Spectrometry, 2004, 233 (1/2/3): 317-324.

[13] Skalny J D, Orszagh J, Mason N J, et al. Mass spectrometric study of negative ions extracted from point to plane negative corona discharge in ambient air at atmospheric pressure [J]. International Journal of Mass Spectrometry, 2008, 272（1）: 12-21.

[14] Skalny J D, Orszagh J, Matejcik S, et al. A mass spectrometric study of ions extracted from point to plane DC corona discharge fed by carbon dioxide at atmospheric pressure [J]. International Journal of Mass Spectrometry, 2008, 277: 210-214.

[15] Skalny J D, Orszagh J, Mason N J, et al. A mass spectrometric study of ions extracted from a point-to-plane dc corona discharge in N_2O at atmospheric pressure [J]. Journal of Physics D Applied Physics, 2008, 41（8）:1577-1582.

[16] Sabo M, Palenik J, Kucera M, et al. Atmospheric Pressure Corona Discharge Ionisation and Ion Mobility Spectrometry/Mass Spectrometry study of the negative corona discharge in high purity oxygen and oxygen/nitrogen mixtures [J]. International Journal of Mass Spectrometry, 2010, 293（1）:23-27.

[17] Sabo M, Matjcik S. Ion Mobility spectrometry for monitoring high-purity oxygen [J]. Analytical Chemistry, 2011, 83（6）:1985-1989.

[18] Sabo M, Matúška J, Matejčík. Specific O_2-generation in corona discharge for ion mobility spectrometry [J]. Talanta, 2011, 85（1）:400-405.

[19] Sabo M, Kial M, Wang H, et al. Positive corona discharge ion source with IMS/MS to detect impurities in high purity nitrogen [J]. The European Physical Journal-Applied Physics, 2011,55（1）:13808.

[20] Sabo M, Lichvanová Z, Orszagh J, et al. Experimental simulation of negative ion chemistry in Martian atmosphere using ion mobility spectrometry-mass spectrometry [J]. European Physical Journal D, 2014, 68（8）:1676-1678.

[21] Sabo M, Malásková M, Štefan Matejčík. Ion mobility spectrometry-mass spectrometry studies of ion processes in air at atmospheric pressure and their application to thermal desorption of 2,4,6-trinitrotoluene [J]. Plasma Sources Science Technology, 2014, 23（1）: 184-195.

[22] Sabo M, Michalczuk B, Lichvanová Z, et al. Ion mobility spectrometry-mass spectrometry studies of ion processes in air at atmospheric pressure and their application to thermal desorption of 2,4,6-trinitrotoluene [J]. International Journal of Mass Spectrometry, 2015, 380: 12-20.

[23] Horvath G, Aranda-Gonzalvo Y, Mason NJ, et al. Negative ions formed in N_2CH_4 Ar discharge -A simulation of Titan's atmosphere chemistry [J]. The European Physical Journal Applied Physics, 2010, 49（1）.

[24] Hvelplund P, Pedersen J O P, Støchkel K, et al. Experimental studies of the formation of cluster ions formed by corona discharge in an atmosphere containing SO_2, NH_3, and H_2O [J]. International Journal of Mass Spectrometry, 2013, s 341/342（5）: 1-6.

[25] Sekimoto K, Takayama M, et al. Influence of needle voltage on the formation of negative core ions using atmospheric pressure corona discharge in air [J]. International Journal of Mass Spectrometry, 2007, 261 (1): 38-44.

[26] Sekimoto K, Kikuchi K, Takayama M. Temperature dependence of magic number and first hydrated shell of various core water cluster ions Y- (H_2O)$_n$ ($Y=O_2$, HO_x, NO_x, CO_x) in atmospheric pressure negative corona discharge mass spectrometry [J]. International Journal of Mass Spectrometry, 2011, 294 (1): 44-50.

[27] Sabo M, Okuyama Y, Kučera M, et al. Transport and stability of negative ions generated by negative corona discharge in air studied using ion mobility-oaTOF spectrometry [J]. International Journal of Mass Spectrometry, 2013, 334 (2): 19-26.

[28] Nagato K, Matsui Y, Miyata T, et al. An analysis of the evolution of negative ions produced by a corona ionizer in air [J]. International Journal of Mass Spectrometry, 2006, 248 (3): 142-147.

[29] Ninomiya S, Iwamoto S, Usmanov D T, et al. Negative-mode mass spectrometric study on dc corona, ac corona and dielectric barrier discharge ionization in ambient air containing H_2O_2, 2, 4, 6-trinitrotoluene (TNT), and 1, 3, 5-trinitroperhydro-1, 3, 5-triazine (RDX) [J]. International Journal of Mass Spectrometry, 2020, 459.

[30] Wu C C, Lee G W M. Oxidation of volatile organic compounds by negative air ions [J]. Atmospheric Environment, 2004, 38 (37): 6287-6295.

[31] Viidanoja J, Reiner T, Arnold F. Laboratory investigations of negative ion molecule reactions of formic and acetic acids: implications for atmospheric measurements by ion-molecule reaction mass spectrometry [J]. International Journal of Mass Spectrometry, 1998, 181 (4): 31-41.

[32] Sekimoto K, Sakai M, Takayama M. Specific Interaction Between Negative Atmospheric Ions and Organic Compounds in Atmospheric Pressure Corona Discharge Ionization Mass Spectrometry [J]. Journal of the American Society for Mass Spectrometry, 2012, 23 (6): 1109-1119.

[33] Sekimoto K, Takayama M. Collision-Induced Dissociation Analysis of Negative Atmospheric Ion Adducts in Atmospheric Pressure Corona Discharge Ionization Mass Spectrometry [J]. Journal of the American Society for Mass Spectrometry, 2013, 24 (5): 780-788.

[34] Seto Y, Kanamori-Kataoka M, Tsuge K, et al. Sensitive monitoring of volatile chemical warfare agents in air by atmospheric pressure chemical ionization mass spectrometry with counter-flow introduction [J]. Analytical Chemistry, 2013, 85 (5): 2659-2666.

[35] Ewing R G, Clowers B H, Atkinson D A, et al. Direct real-time detection of vapors from explosive compounds [J]. Anal Chem, 2013, 85 (22): 10977-10983.

[36] Sabo M, Michalczuk B, Lichvanová Z, et al. Interactions of multiple reactant ions with 2, 4, 6-trinitrotoluene studied by corona discharge ion mobility-mass spectrometry [J]. International Journal of Mass Spectrometry, 2015, 380: 12-20.

［37］ Sabo M, Malásková M, Matejčík Š. Ion mobility spectrometry-mass spectrometry studies of ion processes in air at atmospheric pressure and their application to thermal desorption of 2, 4, 6-trinitrotoluene［J］. Plasma Sources Science Technology, 2014, 23（1）: 184-195.

［38］ Shasha C, Jian D, Weiguo W, et al. Dopant-assisted negative photoionization ion mobility spectrometry for sensitive detection of explosives［J］. Analytical Chemistry, 2013, 85（1）: 319-326.

［39］ Shasha C, Weiguo W, Qinghua Z, et al. Fast switching of CO_3^-（H_2O）$_n$ and O_2^-（H_2O）$_n$ reactant ions in dopant-assisted negative photoionization ion mobility spectrometry for explosives detection［J］. Anal Chem, 2014, 86（5）: 2687-2693.

［40］ Zhang C, Wu Z, Li Z, et al. Inhibition effect of negative air ions on adsorption between volatile organic compounds and environmental particulate matter［J］. Langmuir, 2020, 36（18）:5078-5083.

［41］ Krueger A P, Reed E J. Biological impact of small air ions［J］. Science, 1976, 193（4259）:1209-1213.

［42］ First M W. Effects of air ions［J］. Science, 1980, 210（4471）:714-716.

［43］ Kellogg E W. Air ions:their possible biological significance and effects［J］. Journal of Bioelectricity,1984,3（1/2）:119-136.

［44］ Kellogg E W, Yost M G, Barthakur N, et al. Superoxide involvement in the bactericidal effects of negative air ions on Staphylococcus albus［J］. Nature, 1979, 281（5730）: 400-401.

［45］ 刘梦蝶, 李彩云, 李洁, 等. 空气放电处理对尖孢镰刀菌生理代谢和细胞膜的影响［J］. 食品科学, 2020（5）:66-72.

［46］ Madunić K, Wagt S, Zhang T, et al. Dopant-enriched nitrogen gas for enhanced electrospray ionization of released glycans in negative ion mode［J］. Anal Chem, 2021, 93（18）: 6919-6923.

［47］ Yamada R, Yanoma S, Akaike M, et al. Water-generated negative air ions activate NK cell and inhibit carcinogenesis in mice［J］. Cancer Letters, 2006, 239（2）:190-197.

［48］ Kellogg E W. Air ions: their possible biological significance and effects［J］. Elect-romagnetic Biology & Medicine, 2009, 3（1/2）:119-136.

第12章
基于功能材料的空气负离子发生方法与应用

第一节　引　言

一些天然无机矿物与人造纳米材料能够通过特定的放电或电荷转移手段，在材料附近的空间内持续地产生大量负离子[1]。这些天然材料种类繁多，但在自然界中含量低、分布窄，而人造纳米材料在一定程度上弥补了该缺点，使该负离子功能材料的大批量生产与制造成为可能，并有利于其后期的推广与普及[2-4]。负离子功能材料按组分可以分为电气石类、金属氧化物及盐类、含放射性元素材料类和高分子材料类，而其中每一个种类下均有多个相关物种及衍生物。相对来说，负离子功能材料具有在无源状态下永久性释放负离子、发射远红外线、抑菌和抗菌作用以及降解有毒气体等的活性与独有特点[5]。研究表明，基于功能材料的空气负离子发生机理主要分为电离作用与电子传递作用，在这样的相互作用下，能够保证负离子的不断产生与释放，从而在一定空间范围内持续制造负离子的氛围[6]。负离子功能材料的加工技术特点主要分为母粒粉体化、表面涂覆化、共聚化和共混纺丝化，力求达到更小的颗粒、更均匀的粒径分布、更恰当的原料配比与更佳的最终状态。目前基于功能材料的空气负离子发生方法研究与开发主要集中于对传统负离子功能材料的改良与新型功能材料的开发与创新，以获得功效最佳的负离子功能材料，以一种环保的方式持续产生大量负离子，从而为人类与社会做出贡献。现有的负离子功能材料已经成功应用于陶瓷、环境工程、纺织工业、建材、医疗保健、快消品和电器等行业，相关的加工技术趋近成熟，而相关产品也是推陈出新。未来对负离子功能材料研究与开发主要集中于结构性能的深入研究、材料成本的降低与新型负离子功能材料的开发[7]。

第二节 ## 负离子功能材料分类

一、电气石类

1989 年，日本科学家 Kubo 首次发现电气石存在自发电极特性以及其周围存在静电场现象使得电气石为人们所熟知且得到了充分开发与应用。一般来说，电气石指一种含硼元素的带有附加负离子的环状硅酸盐类化合物[8]，其化学通式为 $XY_3Z_6(Si_6O_{18})(BO_3)_3W_4$，其中 $X = Na^+$，Ca^{2+}，K^+；$Y = Fe^{2+}$，Mg^{2+}，Al^{3+}，Li^+，Mn^{2+}；$Z = Al^{3+}$，Cr^{3+}，Fe^{3+}；$W = OH^-$，O^{2-}，F^-。电气石的主要化学成分为 SiO_2，Fe_2O_3，B_2O_3，Na_2O，Al_2O_3，MgO，Li_2O 和 MnO_2，等[9]，其密度为 $3\sim3.25g/cm^3$，硬度为 $7\sim7.5$，负离子释放量为 $200\sim400$ 个/cm^3。常见的电气石矿物种类、相关分子式、对应晶系与空间群如表 12-1 所示。电气石成分的多样性，使得电气石具有不同的矿物颜色与存在状态。电气石属于三方晶系，具有单向极轴，三重对称轴为 c 轴，垂直于 c 无对称轴、对称面和对称中心，其基本单元主要是硅氧四面体 $(SiO_4)_6$ 的复三方环，该四面体顶角氧原子 O_6 指向同一方向，该独特结构使得电气石具有自发极化效应，其周围存在永久性电场[10]。当外界压力或者温度发生变化时，晶体结构中多面体发生结构扭曲，垂直于 c 轴的两个晶体端面出现极化电荷，其电荷大于自发极化效应，从而使得电气石具有压电效应和热释电效应，能够电离其周围空气而产生负离子[11]。此外，为了提高电气石的电磁学性能，满足实际应用中对持续产生高浓度负离子的制备要求，复合型电气石功能材料应运而生，常见的如电气石/无机复合材料、电气石/天然物质复合材料和电气石/有机复合材料。经复合后的电气石材料除了具备单一组分所具有的各种特性之外，各组分优势互补并产生协同作用，使材料的负离子产生与释放性能大大提升，同时也降低了材料成本，提高了材料的综合利用率，拓展了负离子功能材料的应用领域，从而满足了实际运用中的各种需求[12]。

表 12-1　常见的电气石矿物种类、相关分子式及对应晶型

种类	分子式	晶系及空间群
黑电气石	$NaFe_3Al_6(BO_3)_3Si_6O_{18}(OH)_4$	菱形, $R3m$
钙锂电气石	$Ca(Li_2Al)Al_6(BO_3)_3Si_6O_{18}(OH)_4$	菱形, $R3m$
钙镁电气石	$NaMg_3(Al,Mg)_6(BO_3)_3Si_6O_{18}(OH)_4$	菱形, $R3m$

二、金属氧化物或盐类

一些金属氧化物或盐类由于具有类似于电气石的氧四面体基本结构或者独有的晶系结构，同样具有负离子产生与释放性能，其负离子释放量为 $2200\sim9000$ 个/cm^3。常见的金属氧化物或盐类种类、相关分子式及对应晶系与空间群如表 12-2 所示。该类物质晶体内部容易发生扭曲，导致正负电荷中心偏移，晶体总电极距发生变化，产生远大于极化效应的极化电荷，使该类材料具有热电和压电特性。同时，外界温度与压力的变化也会诱导晶体内部出现电势差并持续电离材料附近的空气而产生负离子。经复合后的金属氧化物或盐类在效能上相对于单一组分来说有了巨大提升，不仅获得了更小的粒径与更均匀的颗粒分散程度，同时各组分之间的协同作用大大提升了负离子的产生效率，综合效能大幅提高，这对后续的开发与应用大有裨益。

表 12-2　常见的金属氧化物或盐类种类、相关分子式及对应晶型

种类	分子式	晶系及空间群
阳起石	$Ca_2(Mg,Fe)_5Si_8O_{22}(OH)_2$	单斜, $C2/m$
铁镁角闪石	$Ca_2(Mg,Fe)_5(Si,Al)_8O_{22}(OH)_2$	单斜, $C2/m$
钠长石	$NaAlSi_3O_8$	三斜, $C1^-$
丝光沸石	$(Na_2,Ca,K_2)Al_2Si_{10}O_{24}\cdot7H_2O$	斜方, $C_{mc}2_1$
针碱钙石	$KNaCa_2Si_4O_{11}F\cdot H_2O$	斜方, 未定
白云母	$KAl_2(Si_3Al)O_{10}(OH,F)_2$	单斜, $C2/c$
金云母	$KMg_3(Si_3Al)O_{10}(OH)_2$	六方, $P3_112$
歪长石	$(Na,K)(Si_3Al)O_8$	三斜, $P1$
伊利石	$(K,H_3O)Al_2Si_3AlO_{10}(OH)_2$	单斜, $C2/c$
锆石	$ZrSiO_4$	四方, $I4_1/amd$
独居石	$CePO_4$	单斜, $P2_1/n$

续表

种类	分子式	晶系及空间群
锐钛矿	TiO_2	四方，$I4_1/amd$
红锌矿	ZnO	六方，$P3_1mc$
正长石	$KAlSi_3O_8$	单斜，$C2/m$

三、放射性元素类

一些放射性元素或含有放射性元素的材料通过其中放射性物质的衰变性质，也能在一定空间范围内持续产生负离子，其负离子释放量为 $1000\sim2700$ 个/cm^3。常见的放射性元素种类、相关分子式如表 12-3 所示。一般来说，放射性元素所具有的天然衰变性质使其产生的放射线（如 α 射线、β 射线和 γ 射线）能有效使材料附近的空气发生电离而产生负离子，且由于放射性元素能够持续产生放射线，因而也能保证持续而有效的负离子生成。另外，经复合后的放射性元素衍生物大大提升了放射线的释放，从而更加有利于空气的电离和负离子的生成，从整体上提升了负离子产生的效率[13]。

表 12-3 常见的放射性元素种类及相关分子式

种类	分子式
钾-40	$^{40}_{19}K$
钍-232	$^{232}_{90}Th$
镭-226	$^{226}_{88}Ra$
铀-238	$^{238}_{92}U$

四、高分子材料类

一些高分子材料受到外界的物理作用时，能向空气放电并在材料附近产生负离子，其负离子释放量大于 5000 个/cm^3。常见的高分子材料如羊毛、头发等由于摩擦、挤压、伸缩、冲击等物理作用，材料局部瞬时获得巨大能量，导致局部电位迅速增加而积累大量静电，这些静电通过向空气放电而产生负离子。而物理作用的持续进行将源源不断产生静电，从而在一定空间范围内持续产生负离子。经改性或复合后的高分子材料有利于物理作用的进行与静电的积累，从而有助于放电过程的进行与负离子的大量产生。

第三节 负离子功能材料特性

由于负离子功能材料自身能够通过特定的放电或电荷转移手段，在材料附近的空间内持续地产生大量负离子，因此该类材料具有独有的负离子产生活性与稳定性。负离子功能材料具有的特性如图 12-1 所示。

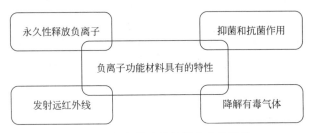

图 12-1 负离子功能材料具有的特性

一、永久性释放负离子

如前所述，许多负离子功能材料具有的独特晶体结构使其易于发生自发极化效应，而其中可逆的多面体扭曲使端面产生极化电荷，加之以外界温度与压力的影响，引起晶体的电势差，从而电离周围空气产生负离子。由于产生负离子的过程中所需的原料均来源于空气，功能材料本身并不发生反应与消耗，因而在整个过程中功能材料始终能够保证结构与组分的完整性，在相当长的时间范围内实现了负离子的永久性释放。只要保证功能材料本身不受到外界的物理或化学损伤，有空气存在的地方便有源源不断的负离子产生与释放，从而保证了在一定空间范围内负离子的持续供应。然而，如若材料本身受到侵蚀或损坏，其内部的晶体结构发生破坏，晶体扭曲效应消失，将显著影响负离子产生效率[14]。

二、发射远红外线

远红外线振动频率接近人体细胞，因而易于直接穿过并作用于人体从而导致分子间剧烈摩擦生热，利于体内血管扩张，加速血液循环，清除血管淤积物，并提升血液中氧气与养料含量，促进组织新生，活化细胞，增强免疫机能。可以看出，远红外线是一类易于进入人体并对健康大有裨益的红外线。负离子功能材料能持续发射波长为 $2\sim18\mu m$ 的远红外线，其发射率高达 93%，由于负离子功能材料本身存在偶极矩，在分子进行热运动的同时，偶极矩发生变化，分子获得能量从低能级被激发到高能级，当这些分子由高能级跃迁回到低能级时，就会以发射远红外线的形式释放能量。研究表明，负离子功能材料释放的远红外线与人体能接受的范围具有很好的适应性，长期接受负离子材料发射的红外线有利于人体新陈代谢的进行，从而有益人体健康。

三、抑菌和抗菌作用

人体内有五百多种细菌，其中一部分对人体健康有害。这些细菌寄生于人体组织液或细胞，不仅窃取人体营养成分，而且其新陈代谢产生的废物会直接排泄到体内环境中，因此一方面加重了人体的代谢负担，另一方面干扰了人体的正常生化反应。研究指出，负离子功能材料能在其周围空间内产生 $10^4 \sim 10^7 \mathrm{V/m}$ 的电场，电流强度为 $0.06\mathrm{mA}$，这样的环境能有效抑制细菌增殖甚至杀灭细菌。同时，负离子所带的负电荷会中和细菌表面所带的正电荷，从而起到有效抑菌和抗菌的作用。此外之前所述的发射远红外线性质也有助于负离子功能材料抑菌和抗菌作用的发挥，从而高效消灭有害细菌，保障人体健康[15]。

四、降解有毒气体

有毒气体一旦被人体吸入将富集在人体某些组织或器官中，同时发生多种有害化学反应，对人体的呼吸系统乃至神经系统造成不可逆转的伤害，严重者甚至危及生命。功能材料产生的负离子对于常见的有毒气体如氮氧化物、甲醛和挥发性有机化合物具有很好的降解作用。研究表明，在功能材料产生的负离子的持续作用下，有毒气体的浓度随着时间的推移逐渐降低，最终达到极低的水平。大量数据证明了该负离子能够有效降解有毒气体，净化室内空气，因而功能材料产生的负离子在降解有毒气体，净化空气，改善空气质量方面具有重大的研究与实践指导意义。

第四节　负离子发生机理

基于功能材料的空气负离子发生方法源于材料本身所具有的特殊结构，因而能够在一定空间范围内实现永久性负离子释放，而相应的发生机理则与材料本身的结构与性质息息相关[16-24]。相关机理主要分为以下几类。

一、电离作用

负离子功能材料能通过电离作用将材料周围的空气或者水体中的中性分子分别电离为正、负离子，其中正离子接入大地被中和，而产生的负离子一方面直接被人体所吸收，另一方面与环境中其他分子发生反应生成多种具有生物活性的负离子而为人体所利用。该过程主要包括两个重要因素。

（1）自发极化效应。在负离子功能材料中正负电荷分离导致整个分子结构出现带负电的晶体空缺，由于结构的不完整性使得分子本身发生自发极化效应，在分子表面形成较为微弱的电场。由于这种电场来自可逆的多面体扭曲产生的电势差，因而其能够在相当长的时间范围内保持稳定，只要功能材料本身不受到外界物理或者化学作用的侵蚀和损害，该材料便能持续发生自发极化效应而在其周围空间形成微电场。测试结果表明，该电场的强度约为 $10^4 \sim 10^7 \, \text{V/m}$，电流强度为 $0.06 \, \text{mA}$。德国物理学家 Lenard 认为，该电场能对材料周围的空气和水分子进行电离并发生电解反应生成氢离子和氢氧根离子，其中氢离子捕捉电场中的自由电子形成氢气逸出，而生成的氢氧根离子则进一步与水分子或其他中性分子结合形成带负电的离子团并进一步逸散到空气中形成负离子，相关反应方程式如下所示：

$$H_2O \longrightarrow H^+ + OH^-$$

$$2H^+ + 2e^- \longrightarrow H_2 \uparrow$$

$$OH^- + nH_2O \longrightarrow OH^-(H_2O)_n$$

（2）压电和热释电效应。当负离子功能材料周围所处的环境压力或者温度发生变化时，晶体结构中多面体发生扭曲，导致垂直于 c 轴的两个晶体端面出现极化电荷，其电荷量大于自发极化效应，从而使得电气石具有压电效应和热释电效应，能够电离周围空气而产生负离子。该电场的大小与环境温度和压力的大小密切相关，而现代技术已实现通过人工控制来调节材料所处环境，以期获得更强的电场。同时，形成的电场也能电离材料周围的空气和水分子产生负离子，而该负离子在特定空间内会继续与其他种类的中性分子发生反应，继而进一步生成其他种类的负离子，使得负离子种类具有高浓度与多样性。此外，负离子功能材料产生负离子的效率主要取决于材料对周围环境的电离能力。该电离能力与材料自身的结构与性质息息相关，而粉体粒度与环境因素对于材料压电和热释电效应的发挥也能产生较大影响。一般来说，粉体粒径越小，温差越大，压差越大，则压电和热释电效应越强，而负离子释放量更大。

二、射线激发作用

一些放射性元素或含有放射性元素的材料由于其中含有放射性物质的作用，能够持续不断地发出放射线，产生的射线以 α 射线、β 射线和 γ 射线为主，该射线能够激发材料附近的空气或者水分子，使其中的分子电离生成正离子和负离子，而该负离子通过与中性分子结合或者反应进一步生成其他种类负离子。由于放射性元素或含有放射性元素的材料具有天然的衰变性质，因而能够持续产生射线并不断产生与释放负离子。此外，可以通过调整射线强度实现特定的射线种类释放与最佳的射线释放量，从而获得最佳的负离子产生与释放效果。

三、电子传递作用

一些高分子材料受到摩擦、挤压、伸缩、冲击等外界物理作用时，会在材料局部位置瞬间获得巨大能量，导致局部电位迅速增加而产生大量静电积累，这些静电运动到材料尖端时会向环境放电并将负电荷转移到环境中，该负电荷碰撞分子使其解离或者为分子所捕捉均形成带负电荷的基团。而物理作用的持续进行将不断产生负电荷并向空气放电，从而在一定空间范围内持续产生负离子。若一旦物理作用停止或受到外界干扰，则电荷无法转移且无法向环境放电，不再产生负离子。由于这种电子传递作用仅仅依赖于物体之间的物理作用且不消耗材料本身，因而长时间的物理作用也不会对原材料有损耗，能够实现负离子的持续释放。

第五节　材料加工技术特点

现代工业利用新型加工与成型技术对负离子功能材料进行加工与改造，获得了性能极佳的负离子功能材料，在此过程中，负离子功能材料的优势被充分挖掘与应用并结合已有的传统材料，能够在最大程度上提升材料性能并拓宽其应用范围[25]。如图 12-2 所示，常见的加工技术特点如下。

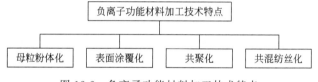

图 12-2　负离子功能材料加工技术特点

一、母粒粉体化

最初的天然矿物体积大、活性面少、不易分类且杂质较多，不利于后续的改性与应用。若利用化学或物理方法对其进行粉体化处理，将使得到的负离子粉体具有更高的可塑性与更广的应用范围。该粉体化技术不仅使粉体中的活性面得以充分暴露，大大提升负离子的产生与释放效率，同时有助于将负离子功能材料与其他材料进行复合制备新型负离子功能材料，同时发挥两种材料各自的优势，利用协同作用优化负离子释放效果，增强负离子材料的实用性与适用范围，也提升了粉体本身的功效。

二、表面涂覆化

通过表面处理技术、喷涂技术与树脂固化技术将上述获得的优质负离子粉体固定于其他材料表面，制得涂覆型复合负离子发生材料。该技术将具有优良相容性与可塑性的树脂软化并掺杂具有负离子发生效应的负离子功能材料，利用树脂将负离子粉体固定化并喷涂在各种材料基底并塑造成需要的形状，实现了负离子粉体的可控加工与应用。同时，通过喷涂技术将复合型树脂材料涂覆在各种材料表面，不仅有利于负离子的产生与释放，同时增加了粉体暴露于空气中的面积，因而大大提升了负离子的产生与释放效率。

三、共聚化

借助共聚化技术，将负离子粉体作为共聚单体，引入纤维高聚物分子链中，可以制得共聚型负离子发生复合材料。该技术将粉体作为纤维高聚物的一部分进行聚合，以获得兼具纤维性与负离子发生特性的聚合物。该聚合物内部粉体均匀分布于整个空间，不仅保证了最终材料处于均一完整的状态，同时保证了粉体负离子产生与释放效能的充分发挥。此外，通过改变不同的纤维高聚物种类也可得到多种新型共聚型负离子发生材料，因而具有较高的实用性与发展空间。

四、共混纺丝化

将共聚获得的负离子材料前驱体加到聚合物熔体或纺丝液中，经充分反应与浸泡可得到负离子聚合物前驱体，再经后续混合、挤压、成型和纺丝等工序最终制成负离子纤维材料。通过该技术得到的复合型负离子材料由于经过了浸泡和后续的挤压成型，不仅具有优良的柔韧性与改性空间，而且具有良好的耐久性与均一性。同时，通过改变浸泡液的种类与浓度，也可实现多种新型负离子发生材料的制造。由于该方法具有诸多优点，其进一步改良与拓展亦备受关注，发展空间巨大。

第六节　负离子功能材料研究现状

负离子功能材料最初的发现与研究可追溯到公元前，20 世纪 40 年代，功能材料的压电和热释电性能已得到研究与开发。自 1989 年日本科学家 Kubo 首次发现电气石存在自发电极特性以来，其周围存在静电场的现象逐渐为人们所熟知且其性能得到了充分开发与应用，此后，负离子功能材料不断被科学家们发现与研究，成为材料与环保领域的一个热门话题[26-28]。

国外对负离子功能材料的研究与探索自 20 世纪 40 年代开始，材料的压电性和热释电性一直被研究者关注。随后科学家们发现了钛酸钡的压电性，且其活性超越了经典的电气石，成为当时电气石的最佳替代品。20 世纪后半叶，一些学者开始研究负离子材料的结构，并尝试制备出纯晶体，以便从微观角度进行进一步探索。在材料功能开发领域，Kubo 在研究河流污染时，发现靠近山脉附近的河流水质明显优于其余河流。原因在于水质优良的河流会流经负离子材料矿区，进而推测负离子材料具有净水的作用。该事件引发了科学家关于负离子功能材料具有保健养生功能的探讨，而关于负离子功能材料净化空气的研究也逐步开展起来。此后，在基于功能材料的新型纤维、添加剂乃至建筑材料等方面的性能得到了科学家们的广泛与深入研究。

国内对负离子功能材料的探索主要集中于掺杂型负离子功能材料的开发与应用。除了传统的粉体化处理与复合之外，新型的加工方式主要采用球磨超细化处理、掺杂稀土元素、光催化材料激活、放射性材料协同作用和天然环保材料复合等技术，力图克服传统功能材料的缺点，降低负离子产生过程中的副作用，改进负离子释放效率，拓宽其应用领域。目前，基于负离子功能材料的布料、人造革、腻子、涂料和陶瓷等新型材料得到了科学家的研究与开发，其负离子释放量经过改良后逐步提升，其研究与应用前景广阔。除此之外，目前基于功能材料的相关产品层出不穷，拥有数百项发明专利，同时，"把负离子环境带到千家万户，把健康送给每个人"的理念深入百姓心中。通过宣传、普及相关知识，让人们走进负离子的大门，了解负离子，享受负离子带来的益处。

第七节　负离子功能材料应用现状

基于功能材料的负离子发生方法目前已得到了广泛的研究，相应的负离子产品层出不穷并不断得到改良与推广。这些负离子功能材料被应用于制造日常生活所需的各种物品，这些物品不仅具有常规用品所具有的实用性，同时借助于其中的负离子材料能够持续释放大量负离子至附近空气中，营造了健康的负离子氛围，有益于身心健康[29-32]。图 12-3 总结了目前负离子功能材料主要应用领域。

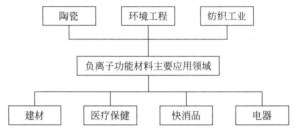

图 12-3　负离子功能材料主要应用领域

一、陶瓷

陶瓷材料具有无可比拟的高熔点、高硬度、高耐磨性、高稳定性、高可塑性、耐氧化、价格低廉等优点。将负离子粉体掺入陶瓷能够得到可持续释放空气负离子的陶瓷材料。负离子陶瓷材料结合了负离子粉体的释放特性与陶瓷材料的制作工艺，加之以激发剂和助溶剂进行处理，最终经高温煅烧制成。同时，陶瓷材料在日常生活中的广泛使用为负离子陶瓷材料的推广与普及打下了坚实的基础，提供了广阔应用与改良空间。在陶瓷材料加工过程中，负离子材料不仅可以直接加入陶瓷坯体制成负离子陶瓷材料，而且可以加入陶瓷的釉料中，做成陶瓷摆件、过滤球、墙砖、地砖、卫生洁具等日常用品。相关测试结果表明，掺入粉体后的陶瓷材料光泽度有了明显提升，而陶瓷本身的结构并未发生改变，这说明负离子粉体能够与陶瓷材料充分融合且不影响材料的整体结构，同时，粉体在其中能够达到优良的分散效应，有利于其与空气的充分接触与作用，有利于大量产生与释放负离子。此外，经掺杂粉体的陶瓷材料的负离子释放量能达到 1000 个/cm^3。可预见的是，将此陶瓷材料应用于室内，能够实现持续负离子释放，不仅能够明显改善室内空气质量，也能保障居住者的身体健康[33]。

二、环境工程

环境工程领域立足于防治环境污染与提高环境质量，采用现代科学技术提出并实施有效的环境发展与保护方案。人类与环境关系密切，环境的可持续发展关乎人类未来的走向。自 Kubo 发现负离子功能材料能够净化水源起，有关负离子功能材料防止污染、净化空气、保障健康的研究与开发正持续进行并成果丰硕。因此，如何将负离子材料及其复合物应用于环境保护与改善成为当下需要解决的问题。研究表明，负离子功能材料所独有的化学性质使其易与粉尘、废气、污水等接触和反应，与其中的固体小颗粒和小分子发生作用，达到较好的降解和去除效果。目前负离子功能材料已成功用于空气质量改善、酸雨控制、土壤酸化治理和废水处理等方面，在环境保护与改善方面起到了巨大作用。若能将此功能材料应用于环境工程中，不仅能在一定空间范围内持续清除有害分子和粉尘，同时也能有效改善环境质量，有利于人与自然的和谐发展[34]。

三、纺织工业

纺织工业是我国国民经济的传统支柱产业和重要民生产业，同时也是高新技术应用和时尚创意发展的重要产业，在日常生活中具有举足轻重的作用，而其发展不仅要考虑人们舒适的穿着，也要考虑新型材料的融入以进一步提升纺织物的舒适性、功效性与保健性。通过掺杂负离子粉体制成的纺织品在保证纺织物舒适性的同时保证了负离子的持续释放，当穿着负离子纤维做成的服装时，人体周围形成富含负离子的空间，如同沐浴在负离子的氛围中，当人们长时间处于这样的氛围中，不仅能净化身体周围的空气，还能起到抗菌保健的作用，时刻保护人体健康。目前，基于负离子材料的艺术品、室内布艺、床上用品等纺织品层出不穷，使人体时刻享受负离子的保健与疗养。测试结果表明，掺杂负离子粉体制成的纺织物的负离子释放量能达到 3600 个/cm^3，能够有效降解身体周围灰尘并保证人体健康[35]。

四、建材

建材业与人们的日常居住、生活乃至社会发展有着密切的关系，而其中绿色新型建材成为人们家装的首选。其中，环保健康的建材不仅要具有价廉、质量好、易于改造和废料不污染环境等特点，而且还要具有多功能化、有益人体健康的优势。为了达到上述目的，基于负离子功能材料的建材应运而生，这类材料在生产与加工过程中将负离子粉体融入传统建材，使粉体在建材中均匀分布，从而得到了新型负离子复合建材。这种建材兼具传统家装材料的特点与负离子粉体的释放能力，具有优良的稳定性与可塑性。目前，负离子功能材料已运用于钢材、水泥、砂石、涂料和腻子等常用建材中，基于负离子的新型建材种类繁多。使用负离子建材制造的房屋内持续产生适当浓度的空气负离子，这些负离子不仅能够有效去除室内空气污染物，同时时刻保护着人体健康，人们长时间处于这样的建筑中如同身处大自然环境中，感到心情舒畅且精神良好，仿佛沐浴在天然的"氧吧"中。相关测试结果表明，新型负离子建材的释放量能达到 1500 个/cm^3，能够有效改善室内空气质量，保护居住者的身体健康[36]。

五、医疗保健

医疗保健与每个人的生命息息相关，也决定着未来健康产业的发展方向，我国建有全国性的医疗保健监督和防疫网络，旨在保障每个人的生命健康。基于上述蓝图，具有医疗保健功能的材料不仅要对人体具有优良的生物相容性和稳定性，还要能促进人体新陈代谢、时刻保障人体健康。现有的负离子功能材料具有很强的自发极化效应，能够持续发射远红外线，该红外线易于进入人体，提高组织温度，进而对细胞渗透性、酸碱和酶活性进行调控，从而有利于扩张血管，加快血流速度，促进新陈代谢，有利于人体健康。研究结果表明，相对于正常的人体状态，经负离子功能材料疗养与保健后的人体细胞具有更高的活性，人的精神状态更佳[37]。

六、快消品

快消品一般指一类使用寿命短、价格相对低廉、消费速度快的消费品，如化妆品、装饰品、卫生用品、包装用品等。这些产品在市场上流通速度快，应用范围广，是人们普通生活所不可或缺的商品之一，在民生工程与社会发展中的作用不言而喻。随着生活水平的提高，人们对快消品的需求早已不再局限于其基本功能。因此，若能将负离子的优良活性与快消品的特性结合，不仅有助于开发多功能快消品，而且使人们在使用快消品的同时能时刻沐浴在负离子的氛围中，让消费者在体验便捷生活的同时享受持续的健康保护。具体说来，在快消品生产和包装过程中掺入负离子功能材料是目前新型快消品加工与制造的主要手段之一。相应的主流负离子基快消品主要包括负离子面膜、负离子洗发水、负离子润肤霜、负离子卫生巾、负离子衣裤、负离子皮带、负离子肥皂、负离子茶杯、负离子毛巾等。可以预见的是，这些新型快消品的出现不仅为日常生活提供了方便，同时充分开发并优化了基于功能材料的负离子发生方法，为快消品未来的发展提供了新的选择[38]。

七、电器

随着现代科技的发展与人工智能的普及，各类电器在日常生活中的比重日益增加。这些电器功能多样，使用寿命较长，操作便捷，可塑性好。通过将基于功能材料的负离子发生技术嫁接到市场上已有的电器中，不仅能够保证负离子的持续产生与释放，同时能有效地弥补电器原有的功能缺陷并拓展这类新型电器的应用领域，使该类电器产品更加人性化与智能化。目前市场上主流的负离子基电器主要包括负离子空气净化器、负离子冰箱、负离子电脑显示器、负离子灯具、负离子加湿器、负离子洗衣机、负离子电热毯、负离子按摩仪、负离子净水器等。这些新型电器能够有效利用功能材料在电器内部或者外部持续制备与释放负离子，在保证电器正常工作的同时潜移默化地改善了室内空气质量并保证了人体健康。随着各类电器功能的不断开发与技术的不断完善，基于功能材料的负离子发生方法在电器领域的应用具有巨大潜力，前景良好[39]。

第八节　展　　望

负离子功能材料能够通过特定的放电或电荷转移手段，在材料附近的空间内持续地产生大量负离子。而现代技术对于负离子粉体的再加工与改良使得这种负离子功能材料能够得到进一步的推广与普及。目前对基于功能材料的空气负离子发生方法的研究与开发主要集中于传统负离子功能材料的改良与新型功能材料的开发与应用，以期获得功效最佳的负离子功能材料，以一种环保、持续的方式产生大量负离子，从而为人类与社会的发展与进步作贡献。而负离子材料的不断应用与更新使得这类材料为人类生活不仅提供了便捷和多样化选择，而且释放的大量空气负离子时刻保障与促进着人体健康。结合现有状态与发展趋势，未来负离子功能材料的相关研究可从以下几个方面入手。

（1）关于负离子功能材料组成、结构和性能的深入研究。关于传统负离子功能材料的化学组成、结构以及性质之前已经得到了相应的研究与论证，许多经典理论与著作也已系统介绍了功能材料的相关基础知识。现今，负离子功能材料在陶瓷、环境工程、纺织、建材、医疗保健、快消品和电器等行业得到了广泛的开发与应用，具有巨大的研究与利用前景，发展空间巨大。然而，其组成、结构和性能却缺乏深层次的探索与总结[40]。可以预见的是，对该材料的深入研究势必能更好地揭示功能材料的作用机理与负离子产生与释放过程，也有助于后续加工与改性过程的技术优化与创新，以期得到更优发生效率的负离子功能材料，为人们的生活提供便捷与健康。除此以外，对于负离子功能材料组成、结构和性能的深入研究也能为进一步地开发利用提供理论依据与科学方法，合理指导技术改进与革新，更好地实现理论基础与实际应用的结合，制造更加人性化与功能化的先进产品。

（2）材料成本的降低。传统的负离子功能材料是基于电气石、蛋白石或放射性元素等的天然矿物，不论在负离子制造与释放性能方面还是作为生活用品的原料都硕果累累，然而这些天然矿物也具有价格高昂、含量稀少的不足，这在一定程度上限制了负离子功能材料的进一步推广应用。为了解决这些问题，人工合成材料的复合与改性不仅大大减少了天然矿物的使用量，降低了材料的生产成本，而且增加了天然矿物在复合材料中的分散度，有利于在材料表面充分暴露，使得负离子的产生效率大幅提升。经复合与改性后的负离子功能材料成功地运用到各类日常用品中。未来的负离子功能材料在人工合成材料的复合与改性方面还有很大的研究与开发空间，低价高效的替代物将极大促进材料的革新，有利于其在市场上的应用与推广。

（3）新应用领域的开发。随着负离子功能材料不断被开发、应用与改良，其相应的应用领域得到了有效拓宽。目前为止，负离子功能材料在陶瓷、环境工程、纺织业、建材和医疗保健、快消品和电器等领域发挥着巨大作用，为人们生活提供便捷的同时持续保护着人们的健康。然而，人们的生活由方方面面组成，具有多样性与复杂性的特点，目前负离子功能材料仅涉及了其中的几个部分，还有很多领域有待开发与研究。对负离子功能材料应用新领域的开发和研究不仅有利于材料自身功效的发挥，同时在宏观上能提升材料在行业内的综合价值，增加其行业竞争力与产品附加值，成为一种先进材料引领负离子产业不断前进。

参考文献

［1］　文吉槐，雷才，张迎，等.空气负离子发生器及负离子发生材料简介［J］.教学参考，2015，1：92-95.

［2］　赵明，夏昌奎，彭西洋，等.释放负离子功能材料的研究进展［J］.陶瓷，2011，8：44-47.

［3］　金宗哲，冀志江.空气负离子的产生及其材料研究［C］.功能性纺织品及纳米技术应用研讨会.2001：54-55.

［4］　关有俊，谭亮，何唯平.产生负离子功能材料的研究进展及应用［J］.化工新型材料，2005，33：5-37.

［5］　王继梅.空气负离子及负离子材料的评价与应用研究［D］.北京：中国建筑材料科学研究总院，2004.

［6］　张堃，曾汉民.矿物基负离子发生材料的结构和组成特征［J］.材料导报，2005，19：398-400.

［7］　黄春松.空调环境影响空气负离子材料激发空气负离子的实验研究［D］.西安：西安工程大学，2007.

［8］　袁昌来，刘心宇，王华.天然矿物电气石产生空气负离子性能研究［J］.功能材料，2007，9：3317-3319.

［9］　展杰，郝霄鹏，刘宏，等.天然矿物功能晶体材料电气石的研究进展［J］.功能材料，2006，37：524-527.

［10］　胡应模，陈旭波，汤明茹.电气石功能复合材料研究进展及前景展望［J］.地学前缘，2014，21：331-337.

［11］　马可楠.电气石的性能及应用技术研究现状［C］.软科学论坛-企业信息与工程技术应用研讨会.2015：54-56.

［12］　康文杰.电气石负离子释放材料的制备及性能研究［D］.西安：陕西科技大学，2013.

［13］　曾汉民，张堃，曾斌，等.核元素在作为空气负离子发生材料中的应用：CN1912479A［P］.2007-02-14.

［14］　黄春松，黄翔，吴志湘.负离子材料的净化研究［J］.洁净与空调技术，2006，2：45-47.

［15］　吴迪.多功能负离子材料与室内空气净化产品［J］.上海建材，2005，5：10-11.

［16］　Zeleny J. Ions in gases［J］. Science, 1941, 93: 167-172.

［17］　Comita P B, Brauman J I. Gas-phase ion chemistry［J］. Science, 1985, 227: 863-869.

［18］　First M W. Effects of air ions［J］. Science, 1980, 210: 714-716.

［19］　Bowes M, Bradley J W. The behaviour of negative oxygen ions in the afterglow of a reactive HiPIMS discharge［J］. J Phys D: Appl Phys. 2014, 47: 1-10.

［20］　Loeb L B. The energy of formation of negative ions in O_2［J］. Physical Review, 1935, 48: 684-689.

［21］　Parkes D A. Electron attachment and negative ion-molecule reactions in pure oxygen［J］.

Faraday Soc, 1971, 67: 711-729.

[22] Bradbury N E. Electron attachment and negative-ion formation in oxygen and oxygen mixtures [J]. Physical Review, 1933, 44: 883-890.

[23] Gardiner P S, Craggs J D. Negative ions in Trichel corona in air [J]. J Phys D: Appl Phys, 1977, 10: 1003-1009.

[24] Loeb L B. The relative affinity of some gas molecules for electrons [J]. Physical Review, 1921, 2: 89-115.

[25] 杨清, 廖志金, 朱福生. 负离子材料添加剂的生产与应用 [C]. 东亚功能离子技术应用国际论坛. 2007: 52-54.

[26] Cheng S, Wang W, Zhou Q, et al. Fast switching of CO_3^- (H_2O)$_n$ and O_2^- (H_2O)$_n$ reactant ions in dopant-assisted negative photoionization Ion mobility spectrometry for explosives detection [J]. Anal Chem, 2014, 86: 2687-2693.

[27] Cheng S, Dou J, Wang W, et al. Dopant-assisted negative photoionization ion mobility spectrometry for sensitive detection of explosives [J]. Anal Chem, 2013, 85: 319-326.

[28] Seto Y, Kanamori-Kataoka M, Tsuge K, et al. Sensitive monitoring of volatile chemical warfare agents in air by atmospheric pressure chemical ionization mass spectrometry with counter-flow introduction [J]. Anal Chem, 2013, 85: 2659-2666.

[29] 宁珅. 氧负离子存储-发射材料发射性能的改善 [D]. 合肥: 中国科学技术大学, 2011.

[30] 王向华, 高建云. 空气负离子中的物理机制 [J]. 现代物理知识, 2007, 4: 16-18.

[31] 启明. 能发出负离子的一种功能材料 [J]. 金属功能材料, 2004, 2: 34-34.

[32] 胡傲. 具有释放空气负离子功能聚丙烯塑料的研究 [D]. 广州: 中山大学, 2005.

[33] 李强, 吴飞翔, 吴兰. 负离子瓷砖对单组分空气分子作用影响分析 [J]. 佛山陶瓷, 2018, 28: 35-37.

[34] 王俊腾, 李志生, 梁锡冠, 等. 细颗粒物粒径分布对负离子净化效果影响的实测与分析 [J]. 广东工业大学学报, 2020, 37: 98-103.

[35] 姚永标, 史帅杰, 李贤, 等. 负离子纬编内衣面料的设计与生产实践 [J]. 纺织科技进展, 2020, 11: 45-48.

[36] 刘涛, 路明晓, 段炎红, 等. 无机干粉负氧离子涂料的性能研究 [J]. 四川建材, 2020, 10: 24-25.

[37] 闫晗. 空气负氧离子联合负荷呼吸训练对老年慢性阻塞性肺疾病患者依从性肺功能的影响 [J]. 医学理论与实践, 2020, 33: 169-171.

[38] 李娜. 月如意活氧负离子卫生巾闷声发大财的财富金矿 [J]. 现代营销, 2016, 9: 7-7.

[39] 魏思源, 姚天乐. 智能车载负离子空气净化器 [J]. 湖北农机化, 2020, 244: 148-148.

[40] Zhang D, Zheng Y, Dou X, et al. Gas-phase chemiluminescence of reactive negative ions evolved through corona discharge in air and O_2 atmospheres [J]. RSC Adv, 2017, 7: 15926-15931.